2025 | 全国勘察设计注册工程师
执业资格考试用书

Zhuce Gongyong Shebei Gongchengshi (Jishui Paishui) Zhiye Zige Kaoshi
Jichu Kaoshi Shijuan

注册公用设备工程师（给水排水）执业资格考试
基础考试试卷

（专业基础）

注册工程师考试复习用书编委会 / 编
徐洪斌　曹纬浚 / 主编

微信扫一扫
了解本书正版数字资源的获取和使用方法

人民交通出版社
北京

内 容 提 要

本书共4册，分别收录有2011～2024年（2015年停考，下同）公共基础考试试卷（即基础考试上午卷）、专业基础考试试卷（即基础考试下午卷）及其解析与参考答案。

本书配电子题库（有效期一年），考生可微信扫描封面（公共基础分册）红色二维码，登录“注考大师”微信公众号在线学习，部分考题有视频解析。

本书可供参加2025年注册公用设备工程师（给水排水）执业资格考试基础考试的考生检验复习效果、准备考试使用。

图书在版编目(CIP)数据

2025注册公用设备工程师（给水排水）执业资格考试基础考试试卷 / 徐洪斌，曹纬浚主编. — 北京 : 人民交通出版社股份有限公司, 2025. 2. — ISBN 978-7-114-19955-4

Ⅰ. TU991-44

中国国家版本馆CIP数据核字第2024DP6245号

书　　名：2025注册公用设备工程师（给水排水）执业资格考试基础考试试卷
著 作 者：徐洪斌　曹纬浚
责任编辑：刘彩云
责任印制：张　凯
出版发行：人民交通出版社
地　　址：（100011）北京市朝阳区安定门外外馆斜街3号
网　　址：http://www.ccpcl.com.cn
销售电话：（010）85285857
总 经 销：人民交通出版社发行部
经　　销：各地新华书店
印　　刷：北京科印技术咨询服务有限公司数码印刷分部
开　　本：889×1194　1/16
印　　张：62.5
字　　数：1261千
版　　次：2025年2月　第1版
印　　次：2025年2月　第1次印刷
书　　号：ISBN 978-7-114-19955-4
定　　价：178.00元（含4册）

目　录

（试卷·专业基础）

2011 年度全国勘察设计注册公用设备工程师（给水排水）执业资格考试试卷基础考试（下）............1

2012 年度全国勘察设计注册公用设备工程师（给水排水）执业资格考试试卷基础考试（下）............13

2013 年度全国勘察设计注册公用设备工程师（给水排水）执业资格考试试卷基础考试（下）............25

2014 年度全国勘察设计注册公用设备工程师（给水排水）执业资格考试试卷基础考试（下）............37

2016 年度全国勘察设计注册公用设备工程师（给水排水）执业资格考试试卷基础考试（下）............49

2017 年度全国勘察设计注册公用设备工程师（给水排水）执业资格考试试卷基础考试（下）............61

2018 年度全国勘察设计注册公用设备工程师（给水排水）执业资格考试试卷基础考试（下）............73

2019 年度全国勘察设计注册公用设备工程师（给水排水）执业资格考试试卷基础考试（下）............83

2020 年度全国勘察设计注册公用设备工程师（给水排水）执业资格考试试卷基础考试（下）............95

2021 年度全国勘察设计注册公用设备工程师（给水排水）执业资格考试试卷基础考试（下）..........107

2022 年度全国勘察设计注册公用设备工程师（给水排水）执业资格考试试卷基础考试（下）..........119

2022 年度全国勘察设计注册公用设备工程师（给水排水）执业资格考试试卷基础补考（下）..........131

2023 年度全国勘察设计注册公用设备工程师（给水排水）执业资格考试试卷基础考试（下）..........143

2024 年度全国勘察设计注册公用设备工程师（给水排水）执业资格考试试卷基础考试（下）..........155

2011年度全国勘察设计注册公用设备工程师

（给水排水）执业资格考试试卷

基础考试

（下）

二〇一一年九月

应考人员注意事项

1. 本试卷科目代码为“2”，考生务必将此代码填涂在答题卡“科目代码”相应的栏目内，否则，无法评分。

2. 书写用笔：**黑色或蓝色钢笔、签字笔或圆珠笔**；

   填涂答题卡用笔：**黑色 2B 铅笔**。

3. 必须用书写用笔将工作单位、姓名、准考证号填写在答题卡和试卷相应的栏目内。

4. 本试卷由 60 题组成，每题 2 分，满分 120 分，本试卷全部为单项选择题，每小题的四个备选项中只有一个正确答案，错选、多选、不选均不得分。

5. 考生作答时，必须按**题号在答题卡上**将相应试题所选选项对应的**字母用 2B 铅笔涂黑**。

6. 在答题卡上书写与题意无关的语言，或在答题卡上作标记的，均按违纪试卷处理。

7. 考试结束时，由监考人员当面将试卷、答题卡一并收回。

8. 草稿纸由各地统一配发，考后收回。

单项选择题（共 60 题，每题 2 分，每题的备选项中，只有一个最符合题意。）

1. 某流域的集水面积为 600km²，其多年平均径流总量为$5\times10^{8}m^{3}$，其多年平均径流深为：

A. 1200mm　　B. 833mm

C. 3000mm　　D. 120mm

2. 多年平均的大洋水量平衡方程为：

A. 降水量+径流量=蒸发量

B. 降水量−径流量=蒸发量

C. 降水量+径流量+蓄水量=蒸发量

D. 降水量+径流量−蓄水量=蒸发量

3. 水文统计的任务是研究和分析水文随机现象的：

A. 必然变化特性　　B. 自然变化特性

C. 统计变化特性　　D. 可能变化特性

4. 频率$p=2\%$的设计洪水，是指：

A. 大于或等于这样的洪水每隔 50 年必然出现一次

B. 大于或等于这样的洪水平均 50 年可能出现一次

C. 大于或等于这样的洪水正好每隔 20 年出现一次

D. 大于或等于这样的洪水平均 20 年可能出现一次

5. 减少抽样误差的途径有：

A. 提高资料的一致性　　B. 提高观测精度

C. 改进测量仪器　　D. 增大样本容量

6. 水文资料的三性审查中的三性是指：

A. 可行性、一致性、统一性　　B. 可靠性、代表性、一致性

C. 可靠性、代表性、统一性　　D. 可行性、代表性、一致性

7. 在某一降雨历时下，随着重现期的增大，暴雨强度将会：

A. 减小　　B. 增大

C. 不变　　D. 不一定

8. 达西公式并不是对所有的地下水层流运动都适用，其适用的雷诺数范围为：

A. 0 ~ 1　　B. 1 ~ 10

C. 10 ~ 20　　D. >20

9. 泉水排泄是地下水排泄的主要方式，关于泉水叙述错误的是：

A. 泉的分布反映了含水层或含水通道的分布

B. 泉的分布反映了补给区和排泄区的位置

C. 泉的高程反映出该处地下水位的高程

D. 泉水的化学成分和物理成分反映了该处地表水的水质特点

10. 某潜水水源地分布面积为 $12km^2$，年内地下水位变幅为 1m，含水层变幅内平均给水度为 0.3，该水源地的可变储量为：

A. $3.6 \times 10^5 m^3$　　B. $4.0 \times 10^5 m^3$

C. $4.0 \times 10^6 m^3$　　D. $3.6 \times 10^6 m^3$

11. 地下水以10m/d的流速在粒径为 20mm 的卵石层中运动，卵石间的空隙直径为 3mm，地下水温为15℃时，运动黏度系数为$0.1m^2/d$，则雷诺数为：

A. 0.6　　B. 0.3

C. 0.4　　D. 0.5

12. 不属于承压水基本特点的是：

A. 没有自由表面

B. 受水文气象因素、人文因素及季节变换的影响较大

C. 分布区与补给区不一致

D. 水质类型多样

13. 单个的细菌细胞在固体培养基上生长，形成肉眼可见的，具有一定形态特征的群体，称为：

A. 菌落　　B. 真菌

C. 芽孢　　D. 荚膜

14. 下列结构中，不属于细菌特殊结构的是：

A. 芽孢　　B. 核质

C. 鞭毛　　D. 荚膜

15. 酶的化学组成中不包括：

A. 蛋白质　　B. 金属离子

C. 有机物　　D. 核酸

16. 在葡萄糖的发酵过程中，获得 ATP 的途径是：

A. 底物水平磷酸化　　B. 氧化磷酸化

C. 光和磷酸化　　D. 还原硝酸化

17. 测定细菌世代时间的最佳时期是：

A. 缓慢期　　B. 对数期

C. 稳定期　　D. 衰亡期

18. 在细菌基因重组中，转化过程发生转移的是：

A. 细胞器　　B. 蛋白质

C. DNA 片段　　D. mRNA

19. 原生动物在环境比较差的时候，会出现：

A. 鞭毛　　B. 纤毛

C. 孢囊　　D. 芽孢

20. 氧化塘中藻类与细菌的关系是：

A. 共生关系　　B. 互生关系

C. 拮抗关系　　D. 寄生关系

21. 加氯消毒的特点是：

A. 价格便宜，杀菌效果好，不会产生有害的副产物

B. 价格便宜，杀菌效果好，会产生有害的副产物

C. 价格便宜，杀菌效果不好，不会产生有害的副产物

D. 价格便宜，杀菌效果不好，会产生有害的副产物

22. 利用生物方法去除水体中的磷，是利用了聚磷菌在厌氧的条件下所发生的作用和在好氧的条件下所发生的作用，再通过排泥达到将磷去除的目的，这两个作用过程分别是：

A. 吸磷和放磷　　B. 放磷和吸磷

C. 吸磷和吸磷　　D. 放磷和放磷

23. 已知某液体的密度$\rho = 800\text{kg/m}^3$，动力黏度系数$\mu = 1.52 \times 10^{-2}\text{N/(m}^2 \cdot \text{s)}$，则该液体的运动黏度系数$\nu$为

A. $12.16\text{m}^2/\text{s}$

B. $1.90 \times 10^{-5}\text{m}^2/\text{s}$

C. $1.90 \times 10^{-3}\text{m}^2/\text{s}$

D. $12.16 \times 10^{-5}\text{m}^2/\text{s}$

24. 图示密闭容器中，点 1、2、3 位于同一水平面上，则压强关系为：

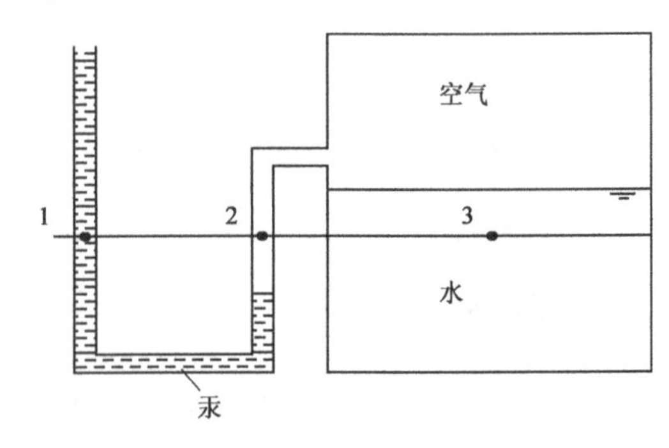

A. $p_1 > p_2 > p_3$

B. $p_2 > p_1 > p_3$

C. $p_1 = p_2 < p_3$

D. $p_1 < p_2 < p_3$

25. 下列相互之间可以列总流量方程的断面是：

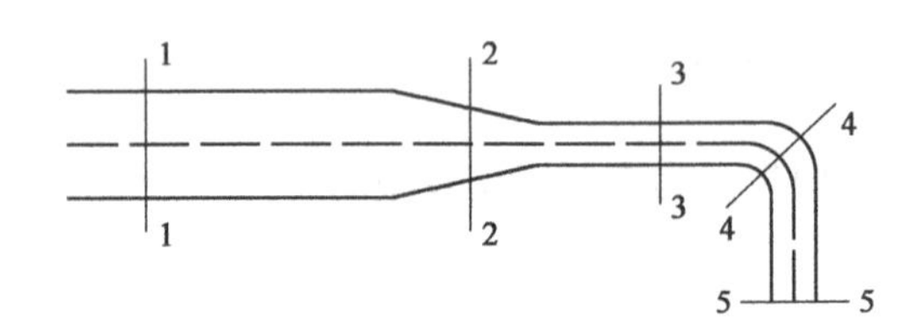

A. 1-1 断面和 2-2 断面

B. 2-2 断面和 3-3 断面

C. 1-1 断面和 3-3 断面

D. 3-3 断面和 4-4 断面

26. 圆管流的临界雷诺数（下临界雷诺数）：

A. 随管径变化

B. 随液体的密度变化

C. 随液体的黏度变化

D. 不随以上各量变化

27. 长度相等，管道比阻分别为S_{01}和$S_{02} = 4S_{01}$的两条管道并联，如果用一条长度相同的管段替换并联管道，要保证总流量相等时水头损失相等，等效管段的比阻等于：

A. $2.5S_{01}$

B. $0.8S_{01}$

C. $0.44S_{01}$

D. $0.4S_{01}$

28. 流量一定，渠道断面的形状、尺寸和粗糙系数一定时，随底坡的减少，正常水深：

A. 不变

B. 减小

C. 变大

D. 不定

29. 下面流动中，不可能存在的是：

A. 缓坡上的非均匀急流

B. 平坡上的均匀缓流

C. 急坡上的非均匀缓流

D. 逆坡上的非均匀急流

30. 相同情况下，宽顶堰的自由式出流流量Q与淹没式出流流量Q'比较为：

A. $Q > Q'$　　　　B. $Q = Q'$

C. $Q < Q'$　　　　D. 无法确定

31. 水泵铭牌上标出的流量、扬程、轴功率及允许吸上真空高度是指水泵特性曲线上的哪一点的值？

A. 转速最高　　　　B. 流量最大

C. 扬程最高　　　　D. 效率最高

32. 实际工程中，使用的离心泵叶轮，大部分是：

A. 前弯式叶片　　　　B. 后弯式叶片

C. 径向式叶片　　　　D. 轴向式叶片

33. 混流泵、离心泵、轴流泵的比转数大小顺序为：

A. 离心泵>轴流泵>混流泵

B. 轴流泵>混流泵>离心泵

C. 离心泵>混流泵>轴流泵

D. 混流泵>轴流泵>离心泵

34. 流量相差大的大小两台离心式水泵串联工作时，小泵容易：

A. 流量过大　　　　B. 转速过快

C. 流量过小　　　　D. 扬程太低

35. 实际水泵与模型水泵的尺寸相差不大，其工况相似时，第一相似定律表示为：

A. $\frac{Q}{Q_{\mathrm{m}}} = \lambda \frac{n}{n_{\mathrm{m}}}$　　　　B. $\frac{H}{H_{\mathrm{m}}} = \lambda \frac{n^2}{n_{\mathrm{m}}^2}$

C. $\frac{Q}{Q_{\mathrm{m}}} = \lambda^3 \frac{n}{n_{\mathrm{m}}}$　　　　D. $\frac{N}{N_{\mathrm{m}}} = \lambda^5 \frac{n^3}{n_{\mathrm{m}}^3}$

36. 从作用原理上讲，混流泵实现对液体的输送和提升是利用叶轮旋转时产生的：

A. 速度与压力变化

B. 作用力与反作用力

C. 离心力和升力

D. 流动速度与流动方向的变化

37. 按在给水系统中的作用，给水泵站一般分为送水泵站、加压泵站、循环泵站和：

A. 一级泵站　　　　B. 中途泵站

C. 二级泵站　　　　D. 终点泵站

38. 两个以上水厂的多水源联网供水，可在突然断电时避免发生水泵等主要设备损坏事故的电力负荷属：

A. 一级负荷　　B. 二级负荷

C. 三级负荷　　D. 四级负荷

39. 水泵机组振动所产生的噪声属于：

A. 空气噪声　　B. 固体噪声

C. 波动噪声　　D. 电磁噪声

40. 按泵站在排水系统中的作用，可分为中途泵站和：

A. 加压泵站　　B. 污泥泵站

C. 终点泵站　　D. 循环泵站

41. 确定排水泵站的设计流量一般按：

A. 平均日平均时污水量

B. 最高日平均时污水量

C. 平均日最高时污水量

D. 最高日最高时污水量

42. 螺旋泵排水量Q与叶片外径D的关系是：

A. Q与D成正比

B. Q与D成反比

C. Q与D的平方成正比

D. Q与D的立方成正比

43. 要减少测定结果的偶然误差，有效的方法是：

A. 增加测定次数　　B. 进行对比试验

C. 进行空白试验　　D. 对结果进行校正

44. 一支滴定管的精度标为±0.01mL，若要求测定的相对误差小于0.05%，则测定时至少耗用滴定剂体积：

A. 5mL　　B. 10mL

C. 20mL　　D. 50mL

45. 已知下列各物质的K_b：①Ac^-（5.9×10^{-10}），②NH_2NH_2（3.0×10^{-8}），③NH_3（1.8×10^{-5}），④S^{2-}（$K_{b1}=1.41$，$K_{b2}=7.7\times10^{-8}$），其共轭酸酸性由强至弱的次序为：

A. ①>②>③>④　　B. ④>③>②>①

C. ①>②≈④>③　　D. ③>②≈④>①

46. 用同浓度的 NaOH 溶液分别滴定同体积的 $H_2C_2O_4$（草酸）和 HCl 溶液，消耗的 NaOH 体积数相同，说明：

A. 两种酸浓度相同

B. 两种酸的电离度相同

C. $H_2C_2O_4$（草酸）的浓度是 HCl 的 2 倍

D. HCl 的浓度是 $H_2C_2O_4$ 的 2 倍

47. 测定总硬度时，溶液终点颜色为蓝色，这种蓝色化合物是：

A. MIn　　　　B. H_4Y

C. MY　　　　D. In

48. 莫尔法适用的 pH 范围一般为 6.5 ~ 10.5，若酸度过高，则：

A. AgCl 沉淀不完全

B. Ag_2CrO_4 沉淀滞后形成

C. 终点提前出现

D. AgCl 沉淀吸附 Cl^- 增多

49. 含 Cl^- 介质中，用 $KMnO_4$ 法测定 Fe^{2+}，加入 $MnSO_4$ 的主要目的是：

A. 抑制 MnO_4^- 氧化 Cl^- 的副反应发生

B. 作为滴定反应的指示剂

C. 增大滴定的突跃区间

D. 同时测定 Mn^{2+} 和 Fe^{2+}

50. 测定化学耗氧量的水样，该如何保存？

A. 加碱　　　　B. 加酸

C. 过滤　　　　D. 蒸馏

51. 某符合比尔定律的有色溶液，当浓度为c时，其透光率为T_0，若浓度增大一倍，则溶液的吸光度为：

A. $T_0/2$　　　　B. $2T_0$

C. T_0^2　　　　D. $-2\lg T_0$

52. 测量水溶液的 pH 值，有关说法正确的是：

A. 应该预先在待测溶液中加入 TISAB，以保持溶液的 pH 恒定

B. 应该预先用 pH 值与待测溶液相近的 HCl 溶液校正系统

C. 测定 pH 值的玻璃电极应预先在纯水中浸泡活化

D. 溶液的 H^+浓度越大，测得的 pH 值的准确度越高

53. 设经纬仪一个测回水平角观测的中误差为±3″，则观测 9 个测回所取平均值的中误差为：

A. ±9″

B. ±27″

C. ±1″

D. ±1/3″

54. 精度罗盘指北针所指的北方向是：

A. 平面直角坐标系的X轴

B. 地球自转轴方向

C. 该点磁力线北方向

D. 椭球子午线北方向

55. 地形图中的等高距是指：

A. 相邻等高线之间的高差

B. 相邻等高线之间的距离

C. 等高线之周长

D. 等高线之高程

56. 同一幅地形图中，等高线密集处表示地势坡度较：

A. 深

B. 高

C. 陡

D. 缓

57. 地球有时可看作是一个圆球体，半径大致为：

A. 6371km

B. 637km

C. 63714km

D. 10000km

58. 下列说法中正确的是：

A. 施工总承包单位可将建筑工程主体结构的施工发包给具有相应资质条件的分包单位

B. 根据具体情况，分包单位可将所承包的工程进一步分包给具有相应资质条件的其他施工单位

C. 承包单位可将其承包的全部建筑工程转包给具有相应资质条件的其他分包单位

D. 建筑工程可以由两个以上的承包单位共同承包

59. 下列说法中正确的是：

A. 地方污染物排放标准必须报省级环境保护行政主管部门备案

B. 地方污染物排放标准必须报市级环境保护行政主管部门备案

C. 地方污染物排放标准的各个项目一般与国家污染物排放标准没有重复

D. 地方污染物排放标准严于相同项目的国家污染物排放标准

60. 下列内容不一定包含在城镇总体规划之中的是：

A. 环境保护　　B. 文物遗产保护

C. 防灾　　D. 教育

2012年度全国勘察设计注册公用设备工程师
（给水排水）执业资格考试试卷

基础考试
（下）

二〇一二年九月

应考人员注意事项

1. 本试卷科目代码为“2”，考生务必将此代码填涂在答题卡“科目代码”相应的栏目内，否则，无法评分。
2. 书写用笔：**黑色或蓝色钢笔、签字笔或圆珠笔**；

   填涂答题卡用笔：**黑色 2B 铅笔**。
3. 必须用书写用笔将工作单位、姓名、准考证号填写在答题卡和试卷相应的栏目内。
4. 本试卷由 60 题组成，每题 2 分，满分 120 分，本试卷全部为单项选择题，每小题的四个备选项中只有一个正确答案，错选、多选、不选均不得分。
5. 考生作答时，必须按**题号在答题卡上**将相应试题所选选项对应的**字母用 2B 铅笔涂黑**。
6. 在答题卡上书写与题意无关的语言，或在答题卡上作标记的，均按违纪试卷处理。
7. 考试结束时，由监考人员当面将试卷、答题卡一并收回。
8. 草稿纸由各地统一配发，考后收回。

单项选择题（共 60 题，每题 2 分，每题的备选项中，只有一个最符合题意。）

1. 某水文站控制面积为 480km²，年径流深度为 82.31mm，其多年平均径流模数为：

A. $2.61L/(s \cdot km^2)$　　B. $3.34L/(s \cdot km^2)$

C. $1.30L/(s \cdot km^2)$　　D. $6.68L/(s \cdot km^2)$

2. 水的大循环是指：

A. 从海洋蒸发的水分再降落到海洋

B. 海洋蒸发的水凝结降落到陆地，再由陆地径流或蒸发形式返回到海洋

C. 从陆地蒸发的水分再降落到海洋

D. 地表水补充到地下水

3. 地下水的循环包括：

A. 补给、径流、排泄　　B. 入渗、补给、排泄

C. 入渗、径流、排泄　　D. 补给、入渗、排泄

4. 关于渗流，下列描述中错误的是：

A. 地下水在曲折的通道中缓慢地流动称为渗流

B. 渗流通过的含水层横断面称为过水断面

C. 地下水的渗流速度大于实际平均流速

D. 渗透速度与水力坡度的一次方成正比

5. 相关分析在水文分析计算中主要用于：

A. 计算相关系数　　B. 插补、延长水文系列

C. 推求频率曲线　　D. 推求设计值

6. 对年径流量系列进行水文资料的三性审查，其中不包括：

A. 对径流资料的可靠性进行审查

B. 对径流资料的一致性进行审查

C. 对径流资料的代表性进行审查

D. 对径流资料的独立性进行审查

7. 保证率$P = 90\%$的设计枯水是指：

A. 小于或等于这个枯水量的平均 10 年发生一次

B. 大于或等于这样的枯水平均 10 年可能发生一次

C. 小于或等于这样的枯水平均 12.5 年可能发生一次

D. 小于或等于这个枯水量的平均 10 年可能出现一次

8. 在某一降雨历时下，随着重现期的增大，暴雨强度将会：

A. 减小　　B. 增大　　C. 不变　　D. 不一定

9. 偏态系数$C_s > 0$说明随机变量：

A. 出现大于均值的机会比出现小于均值的机会多

B. 出现大于均值的机会比出现小于均值的机会少

C. 出现大于均值的机会和出现小于均值的机会相等

D. 出现小于均值的机会为 0

10. 某潜水水源地分布面积为 $12km^2$，年内地下水位变幅为 1m，含水层变幅内平均给水度为 0.3，该水源地的可变储量为：

A. $3.6 \times 10^5 m^3$　　B. $4.0 \times 10^5 m^3$

C. $4.0 \times 10^6 m^3$　　D. $3.6 \times 10^6 m^3$

11. 下面有关裂隙水特征的论述错误的是：

A. 裂隙水与孔隙水相比，表现出更明显的不均匀性和各向异性

B. 裂隙岩层一般并不形成具有统一水力联系、水量分布均匀的含水层，而通常由部分裂隙在岩层中某些局部范围内连通构成若干个带状或脉状裂隙含水系统

C. 裂隙含水系统的水量大小取决于裂隙的成因与含水系统规模的大小

D. 大多数情况下裂隙水的运动不符合达西定律

12. 下面关于井的说法错误的是：

A. 根据井的结构和含水层的关系可将井分为完整井和非完整井

B. 完整井是指打穿了整个含水层的井

C. 只打穿了部分含水层的水井是非完整井

D. 打穿了整个含水层但只在部分含水层上安装有滤水管的水井是非完整井

13. 下列具有非细胞结构的是：

A. 细菌　　B. 噬菌体　　C. 蓝藻　　D. 真菌

14. 鞭毛的着生点和支生点是在：

A. 荚膜和细胞壁　　B. 细胞膜和细胞壁

C. 芽孢和细胞膜　　D. 细胞膜和荚膜

15. 培养大肠杆菌最适宜的温度是：

A. 25℃　　B. 30℃

C. 37℃　　D. 40℃

16. 下列有关微生物的命名，写法正确的是：

A. *Bacillus subtitlis*　　B. *bacillus Subtitlis*

C. *bacillus subtitlis*　　D. *Bacillus Subtitlis*

17. 能够分解葡萄糖的微生物，在好氧条件下，分解葡萄糖的最终产物为：

A. 乙醇和二氧化碳　　B. 乳酸

C. 二氧化碳和水　　D. 丙酮酸

18. 培养基常用的灭菌温度为：

A. 100℃　　B. 120℃

C. 150℃　　D. 200℃

19. 利用无机碳和光能生长的微生物，其营养类型属于：

A. 光能自养型　　B. 光能异养型

C. 化能自养型　　D. 化能异养型

20. 酶是生物细胞中自己制成的一种催化剂，它除具有高效催化作用外，还具有以下特点，这些特点中错误的是：

A. 高度专一性　　B. 不可逆性

C. 反应条件温和　　D. 活力可调节性

21. 活性污泥中主要存在的是：

A. 菌胶团　　B. 有机物和细菌的混合物

C. 无机物和细菌的混合物　　D. 细菌和微生物

22. 有机污染物排入河道后，排污点下游进行着正常自净过程，沿着河流方向形成一系列连续的污化带，根据指示生物的种群、数量及水质划分为：

A. 多污带、中污带、寡污带　　B. 多污带、α-中污带、寡污带

C. 多污带、β-中污带、寡污带　　D. α-中污带、β-中污带、寡污带

23. 按连续介质的概念，液体的质点是指：

A. 液体的分子

B. 液体内的固体颗粒

C. 几何的点

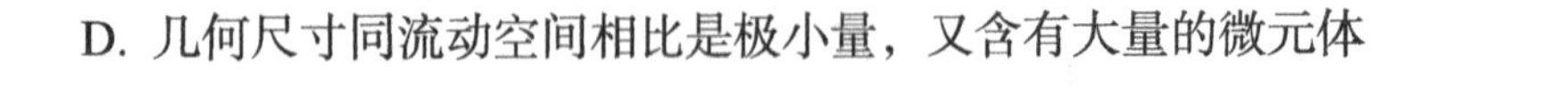
D. 几何尺寸同流动空间相比是极小量，又含有大量的微元体

24. 右图所示容器中，有重度不同的两种液体，2 点位于界面上，正确结论是：

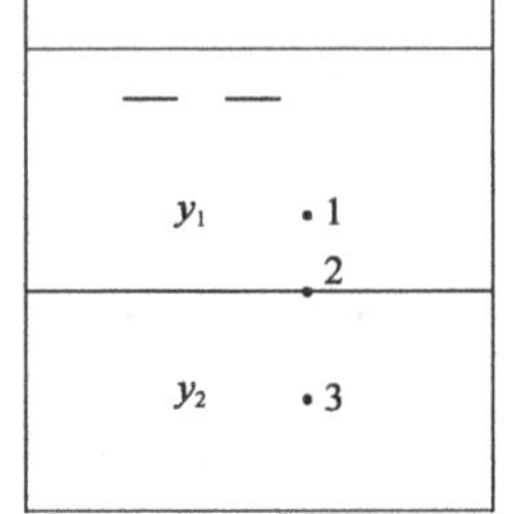

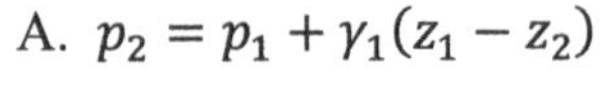
A. $p_2 = p_1 + \gamma_1(z_1 - z_2)$

B. $p_3 = p_2 + \gamma_2(z_1 - z_3)$

C. 两式都不对

D. 两式都对

25. 水力最优的矩形明渠均匀流的水深增大一倍，渠宽缩小到原来的一半，其他条件不变，渠道中的流量：

A. 增大　　B. 减小

C. 不变　　D. 随渠道具体尺寸的不同都有可能

26. 实际流体在流动过程中，其沿程测压管水头线：

A. 沿程降低　　B. 沿程升高

C. 沿程不变　　D. 都有可能

27. 两明渠均匀流，断面面积、流量、渠底坡度都相同，1 号粗糙系数是 2 号粗糙系数的 2 倍，则两者水力半径的比值为：

A. 2　　B. 0.5

C. 2.83　　D. 1.41

28. 变直径圆管流，细断面直径为d_1，粗断面直径$d_2 = 2d_1$，粗细断面雷诺数的关系是：

A. $\mathrm{Re}_1 = 0.5\mathrm{Re}_2$　　B. $\mathrm{Re}_1 = \mathrm{Re}_2$

C. $\mathrm{Re}_1 = 1.5\mathrm{Re}_2$　　D. $\mathrm{Re}_1 = 2\mathrm{Re}_2$

29. 在薄壁堰、多边形实用堰、曲线形实用堰、宽顶堰中流量系数最大的是：

A. 薄壁堰　　B. 多边形实用堰

C. 曲线形实用堰　　D. 宽顶堰

30. 在管路系统中，从四分之一管长的 1 点到四分之三的 2 点并联一条长度等于原管路长度一半的相同的管段，如果按照长管计算，系统总流量增加：

A. 15.4%　　B. 25.0%

C. 26.5%　　D. 33.3%

31. 叶轮出水是径向的泵是：

A. 轴流泵　　B. 离心泵

C. 混流泵　　D. 水轮泵

32. 混流泵的作用原理是：

A. 液体质点在叶轮中流动时主要受到的是离心力作用

B. 液体质点在叶轮中流动时主要受到的是轴向升力的作用

C. 液体质点在叶轮中流动时既受到离心力作用又受到轴向升力作用

D. 液体质点在叶轮中流动时受到混合升力的作用

33. 离心泵的基本性能参数包括：

A. 流量、扬程、有效功率、效率、转数、允许吸上真空高度或汽蚀余量

B. 流量、扬程、轴功率、效率、转数、允许吸上真空高度或汽蚀余量

C. 流量、扬程、轴功率、效率、转速、允许吸上真空高度或汽蚀余量

D. 流量、扬程、轴功率、效率、比转数、允许吸上真空高度或汽蚀余量

34. 水泵装置运行时管道的所有阀门为全开状态，则水泵特性曲线和管道系统特性曲线的交点M就称为水泵的：

A. 出流工况点　　B. 极限工况点

C. 平衡工况点　　D. 相对工况点

35. 水泵叶轮的相似定律是基于几何相似的基础上的，凡是两台水泵满足几何相似和下列哪项条件，就称为工况相似水泵？

A. 形状相似　　B. 条件相似

C. 水流相似　　D. 运动相似

36. 高比转数的水泵具有：

A. 流量小、扬程高　　B. 流量小、扬程低

C. 流量大、扬程低　　D. 流量大、扬程高

37. 按水泵启动前是否自流充水分为：

A. 自灌式泵站和非自灌式泵站

B. 合建式泵站和分建式泵站

C. 干式泵站和湿式泵站

D. 雨水泵站和污水泵站

38. 水泵的吸水管的流速在确定时应根据管径的不同来考虑，当$D \geqslant 250$mm时，规范规定管道流速应为：

A. 1.0 ~ 1.2m/s　　B. 1.2 ~ 1.6m/s

C. 1.6 ~ 2.0m/s　　D. 1.5 ~ 2.5m/s

39. 水泵管路系统中预防水锤的措施很多，防止水柱分离可采取的措施是：

A. 设置水锤消除器　　B. 补气稳压装置

C. 设置旁通管　　D. 缓闭式止回阀

40. 分建式泵站的特点之一是：

A. 工程造价高　　B. 工程造价低

C. 施工困难　　D. 施工方便

41. 合流泵站设置是用于：

A. 提升和排除服务区内的污水和雨水的泵站

B. 提升合流制污水系统中的污水

C. 提升合流制污水系统中雨水

D. 提升截留干管中的混合污水至污水处理厂

42. 离心泵装置最常见的调节是阀调节，就是通过改变水泵出水阀门的开启度进行调节。关小阀门，管道局部阻力增大，以及出现下列哪种情况，出水量逐渐减小？

A. 管道特性曲线变陡　　B. 水泵特性曲线变陡

C. 相似抛物线变陡　　D. 效率曲线变陡

43. 下面不能用滴定法分析测量的是：

A. 血液、细胞里的Ca^{2+}　　B. 化学需氧量

C. 水样中的F^-浓度　　D. 溶液的 pH

44. 在 Ca^{2+}、Mg^{2+}的混合液中，用 EDTA 法测定 Ca^{2+}，要消除 Mg^{2+}的干扰宜用：

A. 控制酸度法　　B. 沉淀掩蔽法

C. 氧化还原掩蔽法　　D. 络合掩蔽法

45. 碘量法测定时，淀粉指示剂在接近终点前加入的原因是：

A. 防止淀粉吸附包藏溶液中的碘

B. 防止碘氧化淀粉

C. 防止碘还原淀粉

D. 防止硫代硫酸钠被淀粉吸附

46. 标定 NaOH 溶液浓度时所用的邻苯二甲酸氢钾中含有少量的邻苯二甲酸，将使标出的 NaOH 浓度较实际浓度：

A. 偏低　　B. 偏高

C. 无影响　　D. 不确定

47. 测定总硬度时，用缓冲溶液控制 pH 值为：

A. 10.0　　B. 9.0

C. 11.0　　D. 12.0

48. 原子吸收分光光度计的光源是：

A. 钨丝灯　　B. 空心阴极灯

C. 氢灯　　D. 辉光灯

49. $pH = 11.20$的有效数字位数为：

A. 四位　　B. 三位

C. 两位　　D. 任意位

50. 某酸碱指示剂的$K = 1.0 \times 10^{-5}$，则从理论上推断其变色点是：

A. 5 ~ 7　　B. 5 ~ 6

C. 4 ~ 6　　D. 3 ~ 5

51. 耗氧量为每升水中下列哪种物质在一定条件下被氧化剂氧化时消耗氧化剂的量？（折算成氧的毫克数表示）

A. 氧化性物质　　B. 无机物

C. 有机物　　D. 还原性物质

52. 闭合导线和附和导线在计算下列哪项参数时，计算公式有所不同?

A. 角度闭合差和坐标增量闭合差

B. 方位角闭合差和坐标增量闭合差

C. 角度闭合差和导线全长闭合差

D. 纵坐标增量闭合差和横坐标增量闭合差

53. 地形是指下列哪项的总称?

A. 天然地物和人工地物

B. 地貌和天然地物

C. 地貌

D. 地貌和地物

54. 在一幅地图上，等高线间距大，则表示地面坡度较：

A. 深

B. 高

C. 陡

D. 缓

55. 全站仪通过一次性安装就可以实现全部测量工作，因此能实现地面点位精确测量的是：

A. 距离、角度和坐标

B. 距离、角度和高差

C. 距离、角度和高程

D. 角度、高差和高程

56. 设观测一个角的中误差为±9″，则三角形内角和的中误差应为：

A. ±10.856″

B. ±12.556″

C. ±13.856″

D. ±15.588″

57. 在地形图上，用来表示地势详细程度的是：

A. 等高线

B. 坡度

C. 分水线

D. 山脊线

58. 依据《建设工程安全生产管理条例》，下列关于建设工程承包中属于总承包单位和分包单位安全责任的说法中，正确的是：

A. 建设工程实行施工总承包的，由建设单位和总承包单位对现场的安全生产负总责

B. 分包单位应当服从总承包单位的安全管理，分包单位不服从管理导致生产安全事故的，由分包单位承担主要责任

C. 总承包单位依法将建设工程分包给其他单位的，分包单位对分包工程的安全生产承担主要责任

D. 分包单位不服从管理导致生产安全事故的，分包单位和总承包单位对分包工程的安全生产承担连带责任

59.《中华人民共和国城市房地产管理法》规定下列哪几种房地产不得转让?

①以出让方式取得土地使用权的不得出让，只能使用；②司法机关和行政机关依法裁定，决定查封或以其他形式限制房地产权利的，以及依法收回土地使用权的；③共有房地产；④权属有争议的及未依法登记领取权属证书；⑤法律、行政法规规定禁止转让的其他情形。

A. ①②③　　B. ②③④⑤

C. ②④⑤　　D. ③④⑤

60. 城市总体规划、镇总体规划的规划期限一般为:

A. 10 年　　B. 20 年

C. 30 年　　D. 50 年

2013 年度全国勘察设计注册公用设备工程师

（给水排水）执业资格考试试卷

基础考试

（下）

二〇一三年九月

应考人员注意事项

1. 本试卷科目代码为“2”，考生务必将此代码填涂在答题卡“科目代码”相应的栏目内，否则，无法评分。
2. 书写用笔：**黑色或蓝色钢笔、签字笔或圆珠笔**；

   填涂答题卡用笔：**黑色 2B 铅笔**。
3. 必须用书写用笔将工作单位、姓名、准考证号填写在答题卡和试卷相应的栏目内。
4. 本试卷由 60 题组成，每题 2 分，满分 120 分，本试卷全部为单项选择题，每小题的四个备选项中只有一个正确答案，错选、多选、不选均不得分。
5. 考生作答时，必须按**题号在答题卡上**将相应试题所选选项对应的**字母用 2B 铅笔涂黑**。
6. 在答题卡上书写与题意无关的语言，或在答题卡上作标记的，均按违纪试卷处理。
7. 考试结束时，由监考人员当面将试卷、答题卡一并收回。
8. 草稿纸由各地统一配发，考后收回。

单项选择题（共 60 题，每题 2 分，每题的备选项中，只有一个最符合题意。）

1. 某河流的集水面积为 600km²，其多年平均径流总量 5 亿m^3，其多年平均流量为：

A. $15.85m^3/s$　　B. $80m^3/s$

C. $200m^3/s$　　D. $240m^3/s$

2. 关于小循环，下列叙述正确的是：

A. 小循环是指海洋蒸发的水汽凝结后形成降水又直接降落在海洋上

B. 小循环是指海洋蒸发的水汽降到大陆后又流归到海洋与陆地之间水文循环

C. 小循环是指随着大气环流运行的大气内部水循环

D. 小循环是指地表水与地下水之间的转换与循环

3. 偏态系数$C_s > 0$说明随机变量：

A. 出现大于均值的机会比出现小于均值的机会多

B. 出现大于均值的机会比出现小于均值的机会少

C. 出现大于均值的机会和出现小于均值的机会相等

D. 出现小于均值的机会为零

4. 保证率$P = 80\%$的设计枯水是指：

A. 小于等于此流量的每隔 5 年可能发生一次

B. 大于等于此流量的每隔 5 年可能发生一次

C. 小于等于此流量的每隔 12.5 年可能发生一次

D. 大于等于此流量的每隔 12.5 年可能发生一次

5. 关于相关系数与回归系数，下列说法正确的是：

A. X倚Y的相关系数等于Y倚X的相关系数

B. X倚Y的回归系数等于Y倚X的回归系数

C. X倚Y的回归系数与Y倚X的回归系数成倒数关系

D. X倚Y的相关系数与Y倚X的相关系数成倒数关系

6. 水文分析中，X倚Y的回归系数是 2.0，Y倚X的回归系数是 0.32，X与Y的相关系数为：

A. 0.64　　B. 0.8

C. 0.66　　D. 0.42

7. 根据等流时线法，净雨历时时间与流域汇流时间相同时，洪峰流量由下列哪项组成？

A. 部分流域面积上的全部净雨

B. 全部流域面积上的部分净雨

C. 部分流域面积上的部分净雨

D. 全部流域面积上的全部净雨

8. 某承压水源地分布面积为30km^2，含水层厚度为40m，给水度为0.2，越流面为3000m^2，含水层的释水系数为0.1，承压水的压力水头高度为50m，该水源的弹性存储量为：

A. $80\times10^8m^3$　　B. $1.5\times10^8m^3$

C. $85\times10^8m^3$　　D. $75\times10^8m^3$

9. 下列不完全属于地下水补充方式的是：

A. 大气降水的补给、凝结水的补给、人工补给

B. 地表水的补给、含水层之间的补给、人工补给

C. 大气降水的补给、人工补给、江河水的补给

D. 大气降水的补给、人工补给、固态水的补给

10. 河谷冲积物孔隙水的一般特征为：

A. 沉积的冲积物分选性差，磨圆度高

B. 沉积的冲积物分选性好，磨圆度低

C. 沉积的冲积物孔隙度较大，透水性强

D. 沉积的冲积物孔隙度小，透水性弱

11. 某地区一承压完整井，井半径为0.21m，影响半径为300m，过滤器长度35.82m，含水层厚度36.42m，抽水试验结果为：$S_1=1\mathrm{m}$，$Q_1=4500\mathrm{m}^3/\mathrm{d}$；$S_2=1.75\mathrm{m}$，$Q_2=7850\mathrm{m}^3/\mathrm{d}$；$S_3=2.5\mathrm{m}$，$Q_3=11250\mathrm{m}^3/\mathrm{d}$，则渗流系数$K$为：

A. 125.53m/d　　B. 175.25m/d

C. 142.65m/d　　D. 198.45m/d

12. 某潜水水源分布面积F为7.5km^2，该地年降水量P为456mm，降水入渗系数a为0.6，该水源地的年降水入渗补给量为：

A. $2.05\times10^6\mathrm{m}^3/\mathrm{a}$　　B. $0.6\times10^6\mathrm{m}^3/\mathrm{a}$

C. $0.9\times10^6\mathrm{m}^3/\mathrm{a}$　　D. $0.8\times10^6\mathrm{m}^3/\mathrm{a}$

13. 菌落计数常用的细菌培养基为：

A. 液体培养基　　B. 空气培养基

C. 固体培养基　　D. 半固体培养基

14. 以光作为能源，有机物作为碳源和供氢体的微生物类型为：

A. 光能自养型　　B. 光能异养型

C. 化能自养型　　D. 化能异养型

15. 反应底物浓度与酶促反应速度之间的关系是：

A. 米门公式　　B. 欧式公式

C. 饱和学说　　D. 平衡学说

16. 下列不是电子传递体系组成部分的是：

A. 细胞色素　　B. NAD

C. FAD　　D. 乙酰辅酶 A

17. 细菌生长曲线的四个时期中，生长速率最快的是：

A. 缓慢期　　B. 对数期

C. 稳定期　　D. 衰亡期

18. 通过温和噬菌体进行遗传物质转移从而使受体细胞发生变异的方式称为：

A. 转导　　B. 突变

C. 转化　　D. 结合

19. 蓝藻属于：

A. 原核微生物　　B. 真核微生物

C. 非细胞生物　　D. 高等生物

20. 病毒区别于其他生物的特点，下列说法不正确的是：

A. 无独立的代谢能力　　B. 非细胞结构

C. 二分裂生殖　　D. 寄生活体细胞

21. 下列关于对水加氯消毒的说法，正确的是：

A. pH 越低，HClO 越多，消毒效果越好

B. pH 越低，HClO 越少，消毒效果越好

C. pH 越高，HClO 越多，消毒效果越好

D. pH 越高，HClO 越少，消毒效果越好

22. 在好氧生物滤池的不同高度（不同层次），微生物分布不同，主要是因为：

A. 光照不同　　　　B. 营养不同

C. 温度不同　　　　D. 溶解度不同

23. 下列与牛顿内摩擦定律直接有关的因素是：

A. 剪应力和压强　　　　B. 剪应力和剪切变形速度梯度

C. 剪应力和剪切变形　　　　D. 剪应力和流速

24. 图示两个相同高度容器 B 和 C，内装相同溶液，其活塞的面积相等，当分别在两个活塞上加相等的压力时，两个容器内底部压强：

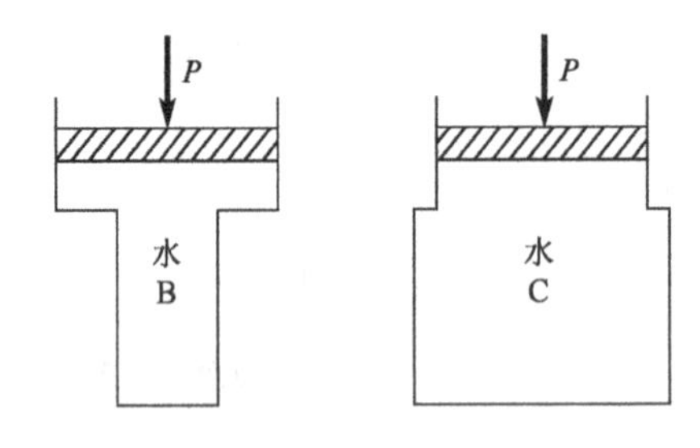

A. B 容器底部压强大于 C 容器底部压强

B. 两容器底部压强相等

C. B 容器底部压强小于 C 容器底部压强

D. 两容器底部压力相等

25. 图示为装有文丘里管的倾斜管路，通过的流量保持不变，文丘里管的入口部与汞压差连接，其读数为h_{m}，当管路水平放置时，其读数值：

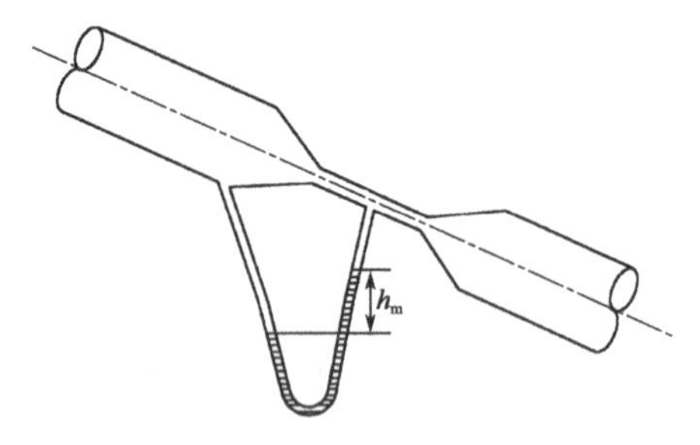

A. 变大

B. 变小

C. 不变

D. 上述均不正确

26. 圆管层流，直径$d = 20\mathrm{mm}$，平流管中心流速是$0.8\mathrm{m/s}$，管中流量是：

A. $1.26 \times 10^{-4}\mathrm{m^3/s}$　　　　B. $1.56 \times 10^{-4}\mathrm{m^3/s}$

C. $2.52 \times 10^{-4}\mathrm{m^3/s}$　　　　D. $2.56 \times 10^{-4}\mathrm{m^3/s}$

27. 图示两个装水的容器 A 和 B，A 容器的液面压强$p_1 = 9800\text{Pa}$，B 容器的液面压强$p_2 = 19600\text{Pa}$，A 液面比 B 液面高 0.50m，容器底部有一直径$d = 20\text{mm}$的孔口，设两容器中的液面恒定，总水头损失不计，孔口流量系数$\mu = 0.62$，计算小孔口自由出流的流量为：

A. $2.66 \times 10^{-4}\text{m}^3/\text{s}$

B. $2.79 \times 10^{-4}\text{m}^3/\text{s}$

C. $6.09 \times 10^{-4}\text{m}^3/\text{s}$

D. $6.79 \times 10^{-4}\text{m}^3/\text{s}$

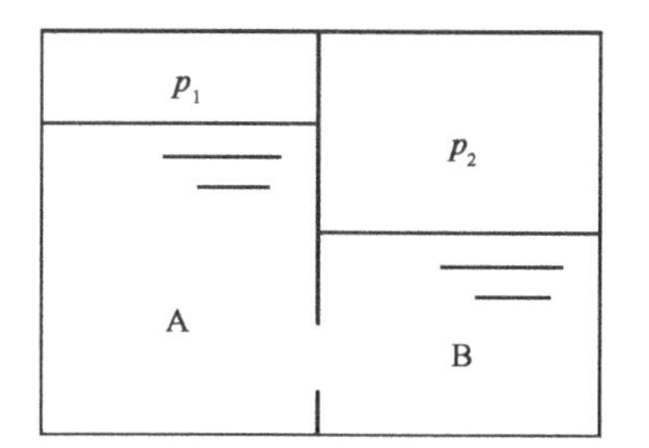

28. 底坡、边壁材料相同的渠道，若过水断面积相同时，明渠均匀流过水断面的平均流速在下述哪种渠道中最大？

A. 半圆形渠道　　B. 正方形渠道

C. 宽深比为 3 的矩形渠道　　D. 等边三角形渠道

29. 下面流动中，不可能存在的是：

A. 缓坡上的非均匀急流　　B. 平坡上的均匀缓流

C. 陡坡上的非均匀缓流　　D. 逆坡上的非均匀急流

30. 当三角形薄壁堰的作用水头增加 6%后，流量将增加：

A. 10%　　B. 13%

C. 15%　　D. 21%

31. 离心泵叶轮常采用哪种形式？

A. 前弯式　　B. 后弯式

C. 径向式　　D. 轴向式

32. 水泵装置的工况点即平衡工况点是：

A. 水泵静扬程与水泵特性曲线的交点

B. 水泵流量最大的点

C. 离心泵性能曲线与管道系统性能曲线的交点

D. 泵功率最小的点

33. 对于 SH 型离心泵，计算比转数时，流量应采用：

A. 和水泵设计流量相同　　B. 1/2的水泵设计流量

C. 1/3的水泵设计流量相同　　D. 1/4的水泵设计流量

34. 水泵叶径的相似定律，运动相似的条件是：

A. 两个叶轮主要过流部分相对应的尺寸成一定比例

B. 两个叶轮主要过流部分所有的对应角相等

C. 两个叶轮上水流的速度方向一致，大小互成比例

D. 两个叶轮对应点上水流同名速度方向一致，大小互成比例

35. 水泵吸水管压力的变化可用下列能量方程表示：

$$\frac{p_a}{\rho g}-\frac{p_k}{\rho g}=\left(H_{ss}+\frac{v_1^2}{2g}+\sum h_s\right)+\frac{C_0^2-v_1^2}{2g}+\lambda\frac{W_0^2}{2g}$$

公式中$\frac{C_0^2-v_1^2}{2g}$表示：

A. 流速水头差　　B. 流速水头

C. 吸水管中的水头损失　　D. 富余水头

36. 关于允许吸上真空高度H_s与离心泵的性能关系说法正确的是：

A. 允许吸上真空高度越小，水泵吸水性能越好

B. 允许吸上真空高度越大，水泵吸水性能越好

C. 允许吸上真空高度与水泵的性能无关

D. 允许吸上真空高度与水泵的性能关系不明确

37. 村镇水厂和只供生活用水的小型水厂电力负荷属于：

A. 一级　　B. 二级

C. 三级　　D. 四级

38. 当电动机容量大于 55kW 时，相邻两个水泵机组基础之间的距离不小于：

A. 1.2m　　B. 1.8m

C. 2.0m　　D. 2.5m

39. 下面属于空气动力性噪声声源的是：

A. 变压器　　B. 电动机

C. 轴承摩擦　　D. 鼓风机

40. 一般小型污水泵站（最高日污水量在 5000m^3 以下），设置的工作机组有几套?

A. 1 ~ 2　　B. 2 ~ 3

C. 3 ~ 4　　D. 4 ~ 5

41. 污水泵房集水池容积，如水泵机组为自动控制时，每小时污水泵的开启次数最多为：

A. 3 次　　B. 6 次

C. 9 次　　D. 12 次

42. 使用螺旋泵时，可以取消下述哪种其他类型污水泵常采用的配件？

A. 集水池　　B. 压水装置

C. 吸水装置　　D. 吸水喇叭口

43. 对含油和有机物的水样，采样瓶应采用：

A. PVC 塑料瓶　　B. 不锈钢瓶

C. 矿泉水瓶　　D. 玻璃瓶

44. 下列试验方法中，不能发现并消除系统误差的操作是：

A. 做对照试验　　B. 进行空白试验

C. 增加测定次数　　D. 仪器校正

45. 下面属于共轭酸碱对的是：

A. H_3PO_4 和 PO_4^{3-}　　B. H_3PO_4 与 HPO_4^{2-}

C. $H_2PO_4^-$ 与 PO_4^{3-}　　D. $H_2PO_4^-$ 与 HPO_4^{2-}

46. 用盐酸滴定混合碱，以 ln1 为指示剂，滴定至变色，继以 ln2 为指示剂，滴定至变色。这两种指示剂是：

A. ln1 为酚酞，颜色由红变无色

B. ln1 为酚酞，颜色由无色变红

C. ln1 为甲基橙，颜色由橙黄变黄

D. ln1 为甲基橙，颜色由红变黄色

47. 对于络合滴定，下面关于酸效应系数正确的是：

A. $\lg\alpha_{Y(H)} \leqslant \lg K_{MY} - 8$　　B. $\lg\alpha_{Y(H)} \geqslant \lg K_{MY} - 8$

C. $\lg\alpha_{Y(H)} \leqslant \lg K'_{MY} - 8$　　D. $\lg\alpha_{Y(H)} \geqslant \lg K'_{MY} - 8$

48. 下面问题中最适合用 EDTA 滴定方法测定的是：

A. 海水里的 Cl^-浓度　　B. 水样的硬度

C. 污水的化学耗氧量　　D. 味精的含量

49. 间接碘量法中，加入淀粉指示剂的适宜时间是：

A. 滴定开始前

B. 滴定至溶液呈浅黄色时

C. 滴定开始后

D. 滴定至溶液红棕色退去，变为无色时

50. 以草酸钠标准溶液标定待测高锰酸钾溶液时，滴定速度先慢后快的原因是 Mn^{2+} 有：

A. 诱导作用　　B. 受诱作用

C. 自催化作用　　D. 协同作用

51. 当一束红色光透过绿色溶液时，透过的光将呈现：

A. 绿色光　　B. 白色光

C. 强度不变的红色光　　D. 强度明显减弱的红色光

52. 测定水样中 F^- 的含量时，需加入总离子强度调节缓冲溶液，其不包含的成分是：

A. NaCl　　B. NH_4Cl

C. NaAc　　D. HAc

53. 下面属于偶然误差特性的是：

A. 误差的绝对值不会超过一定限值

B. 误差全为正值

C. 误差全为负值

D. 绝对值大的误差概率较小

54. 极坐标法测量的内容是：

A. 测水平角、水平距离　　B. 测水平角、高程

C. 测竖直角、水平距离　　D. 测竖直角、水平角

55. 野外地形地图测绘时，测长方形建筑物时至少要测量几个墙角点？

A. 1 个　　B. 2 个

C. 3 个　　D. 4 个

56. 绘制地形图时，除地物、地貌要绘出以外，还应精确标注：

A. 原点的高程　　B. 数据精度

C. 坐标网格　　D. 计算公式

57. 使用电子全站仪测设长度时，应注意正确设置气温、气压以及：

A. 仪器高　　　　B. 目标高

C. 棱镜常数　　　　D. 后视方向

58. 建设单位甲把施工任务承包给施工单位乙，乙把桩基分包给专业施工单位丙，丙把劳务作业分包给丁。丙的管理人员失误造成质量事故由谁承担责任？

A. 乙和丙承担连带责任　　　　B. 乙单位

C. 丙单位　　　　D. 乙单位、丙单位和丁单位

59. 基础建设项目的审批中，项目立项后：

A. 先审批建设项目的环境影响报告书，后审批项目设计任务书

B. 先审批建设项目的设计任务书，后审批项目环境影响报告书

C. 建设项目的环境评估报告书和项目设计任务书可以同时审批

D. 建设项目的环境评估报告书和项目设计任务书审批先后顺序无关

60. 报批乡镇规划草案审批前，应该：

A. 征求领导的意见　　　　B. 征求部分群众的意见

C. 公示　　　　D. 保密

2014年度全国勘察设计注册公用设备工程师

（给水排水）执业资格考试试卷

基础考试

（下）

二〇一四年九月

应考人员注意事项

1. 本试卷科目代码为“2”，考生务必将此代码填涂在答题卡“科目代码”相应的栏目内，否则，无法评分。
2. 书写用笔：**黑色或蓝色钢笔、签字笔或圆珠笔**；

   填涂答题卡用笔：**黑色 2B 铅笔**。
3. 必须用书写用笔将工作单位、姓名、准考证号填写在答题卡和试卷相应的栏目内。
4. 本试卷由 60 题组成，每题 2 分，满分 120 分，本试卷全部为单项选择题，每小题的四个备选项中只有一个正确答案，错选、多选、不选均不得分。
5. 考生作答时，必须按**题号在答题卡上**将相应试题所选选项对应的**字母用 2B 铅笔涂黑**。
6. 在答题卡上书写与题意无关的语言，或在答题卡上作标记的，均按违纪试卷处理。
7. 考试结束时，由监考人员当面将试卷、答题卡一并收回。
8. 草稿纸由各地统一配发，考后收回。

单项选择题（共 60 题，每题 2 分，每题的备选项中，只有一个最符合题意。）

1. 流域面积 12600km^2，多年平均降水 650mm，多年平均流量 80m^3/s，则多年平均径流系数为：

A. 0.41　　B. 0.31

C. 0.51　　D. 0.21

2. 关于水量平衡，下列说法错误的是：

A. 任一地区、任一时段水量平衡，蓄水量的变化量 = 进入流域的水量 − 输出的水量

B. 陆地水量平衡，陆地蓄水变化量 = 降雨量 − 蒸发量 − 径流量

C. 海洋水量平衡，海洋蓄水变化量 = 降雨量 − 蒸发量 − 径流量

D. 海洋水量平衡，海洋蓄水变化量 = 降雨量 + 径流量 − 蒸发量

3. 偏态系数$C_s = 0$，说明随机变量：

A. 出现大于均值的机会比出现小于均值的机会多

B. 出现大于均值的机会比出现小于均值的机会少

C. 出现大于均值的机会与出现小于均值的机会相等

D. 出现小于均值的机会为 0

4. 洪水“三要素”指：

A. 洪峰流量、洪水总量、洪水过程线

B. 洪水历时、洪峰流量、洪水总量

C. 洪水历时、洪水总量、洪水过程线

D. 洪峰流量、洪水历时、洪水过程线

5. 在设计年径流量的分析计算中，把短系列资料延展成长系列资料的目的是：

A. 增加系列的可靠性

B. 增加系列的一致性

C. 增加系列的代表性

D. 考虑安全

6. 我国降雨量和径流量的C_v分布大致是：

A. 南方大、北方小　　B. 内陆大、沿海小

C. 平原大、山区小　　D. 东方大、西方小

7. 某一历史洪水从发生年份以来为最大，则该特大洪水的重现期是：

A. 重现期 = 发生年份 − 设计年份

B. 重现期 = 发生年份 − 设计年份 + 1

C. 重现期 = 设计年份 − 发生年份 + 1

D. 重现期 = 设计年份 − 发生年份 − 1

8. 某一区域地下河总出口流量为 $4\mathrm{m}^3/\mathrm{s}$，该地下河径流区域面积为 $1000\mathrm{km}^2$，则该地下河的径流模数为：

A. $4\mathrm{m}^3/(\mathrm{s}\cdot\mathrm{km}^2)$

B. $0.4\mathrm{m}^3/(\mathrm{s}\cdot\mathrm{km}^2)$

C. $0.04\mathrm{m}^3/(\mathrm{s}\cdot\mathrm{km}^2)$

D. $0.004\mathrm{m}^3/(\mathrm{s}\cdot\mathrm{km}^2)$

9. 下列不属于地下水排泄方式的是：

A. 泉水排泄

B. 向地表水排泄

C. 凝结水排泄

D. 蒸发排泄

10. 下列不属于河谷冲积层特点的是：

A. 水位埋藏深

B. 含水层透水性好

C. 水交替积极

D. 水质良好

11. 两观测井A、B相距 1000m，水位差为 1m，实际水流平均速度为 0.025m/d，空隙率为$n = 0.2$，请问A、B之间地下水的渗透系数是：

A. 5m/d

B. 0.005m/d

C. 2.5m/d

D. 3m/d

12. 某水源地面积$A = 20\mathrm{km}^2$，潜水层平均给水度$\mu = 0.1$，其年侧向入流量为$1\times10^6\mathrm{m}^3$，年侧向出流量为$0.8\times10^6\mathrm{m}^3$，年垂直补给量为$0.5\times10^6\mathrm{m}^3$，年内地下水位允许变幅$\Delta h = 6\mathrm{m}$，则计算区的允许开采量应为：

A. $11.3\times10^6\mathrm{m}^3$

B. $12.7\times10^6\mathrm{m}^3$

C. $12.3\times10^6\mathrm{m}^3$

D. $11.7\times10^6\mathrm{m}^3$

13. 以氧化有机物获得能源、以有机物为碳源的微生物的营养类型是：

A. 光能有机物营养

B. 化能有机物营养

C. 光能无机物营养

D. 化能无机物营养

14. 酶的反应中心是：

A. 结合中心　　B. 催化中心

C. 酶促中心　　D. 活性中心

15. 好氧呼吸过程中电子和氢最终传递的物质是：

A. 有机物　　B. 氧分子

C. 含氧有机物　　D. 有机酸

16. 关于胸腺嘧啶和胞嘧啶，下列说法不正确的是：

A. 不可能同时出现在 RNA 中

B. 碱基是由腺嘌呤、鸟嘌呤、尿嘧啶、胞嘧啶中的一种所组成的

C. 可以同时存在于 RNA 中

D. 可能同时出现在 DNA 中

17. 关于乙醇消毒说法正确的是：

A. 是氧化剂，杀死微生物

B. 是脱水剂，杀死微生物

C. 浓度越大，消毒效果越好

D. 碳原子多的醇类大多具有消毒性，所以多用于消毒剂

18. 下列细菌是丝状菌的是：

A. 球衣细菌　　B. 枯草杆菌

C. 芽孢杆菌　　D. 假单胞菌

19. 能进行酒精发酵的微生物是：

A. 酵母菌　　B. 霉菌

C. 放线菌　　D. 蓝细菌

20. 水中轮虫数量越多，表明水质状况：

A. 溶解氧越高，水质越差

B. 溶解氧越高，水质越好

C. 溶解氧越低，水质越好

D. 溶解氧越低，水质越差

21. 发酵法测定大肠菌群实验中，pH = 4时，溶液颜色由：

A. 红色变黄色　　B. 红色变蓝色

C. 黄色变红色　　D. 黄色变蓝色

22. 在污水处理中引起污泥膨胀的是：

A. 细菌　　B. 酵母菌

C. 丝状微生物　　D. 原生动物

23. 随温度升高，液体黏性将：

A. 升高　　B. 降低

C. 不变　　D. 可能升高或降低

24. 图示A、B两点均位于封闭水箱的静水中，用U型汞压差计连接两点，如果出现液面高差Δh_m，则下列描述正确的是：

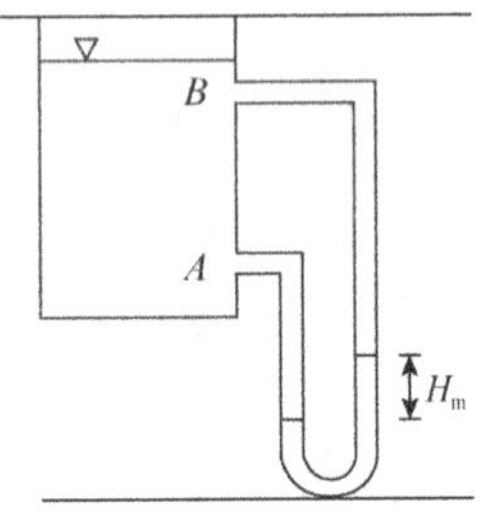

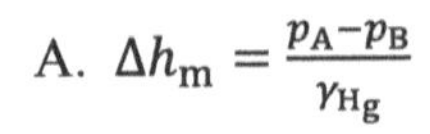

A. $\Delta h_m = \frac{p_A - p_B}{\gamma_{Hg}}$

B. $\Delta h_m = \frac{p_A - p_B}{\gamma_{Hg} - \gamma_{H_2O}}$

C. $\Delta h_m = 0$

D. 上述都不对

25. 理想液体流经管道突然放大断面时，其测压管水头线：

A. 只可能上升

B. 只可能下降

C. 只可能水平

D. 可能升高或降低，或水平

26. 长度1000m，管道直径$d = 200\text{mm}$，流量$Q = 90\text{L/s}$，水力坡度$J = 0.46$，管道的沿程阻力系数λ值为：

A. 0.0219　　B. 0.00219

C. 0.219　　D. 2.19

27. 如图所示，要使1点与2点的流量一样，则下游水面应设置在：

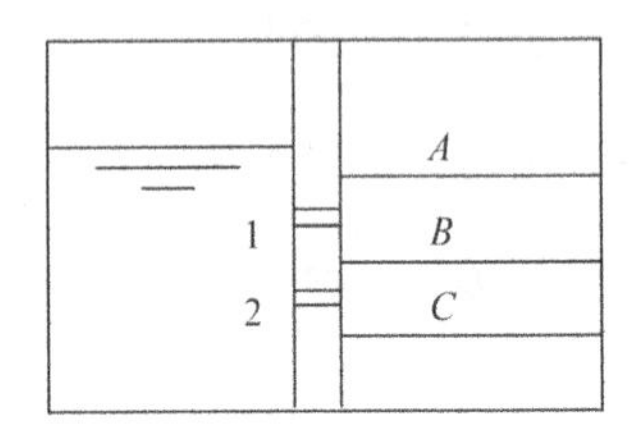

A. A面

B. B面

C. C面

D. 都可以

28. 在无压圆管均匀流中，其他条件保持不变，下列结论正确的是：

A. 流量随设计充满度增大而增大

B. 流速随设计充满度增大而增大

C. 流量随水力坡度增大而增大

D. 以上三种说法都对

29. 流量一定，渠道断面的形状、尺寸和粗糙系数一定时，随底坡的增大，临界水深将：

A. 不变　　　　B. 减少

C. 增大　　　　D. 不确定

30. 小桥孔径水力计算时，若是淹没出流，则桥孔内的水深为：

A. 大于临界水深　　　　B. 大于桥下游水深

C. 小于临界水深　　　　D. 小于桥下游水深

31. 离心泵启动时，出水管：

A. 全部开闸

B. 全部闭闸

C. 把闸开到1/2处启动

D. 部分闭闸

32. 泵的效率包括容积效率、水力效率和：

A. 传动效率　　　　B. 电机效率

C. 泵轴效率　　　　D. 机械效率

33. 多级泵（三级）在计算比转数时采用的扬程是：

A. 总扬程的1/3

B. 总扬程的1/6

C. 总扬程的 3 倍

D. 总扬程的 6 倍

34. 两台相同的泵并联，流量与单台泵运行时相比：

A. 并联后总流量比单台泵流量增大 2 倍

B. 并联后总流量是单台泵的一半

C. 并联后总流量等于单台泵流量

D. 并联后总流量大于单台泵流量

35. 比转数高（大于150）的离心泵发生气蚀现象，Q-H曲线将：

A. 突然下降　　B. 突然上升

C. 逐渐下降　　D. 逐渐上升

36. 气蚀余量H_{sv}的计算可表示为$H_{sv} = h_a - h_{va} \pm |H_{ss}| - \sum h_s$，其中$H_{ss}$表示：

A. 流速差　　B. 安装高度

C. 静扬程　　D. 压水高度

37. 混流泵的作用力为：

A. 离心力　　B. 升力

C. 离心力和升力　　D. 速度与压力的变化

38. 水泵机组纵排布置时，其管道间距不小于：

A. 0.5m　　B. 0.7m

C. 1.0m　　D. 1.2m

39. 下列可用于消除空气动力性的措施是：

A. 吸音　　B. 消声

C. 隔音　　D. 隔震

40. 设置中途泵站的目的是：

A. 避免长途输水的排水干管埋设太深

B. 降低排水干管埋设坡度

C. 在排水管道中途接纳污水

D. 将工业企业处理后的污水送到污水处理厂

41. 污水泵吸水管道的流速不宜小于：

A. 0.4m/s　　B. 0.7m/s

C. 1.2m/s　　D. 1.6m/s

42. 雨水泵站的出水管道需要安装：

A. 水锤消除器　　B. 拍门

C. 闸阀　　D. 溢流管

43. 下列说法中，错误的是：

A. 绝对误差是测量值与真实值之差

B. 偏差是指测量值与平均值之差

C. 总体均值就是真值

D. 相对标准偏差又称为变异系数

44. 下列数据中，有相同有效数字位数的是：

A. $pH = 0.75$、$pK_a = 5.18$、$\ln y = 12.67$

B. 0.001、1.000、0.010

C. 0.75%、6.73%、53.56%

D. 1.00×10^3、10.0×10^3、0.10×10^4

45. 下列不是共轭酸碱对的是：

A. NH_4^+和 NH_3

B. H_3PO_4 和 $H_2PO_4^-$

C. $H_2PO_4^-$和 PO_4^-

D. HCO_3^-和 CO_3^{2-}

46. 滴定中选择指示剂的原则是：

A. $K_a = KH_{In}$

B. 指示剂的变色范围与等当点完全符合

C. 指示剂的变色范围应完全落入滴定的突越范围之内

D. 指示剂的变色范围全部或部分落入滴定的突越范围之内

47. EDTA 滴定金属离子 M，要求相对误差小于 0.1%，滴定条件需满足：

A. $c_M K_{MY} \geqslant 10^6$

B. $c_M K_{MY} \leqslant 10^6$

C. $c_M K'_{MY} \leqslant 10^6$

D. $c_M K'_{MY} \geqslant 10^6$

48. 用莫尔法测Cl^-，控制$pH = 4.0$，溶液滴定终点：

A. 不受影响

B. 提前到达

C. 推迟到达

D. 刚好等于化学计量点到达

49. 关于间接碘量法，以下说法错误的是：

A. 常用淀粉作指示剂

B. pH 值要合适，过高或过低都可能带来误差

C. 滴定前要先预热，增加反应速度

D. 加入过量 KI，生成 I_3^-，防止 I_2 挥发损失

50. 化学需氧量指的是在一定条件下，每升水中特定物质被氧化消耗的氧化剂的量，折算成 O_2 的毫克数表示，是水体中有机物污染的综合指标之一。特定物质是指：

A. 有机物

B. 氧化性物质

C. 还原性物质

D. 所有污染物

51. 甲物质的摩尔吸光系数$\varepsilon_甲$大于乙物质的摩尔吸光系数$\varepsilon_乙$，则说明：

A. 甲物质溶液的浓度大

B. 光通过甲物质溶液的光程大

C. 测定甲物质的灵敏度高

D. 测定乙物质的灵敏度高

52. 测定溶液 pH 值时，常需要标准 pH 溶液定容，下列溶液中，并不适合作为标准 pH 缓冲溶液的是：

A. pH = 7.00的高纯水

B. pH = 4.00的邻苯二甲酸氢钾溶液（0.05mol/L）

C. pH = 6.86的磷酸盐缓冲溶液

D. pH = 9.18的硼砂溶液（0.01mol/L）

53. 下列描述是偶然误差的特性的是：

A. 偶然误差又称为随机误差，是可以避免的

B. 偶然误差是可以测定的

C. 偶然误差的数值大小、正负出现的机会均等

D. 偶然误差是可以通过校正的方法予以消除的

54. 下列关于容许闭合差与折角关系的说法，正确的是：

A. 无关，导线越长，容许闭合差越小

B. 无关，导线越长，容许闭合差越大

C. 有关，折角越多，容许闭合差越小

D. 有关，折角越多，容许闭合差越大

55. 野外地形图测绘时，对于圆形蓄水池，应至少观测其圆周上的点位数是：

A. 1　　B. 2

C. 3　　D. 4

56. 比例尺 1：1000 地形图上，量得A至B两点间的图上水平长度为 213.4mm，高差为+6.4m，则A至B两点间的坡度为：

A. 3%　　B. 6%

C. −5%　　D. 15%

57. 利用高程为$H_{\mathrm{A}} = 25.245\mathrm{mm}$的水准点$A$，测设$B$点高程为 26.164m，仪器在$A$、$B$两点中间时，在$A$尺上读数为 1.526m，则$B$尺上读数应为：

A. 1.526m　　B. 0.919m

C. −0.919m　　D. 0.607m

58. 下列说法不正确的是：

A. 建设工程实行施工总承包的，由总承包单位对施工现场的安全生产负总责

B. 总承包单位应当自行完成建设工程主体结构的施工

C. 总承包单位和分包单位对分包工程的安全生产承担连带责任

D. 分包工程出现生产安全事故的，由总承包单位承担主要责任

59. 在环境保护严格地区，企业的排污量大大超过规定值，应如何处理？

A. 立即拆除　　B. 限期搬迁

C. 停业关闭　　D. 经济罚款

60. 我国城乡规划的原则不包含：

A. 城乡统筹　　B. 公平、公正、公开

C. 关注民生　　D. 可持续发展

2016年度全国勘察设计注册公用设备工程师

（给水排水）执业资格考试试卷

基础考试

（下）

二〇一六年九月

应考人员注意事项

1. 本试卷科目代码为“2”，考生务必将此代码填涂在答题卡“科目代码”相应的栏目内，否则，无法评分。
2. 书写用笔：**黑色或蓝色钢笔、签字笔或圆珠笔**；

   填涂答题卡用笔：**黑色 2B 铅笔**。
3. 必须用书写用笔将工作单位、姓名、准考证号填写在答题卡和试卷相应的栏目内。
4. 本试卷由 60 题组成，每题 2 分，满分 120 分，本试卷全部为单项选择题，每小题的四个备选项中只有一个正确答案，错选、多选、不选均不得分。
5. 考生作答时，必须按**题号在答题卡上**将相应试题所选选项对应的**字母用 2B 铅笔涂黑**。
6. 在答题卡上书写与题意无关的语言，或在答题卡上作标记的，均按违纪试卷处理。
7. 考试结束时，由监考人员当面将试卷、答题卡一并收回。
8. 草稿纸由各地统一配发，考后收回。

单项选择题（共 60 题，每题 2 分，每题的备选项中，只有一个最符合题意。）

1. 在水文现象中，大洪水出现的机会比中小洪水出现机会小，其频率密度曲线为：

A. 负偏　　B. 对称

C. 正偏　　D. 双曲函数曲线

2. 全球每年参加水文循环的水约有：

A. 57.7 万 km^3　　B. 5.77 万 km^3

C. 577 万 km^3　　D. 57770 万 km^3

3. 变差系数C_V越大，说明随机变量X：

A. 系列分布越离散　　B. 系列分布越集中

C. 系列水平越高　　D. 不一定

4. 水工建筑物的防洪标准又可以分为设计标准和校核标准：

A. 设计标准必然大于校核标准

B. 校核标准必然大于设计标准

C. 两标准大小一致

D. 两标准对于不同的建筑物大小不定

5. 一次暴雨洪水的地面净雨深与地面径流深的关系是：

A. 前者大于后者　　B. 前者小于后者

C. 前者等于后者　　D. 两者可能相等或不等

6. 在等流时线法中，当净雨历时小于流域汇流时间时，洪峰流量是由：

A. 部分流域面积上的全部净雨所形成

B. 全部流域面积上的部分净雨所形成

C. 部分流域面积上的部分净雨所形成

D. 全部流域面积上的全部净雨所形成

7. 水文统计的任务是研究和分析水文随机现象的：

A. 必然变化特性　　B. 自然变化特性

C. 统计变化特性　　D. 可能变化特性

8. 某岩溶地区地下河系总出口流量为$4m^3/s$，该区地下水汇水总补给面积为$1000km^3$，某地段补给面积为$60km^3$，则该地段地下径流量为：

A. $0.024m^3/s$

B. $2.4m^3/s$

C. $0.24m^3/s$

D. $24m^3/s$

9. 潜水等水位线由密变疏，间距加大，说明：

A. 颗粒结构由粗变细，透水性由差变好

B. 颗粒结构由细变粗，透水性由差变好

C. 颗粒结构由粗变细，透水性由好变差

D. 颗粒结构由细变粗，透水性由好变差

10. 关于沙漠地区的地下水，下列描述错误的是：

A. 山前倾斜平原边缘沙漠地区的地下水，水位埋置较深，水质较好

B. 古河道中的地下水，由于古河道中岩性较粗，径流交替条件较差

C. 大沙漠腹地的沙丘地区地下水，其补给主要为地下径流和凝结水

D. 沙漠地区的地下水，是人畜生活和工农业建设的宝贵资源

11. 有一承压完整井位于砂砾石含水层中，抽水量$Q = 1256m^3/d$，已知含水层的导水系数$T = 100m^2/d$，释水系数$\mu = 6.94 \times 10^{-4}$，则抽水100min时距井40m处的降深可表示为：

A. $2W(0.0399)$m

B. $W(0.0399)$m

C. $2W(0.399)$m

D. $W(0.399)$m

12. 某水源地面积为20km³，潜水含水层平均给水度为0.1，其年侧向入流量为$1 \times 10^6m^3$，年侧向出流量为$0.8 \times 10^6m^3$，年垂直补给量为$0.5 \times 10^6m^3$，该水源地的年可开采量为$12.7 \times 10^6m^3$，则年内地下水位允许变幅为：

A. 7m

B. 4m

C. 8m

D. 6m

13. 下列哪一种不属于细菌的基本形态?

A. 球状

B. 杆状

C. 螺旋状

D. 三角状

14. 细菌的命名法规定细菌名称的两个组成部分是：

A. 科名和属名

B. 属名和种名

C. 科名和种名

D. 种名和亚种名

15. 微生物细胞能量的主要来源是：

A. 含氮物质　　B. 无机盐

C. 水　　D. 含碳物质

16. 下列辅酶中，能在脱氢酶中被发现的是：

A. 辅酶 A　　B. 生物素

C. ATP　　D. NAD

17. 具有杀菌作用的光线的波长是：

A. 500nm　　B. 700nm

C. 350nm　　D. 260nm

18. 转化过程中，受体菌从供体菌处吸收的是：

A. 供体菌的 DNA 片段　　B. 供体菌的全部蛋白质

C. 供体菌的全部 DNA　　D. 供体菌的蛋白质片段

19. 所有藻类的共同特点是：

A. 能进行光合作用　　B. 原核细胞

C. 不具有细胞壁　　D. 单细胞

20. 病毒没有细胞结构，组成其外壳和内芯的物质分别是：

A. 核酸和蛋白质　　B. 蛋白质和磷脂

C. 蛋白质和核酸　　D. 核酸和磷脂

21. 下列细菌中，不属于水中常见的病原微生物有：

A. 大肠杆菌　　B. 伤寒杆菌

C. 痢疾杆菌　　D. 霍乱弧菌

22. 反硝化作用需要的条件有：

A. 好氧，有机物，硝酸盐　　B. 缺氧，有机物，硝酸盐

C. 好氧，阳光，硝酸盐　　D. 缺氧，阳光，硝酸盐

23. 关于液体，下列说法正确的是：

A. 不能承受拉力，也不能承受压力

B. 不能承受拉力，但能承受压力

C. 能承受拉力，但不能承受压力

D. 能承受拉力，也能承受压力

24. 水箱形状如图所示，底部有 4 个支座，水的密度$\rho = 1000\text{kg/m}^3$，底面上的总压力P和 4 个支座的支座反力F分别为：

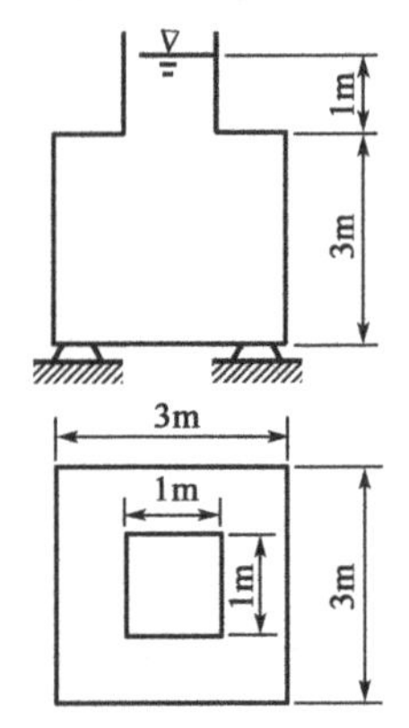

A. $P = 352.4\text{kN}$，$F = 352.4\text{kN}$

B. $P = 352.4\text{kN}$，$F = 274.4\text{kN}$

C. $P = 274.4\text{kN}$，$F = 274.4\text{kN}$

D. $P = 274.4\text{kN}$，$F = 352.4\text{kN}$

25. 一管流，A、B 两断面的数值分别为：$z_A = 1\text{m}$，$z_B = 5\text{m}$，$p_A = 80\text{kPa}$，$p_B = 50\text{kPa}$，$v_A = 1\text{m/s}$，$v_B = 4\text{m/s}$，判别管流流动方向的依据是：

A. $z_A < z_B$；所以从 B 流向 A

B. $p_A > p_B$；所以从 A 流向 B

C. $v_B < v_A$；所以从 A 流向 B

D. $z_A + \frac{p_A}{\gamma} + \frac{v_A^2}{2g} < z_B + \frac{p_B}{\gamma} + \frac{v_B^2}{2g}$；所以从 B 流向 A

26. 如图所示，油管直径为 75mm，已知油的密度是901kg/m^3，运动黏度为$0.9\text{cm}^2/\text{s}$。在管轴位置安放连接水银压差计的皮托管，水银面高差$h_p = 20\text{mm}$，则通过的油流量Q为：

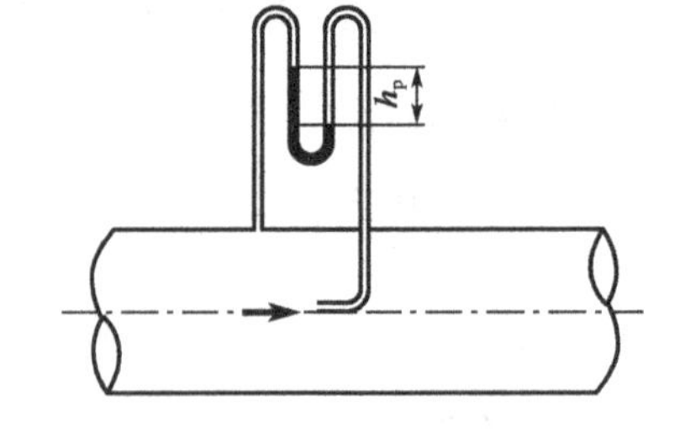

A. $1.04 \times 10^{-3}\text{m}^3/\text{s}$

B. $5.19 \times 10^{-3}\text{m}^3/\text{s}$

C. $1.04 \times 10^{-2}\text{m}^3/\text{s}$

D. $5.19 \times 10^{-4}\text{m}^3/\text{s}$

27. 在水力计算中，所谓的长管是指：

A. 管道的物理长度很长　　B. 沿程水头损失可以忽略

C. 局部水头损失可以忽略　　D. 局部水头损失和流速水头可以忽略

28. 有三条矩形渠道，其A、n和i均相同，但b和h各不相同，已知$b_1 = 4\text{m}$，$h_1 = 1.5\text{m}$，$b_2 = 2\text{m}$，$h_2 = 3\text{m}$，$b_3 = 3.0\text{m}$，$h_3 = 2.0\text{m}$，比较这三条渠道流量的大小：

A. $Q_1 > Q_2 > Q_3$　　B. $Q_1 < Q_2 < Q_3$

C. $Q_1 > Q_2 = Q_3$　　D. $Q_1 = Q_3 > Q_2$

29. 宽浅的矩形断面渠道，随流量的增大，临界底坡将：

A. 不变　　B. 减小

C. 增大　　D. 不定

30. 宽顶堰形成淹没出流的充分条件是：

A. $h_s > 0$　　B. $h_s > 0.8H_0$

C. $h_s > 0.5H_0$　　D. $h_s < h_2$（h_2为临界水深）

31. 水泵的总扬程$H = H_{ST} + \sum h$，其中H_{ST}为：

A. 总扬程　　B. 吸水扬程

C. 静扬程　　D. 压水扬程

32. 水泵的总效率是 3 个局部效率的乘积，它们分别是机械效率、容积效率和：

A. 水力效率　　B. 电机效率

C. 泵轴效率　　D. 传动效率

33. 比转数$n_s = 3.65\frac{n\sqrt{Q}}{H^{\frac{3}{4}}}$，$Q$以$m^3/s$计，$H$以 m 计。已知 12Sh-13 型水泵$Q = 220L/s$，$H = 32.2m$，$n = 1450r/min$，比转数是：

A. 68　　B. 129

C. 184　　D. 288

34. 根据相似定律，水泵转速变化时，水泵流量随转速变化的关系是：

A. 流量不变　　B. 一次方关系

C. 二次方关系　　D. 三次方关系

35. 水泵吸水管压力的变化可用下列能量方程表示：

$$\frac{p_a}{\rho g} - \frac{p_k}{\rho g} = \left(H_{ss} + \frac{v_1^2}{2g} + \sum h_s\right) + \frac{C_0^2 - v_1^2}{2g} + \lambda\frac{W_0^2}{2g}$$

公式中$\frac{C_0^2 - v_1^2}{2g} + \lambda\frac{W_0^2}{2g}$表示：

A. 气蚀余量　　B. 真空表安装点的压头下降值

C. 吸水管中的水头损失　　D. 泵壳进口内部的压力下降值

36. 总气蚀余量的计算公式为：$H_{SV} = h_a - h_{va} - \sum h_s \pm |H_{ss}|$，设吸水井水面大气压为 10m，汽化压力为 0.75m，吸水管水头损失为 2.1m，吸水井水面高于泵 2m 时，气蚀余量为：

A. 5.15m　　B. 6.65m

C. 8m　　D. 9.15m

37. 大城市水厂的电力负荷等级为：

A. 一级负荷　　B. 二级负荷

C. 三级负荷　　D. 四级负荷

38. 给水泵站设有三台自灌充水水泵时，如采用合并吸水管，其数目不得小于：

A. 一条　　B. 两条

C. 三条　　D. 与工作泵数量相同

39. 机械性噪声来源于：

A. 变压器　　B. 空压机

C. 轴承振动　　D. 鼓风机

40. 给水泵房一般应设备用水泵，备用泵的型号应相当于工作泵中的：

A. 小泵　　B. 任意泵

C. 中泵　　D. 大泵

41. 污水泵房集水池宜装置冲泥和清泥等设施，抽送含有焦油等类的生产线应有：

A. 隔油设施　　B. 加热设施

C. 中和设施　　D. 过滤设施

42. 叶轮切削抛物线上的各点：

A. 效率不同，切削前后实际工况也不相似

B. 效率相同，切削前后实际工况也相似

C. 效率不同，但切削前后实际工况相似

D. 效率相同，但切削前后实际工况不相似

43. 要测定水样中的微量金属，采样时应选用：

A. PVC 塑料瓶　　B. 不锈钢瓶

C. 玻璃瓶　　D. 棕色玻璃瓶

44. 下列说法中，错误的是：

A. 绝对误差是测定值与真实值之差

B. 偏差是测定值与平均值之差

C. 标准偏差是测定结果准确度的标志

D. 相对标准偏差又称为变异系数

45. 已知下列各物质在水溶液中的K_a：①$K_{HCN} = 6.2 \times 10^{-10}$；②$K_{HS} = 7.1 \times 10^{-15}$，$K_{H_2S} = 1.3 \times 10^{-7}$；③$K_{HF} = 3.5 \times 10^{-4}$；④$K_{HAc} = 1.8 \times 10^{-5}$。其中碱性最强的物质是：

A. CN^-　　B. S^{2-}

C. F^-　　D. Ac^-

46. 用下列四种不同浓度的 NaOH 标准溶液：①1.000mol/L；②0.5000mol/L；③0.1000mol/L；④0.01000mol/L滴定相应浓度的 HCl 标准溶液，得到滴定曲线，其中滴定突跃最宽，可供选择的指示剂最多的是：

A. ①　　B. ②

C. ③　　D. ④

47. 当络合物的稳定常数符合下列哪种情况时，才可以用于络合滴定（$c_M = 10^{-2}\mathrm{mol \cdot L^{-1}}$）？

A. $\lg K_a > 6$　　B. $\lg K_a = 8$

C. $\lg K_a < 8$　　D. $\lg K_a > 8$

48. Mohr 法不能用于 I^-的测定，主要是因为：

A. AgI 的溶解度太小　　B. AgI 的沉淀速度太大

C. AgI 的吸附能力太强　　D. 没有合适的指示剂

49. 碘量法中，包含的一个基本步骤是：

A. 用 I_2 标准溶液滴定至淀粉指示剂变为蓝色

B. 加入过量 KI 与待测的氧化性物质生成 I_2

C. 加热含有 I_2 的溶液，使其挥发

D. 加入硫酸确保溶液具有足够的酸度

50. 用 $Na_2C_2O_4$ 标定 $KMnO_4$ 时，控制溶液的酸性使用：

A. HAc　　B. HCl

C. HNO_3　　D. H_2SO_4

51. 满足比尔定律的有色溶液稀释时，其最大吸收峰的波长位置：

A. 不移动，但高峰值降低

B. 不移动，但高峰值增大

C. 向长波方向移动

D. 向短波方向移动

52. 测定水中 F^- 含量时，加入总离子强度调节缓冲溶液，其中 NaCl 的作用是：

A. 控制溶液的 pH 在一定范围内

B. 使溶液的离子强度保持一定值

C. 掩蔽 Al^{3+}、Fe^{3+}干扰离子

D. 加快响应时间

53. 水准测量时，水准尺立尺倾斜时水平视线读数会：

A. 看不清　　B. 变小

C. 变大　　D. 不变

54. 闭合水准路线闭合差的限差值和水准路线的长度：

A. 无关，和高差大小有关

B. 无关，和仪器好坏有关

C. 有关，水准路线的长度越长限差越大

D. 有关，水准路线的长度越长限差越小

55. 测绘平面图时，观测仪器架设的点位是：

A. 水准点　　B. 墙角点

C. 水文点　　D. 导线点

56. 要标出某山区出水口的汇水区域，其汇水边界在地形图上应沿：

A. 公路线　　B. 山谷线

C. 山脊线　　D. 山脚线

57. 欲放样 B 点的设计高程$H_B = 6.000$m，已知水准点高程$H_A = 3.545$m，水准尺后视 A 点水平读数$a = 2.817$m，放样 B 点设计高程的前视读数：

A. $b = 3.545$m　　B. $b = 1.555$m

C. $b = 2.362$m　　D. $b = 0.362$m

58. 下列说法正确的是：

A. 设计单位在设计选用主要材料设备时可以指定生产供应商

B. 设计单位在设计选用主要材料设备时不得指定生产供应商

C. 给排水管线的安装不属于建筑工程保修范围

D. 供冷系统的安装不属于建筑工程的保修范围

59. 验收建设项目中防治污染设施的部门是：

A. 地方省级环境保护行政主管部门

B. 建设单位的环境保护行政主管部门

C. 该建设项目的监理单位

D. 原审批环境影响报告书的环境保护行政主管部门

60. 城镇近期建设规划的年限一般为：

A. 两年　　B. 五年

C. 十年　　D. 二十年

2017年度全国勘察设计注册公用设备工程师
（给水排水）执业资格考试试卷

基础考试
（下）

二〇一七年九月

应考人员注意事项

1. 本试卷科目代码为“2”，考生务必将此代码填涂在答题卡“科目代码”相应的栏目内，否则，无法评分。
2. 书写用笔：**黑色或蓝色钢笔、签字笔或圆珠笔**；

   填涂答题卡用笔：**黑色 2B 铅笔**。
3. 必须用书写用笔将工作单位、姓名、准考证号填写在答题卡和试卷相应的栏目内。
4. 本试卷由 60 题组成，每题 2 分，满分 120 分，本试卷全部为单项选择题，每小题的四个备选项中只有一个正确答案，错选、多选、不选均不得分。
5. 考生作答时，必须按**题号在答题卡上**将相应试题所选选项对应的**字母用 2B 铅笔涂黑**。
6. 在答题卡上书写与题意无关的语言，或在答题卡上作标记的，均按违纪试卷处理。
7. 考试结束时，由监考人员当面将试卷、答题卡一并收回。
8. 草稿纸由各地统一配发，考后收回。

单项选择题（共 60 题，每题 2 分，每题的备选项中，只有一个最符合题意。）

1. 在水文频率计算中，我国一般选配皮尔逊III型曲线，这是因为：

A. 已从理论上证明它符合水文统计规律

B. 已制成该线型的ϕ值表供查用，使用方便

C. 已制成该线型的K_p值表供查用，使用方便

D. 经验表明，该线型能与我国大多数地区水文变量的频率分布配合良好

2. 下列属于不稳定的水位流量关系曲线处理方法的是：

A. 断流水位法　　B. 河网汇流法

C. 连时序法　　D. 坡地汇流法

3. 某水文站控制面积为 680km²，多年年平均径流模数为 $20L/(s \cdot km^2)$，则换算为年径流深约为：

A. 315.4mm　　B. 630.7mm

C. 102.3mm　　D. 560.3mm

4. 在洪峰、洪量的频率计算中，关于选样方法错误的是：

A. 可采用年最大值法

B. 采用固定时段选取年最大值

C. 每年只选一个最大洪峰流量

D. 可采用固定时段最大值

5. 用适线法进行水文频率计算，当发现初定的理论频率曲线上下部位于经验频率点据之下，中部位于经验频率点据之上时，调整理论频率曲线应：

A. 加大离势系数C_v　　B. 加大偏态系数C_s

C. 减小偏态系数C_s　　D. 加大均值$\overline{x}$

6. 某河某站有 24 年实测径流资料，选择线型为皮尔逊 III 型，经频率计算已求得年径流深均值为 667mm，$C_v = 0.32$，$C_s = 2C_v$，则$P = 90\%$的设计年径流深为：

ϕ值表

C_s \ $P(\%)$	1	10	50	90	99
0.64	2.78	1.33	−0.11	−1.19	−1.85
0.70	2.82	1.33	−0.12	−1.18	−1.81

A. 563mm　　B. 413mm

C. 234mm　　D. 123mm

7. 当前我国人均水资源占有量约为：

A. $1700m^3$　　B. $2300m^3$

C. $3200m^3$　　D. $7100m^3$

8. 某地区有5个雨量站，各区代表面积及各雨量站的降雨量如表所示，则用算术平均法计算出本地区平均降雨量为：

某地区雨量站所在多边形面积及降雨量表

雨量站	A	B	C	D	E
多边形面积（km^2）	78	92	95	80	85
降雨量（mm）	35	42	23	19	29

A. 39.6mm　　B. 29.7mm

C. 29.5mm　　D. 39.5mm

9. 松散岩石的给水度与容水度越接近，说明：

A. 岩石颗粒越细　　B. 岩石颗粒不变

C. 岩石颗粒越粗　　D. 岩石颗粒粗细不一定

10. 与山区丘陵区单斜岩层地区的富水程度无关的因素有：

A. 岩性组合关系

B. 补给区较大的出露面积

C. 倾斜较缓的含水层富水性较好

D. 背斜构造的倾没端

11. 一承压含水层厚度为100m，渗透系数为10m/d，其完整井半径为1m，井中水位为120m，观测井水位为125m，两井相距100m，则该井稳定的日出水量为：

A. $3410.9m^3$　　B. $4514.8m^3$

C. $6821.8m^3$　　D. $3658.7m^3$

12. 下列不属于评价地下水允许开采量的方法是：

A. 越流补给法　　B. 水量平衡法

C. 开采试验法　　D. 降落漏斗法

13. 细胞（质）膜成分中不包括哪一种成分？

A. 蛋白质　　B. 核酸

C. 糖类　　D. 脂类

14. 下列物质中，不属于细菌的内含物的是：

A. 异染颗粒
B. 淀粉粒
C. 葡萄糖
D. 聚-β羟基丁酸

15. 以氧化无机物获得能量，二氧化碳作为碳源，还原态无机物作为供氢体的微生物称为：

A. 光能异养型微生物
B. 光能自养型微生物
C. 化能异养型微生物
D. 化能自养型微生物

16. 酶能提高反应速度的原因是：

A. 酶能降低活化能
B. 酶能提高活化能
C. 酶能增加分子所含能量
D. 酶能减少分子所含能量

17. 下列描述中，不正确的是：

A. 高温会使微生物死亡
B. 微生物需要适宜的 pH 值
C. 低温下微生物不能存活
D. 缺水会使微生物进入休眠状态

18. 在低渗溶液中，微生物细胞会发生的变化是：

A. 维持平衡
B. 失去水分
C. 吸收水分
D. 不一定

19. 下列物质中，不属于微生物遗传物质的是：

A. DNA
B. RNA
C. 脱氧核糖核酸
D. 蛋白质

20. 在水处理初期，水中主要的原生动物种类是：

A. 纤毛虫
B. 钟虫
C. 鞭毛虫
D. 等枝虫

21. 地衣中藻类与真菌的关系是：

A. 共生关系
B. 互生关系
C. 拮抗关系
D. 寄生关系

22. 下列表述中，不正确的是：

A. 纤维素在酶的作用下被水解为纤维二糖，进而转化成葡萄糖

B. 半纤维素在酶的作用下被水解成单糖和糖醛酸

C. 淀粉在水解酶的作用下最终被水解为葡萄糖

D. 脂肪在水解酶的作用下被水解为葡萄糖

23. 如图所示满足等压面的是：

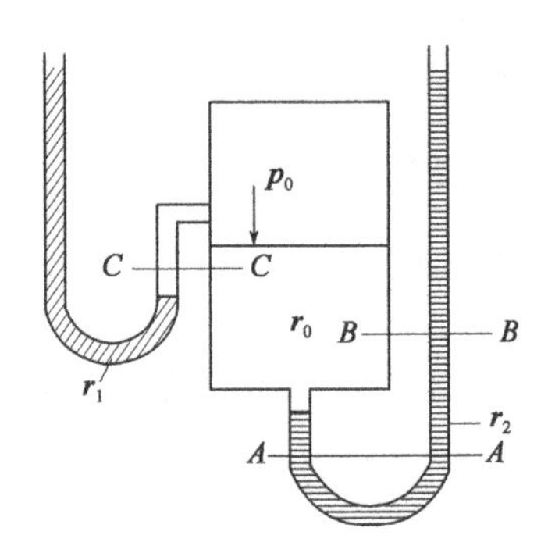

A. $A-A$面

B. $B-B$面

C. $C-C$面

D. 都不是

24. 用U形水银比压计测量水管内A、B两点的压强差，A、B两点的高差为$h_1=0.4\text{m}$，水银面的高差为$h_2=0.2\text{m}$，水的密度$\rho=1000\text{kg/m}^3$，水银的密度$\rho=13600\text{kg/m}^3$，则A、B两点的压强差为：

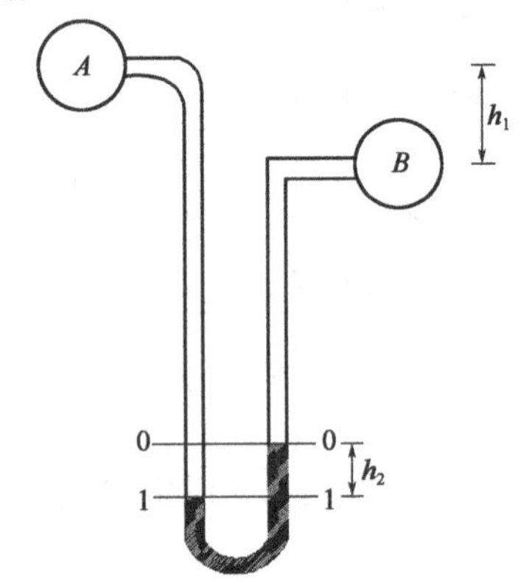

A. 20.78kPa

B. 22.74kPa

C. 24.70kPa

D. 26.62kPa

25. 如图所示，一等直径水管，$A-A$为过流断面，$B-B$为水平面，1、2、3、4为面上各点，各点的运动参数的关系为：

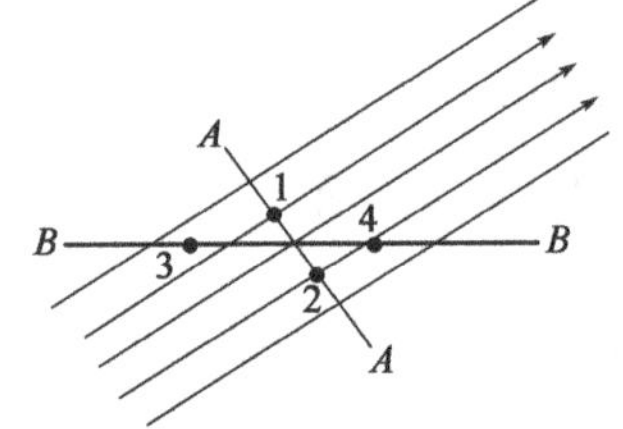

A. $z_3+\frac{p_3}{\rho g}=z_4+\frac{p_4}{\rho g}$

B. $p_3=p_4$

C. $z_1+\frac{p_1}{\rho g}=z_2+\frac{p_2}{\rho g}$

D. $p_1=p_2$

26. 有一断面为矩形的管道，已知长和宽分别为100mm和50mm，如水的运动黏度是$1.57\times10^{-6}\text{m}^2/\text{s}$，通过的流量$Q=8.0\text{L/s}$，空气温度$t=30°\text{C}$，判别该流体的流动状态是：

A. 急流

B. 缓流

C. 层流

D. 紊流

27. 圆柱形外伸管嘴的正常工作条件是：

A. $H_0\geqslant9\text{m}$，$l=(3\sim4)d$

B. $H_0\leqslant9\text{m}$，$l=(3\sim4)d$

C. $H_0\geqslant9\text{m}$，$l>(3\sim4)d$

D. $H_0\leqslant9\text{m}$，$l<(3\sim4)d$

28. 坡度、边壁材料相同的渠道，当过水面积相等时，明渠均匀流过水断面的平均流速在哪种渠道中最大？

A. 半圆形渠道

B. 正方形渠道

C. 宽深比为 3 的矩形渠道

D. 等边三角形渠道

29. 矩形断面的明渠发生临界流状态时，断面比能与临界水深的关系是：

A. $E_s = h_k$

B. $E_s = \frac{2}{3}h_k$

C. $E_s = \frac{3}{2}h_k$

D. $E_s = 2h_k$

30. 实用堰应符合：

A. $\frac{\delta}{H} \leqslant 0.67$

B. $0.67 < \frac{\delta}{H} \leqslant 2.5$

C. $2.5 < \frac{\delta}{H} \leqslant 10$

D. $\frac{\delta}{H} > 0.67$

31. 水泵总扬程中，包括静扬程和：

A. 叶轮的水头损失

B. 吸水管水头损失

C. 管路总水头损失

D. 压水管水头损失

32. Sh 型泵是：

A. 射流泵

B. 单级单吸离心泵

C. 混流泵

D. 单级双吸离心泵

33. 比转数$n_s = \frac{3.65n\sqrt{Q}}{H^{\frac{3}{4}}}$，一单级单吸泵，流量$Q = 45\text{m}^3/\text{h}$，扬程$H = 33.5\text{m}$，转速$n = 2900\text{r/min}$，比转数为：

A. 106

B. 90

C. 85

D. 60

34. 叶轮相似定律中的比例律之一是：

A. $\frac{Q_1}{Q_2} = \frac{n_1}{n_2}$

B. $\frac{H_1}{H_2} = \left(\frac{n_1}{n_2}\right)^3$

C. $\frac{Q_1}{Q_2} = \left(\frac{n_1}{n_2}\right)^2$

D. $\frac{N_1}{N_2} = \left(\frac{n_1}{n_2}\right)^2$

35. 水泵吸水管中压力的变化可用下述能量方程式表示：

$$\frac{p_a}{\rho g} - \frac{p_k}{\rho g} = \left(H_{ss} + \frac{v_1^2}{2g} + \sum h_s\right) + \frac{C_0^2 - v_1^2}{2g} + \lambda\frac{W_0^2}{2g}$$

式中$H_{ss} + \frac{v_1^2}{2g} + \sum h_s$表示：

A. 泵壳进口外部的压力下降值

B. 液体提升高度

C. 吸水管水头损失

D. 压水管水头损失

36. 总气蚀余量的计算公式为$H_{sv} = h_a - h_{va} - \sum h_s \pm |H_{ss}|$，设吸水井水面大气压为 10m，汽化压力为 0.75m，吸水管水头损失为 2.1m，吸收井水面低于泵轴 2.5m 时，气蚀余量为：

A. 4.65m　　B. 6.15m　　C. 9.65m　　D. 11.15m

37. 有两个独立电源供电，按生产需要与允许停电时间，采用双电源自动或手动切换的接线成双电源对多台一级用电设备分组同时供电的属于：

A. 一级负荷的供电方式　　B. 二级负荷的供电方式

C. 三级负荷的供电方式　　D. 四级负荷的供电方式

38. 水泵压水管的设计流速，当$D < 250\text{mm}$时，一般应在：

A. 0.8 ~ 1.0m/s　　B. 1.2 ~ 1.6m/s

C. 1.5 ~ 2.0m/s　　D. 1.5 ~ 2.5m/s

39. 电磁性噪声来源于：

A. 变压器　　B. 空压机

C. 轴承振动　　D. 鼓风机

40. 按泵站在排水系统中的作用，可分为终点泵站和：

A. 总泵站　　B. 污泥泵站

C. 中途泵站　　D. 循环泵站

41. 雨水泵站集水池进水口流速一般不超过：

A. 0.5m/s　　B. 0.7m/s

C. 1.0m/s　　D. 1.5m/s

42. 螺旋泵的转速一般采用：

A. 20 ~ 90r/min　　B. 720 ~ 950r/min

C. 950 ~ 1450r/min　　D. 1450 ~ 2900r/min

43. 在滴定分析法中测定出现的下列情况属于系统误差的是：

A. 试样未经充分混匀　　B. 滴定管的读数读错

C. 滴定时有液滴溅出　　D. 砝码未经校正

44. 由计算器算得$(12.25 \times 1.1155)/(1.25 \times 0.2500)$的结果为 43.7276，按有效数字运算规则应记录为：

A. 43.728　　B. 43.7

C. 43.73　　D. 43.7276

45. $H_2PO_4^-$的共轭酸是：

A. H_3PO_4　　B. HPO_4^{2-}

C. PO_4^-　　D. OH^-

46. 用$C_{\mathrm{HCl}} = 0.1000\mathrm{mol/L}$的标准溶液滴定①$K_{\mathrm{b}} = 10^{-2}$、②$K_{\mathrm{b}} = 10^{-3}$、③$K_{\mathrm{b}} = 10^{-4}$、④$K_{\mathrm{b}} = 10^{-5}$的弱碱，得到四条滴定曲线，其中滴定突跃最小的是：

A. ①　　B. ②

C. ③　　D. ④

47. 对 EDTA 滴定法中所用的金属离子指示剂，需要它与被测离子形成的配合物条件稳定常数K'_{MIn}应：

A. $> K'_{\mathrm{MY}}$　　B. $= K'_{\mathrm{MY}}$

C. $< K'_{\mathrm{MY}}$　　D. $\geqslant 10^6$

48. 在间接碘量法中，加入淀粉指示剂的适宜时间应该是：

A. 滴定开始前

B. 滴定至溶液呈浅黄色时

C. 在标准溶液滴定近 50%时

D. 滴定至溶液红棕色退去，变为无色时

49. 用于标定 $KMnO_4$溶液的合适的基准物质为：

A. 邻苯二甲酸氢钾　　B. $CaCO_3$

C. NaCl　　D. $Na_2C_2O_4$

50. 下列方法中适用于测定水的总硬度的是：

A. 高锰酸钾滴定法　　B. 沉淀滴定法

C. EDTA 滴定法　　D. 气相色谱法

51. 在分光光度法中，有关摩尔吸收系数说法错误的是：

A. 摩尔吸收系数是通过测量吸光度值，再经过计算而求得

B. 摩尔吸收系数与试样浓度无关

C. 在最小吸收波长处，摩尔吸收系数值最小，测定的灵敏度较低

D. 在最大吸收波长处，摩尔吸收系数值最大，测定的灵敏度较高

52. 测定水中 F^-的含量时，需加入总离子强度调节缓冲溶液，下列不属于其主要作用的是：

A. 控制溶液的 pH 值在一定范围内

B. 使溶液的离子强度保持一定量

C. 隐蔽 Fe^{3+}、Al^{3+}干扰离子

D. 加快反应时间

53. 设观测 1 次的中误差为m_x，重复观察n次所得平均值的中误差是：

A. $\pm\frac{m_x}{\sqrt{n}}$

B. $\pm m_x \times n$

C. $\pm\frac{m_x}{n}$

D. $\pm m_x \times \sqrt{n}$

54. 已知A点，$H_\mathrm{A}=3.228\mathrm{m}$，水准仪器后视$A$点水平读数$a=1.518\mathrm{m}$，放样$B$点的前视水平读数为$b=1.310\mathrm{m}$，则$B$点的高程测量结果为：

A. $H_\mathrm{B}=3.436\mathrm{m}$

B. $H_\mathrm{B}=3.020\mathrm{m}$

C. $H_\mathrm{B}=0.400\mathrm{m}$

D. $H_\mathrm{B}=6.056\mathrm{m}$

55. 采用全站仪野外测地形图时，仪器后视定向目标应该是：

A. 水准点

B. 楼房墙角点

C. 太阳中心

D. 导线点

56. 大比例尺地形图上的坐标格网线间距为图上长度：

A. 10cm

B. 1cm

C. 15cm

D. 20cm

57. 高烟囱倾斜的检测方法可选择采用：

A. 视距测量

B. 流体静力测量

C. 导线测量

D. 经纬仪投测

58. 下列说法中正确的是：

A. 土地使用权的出让是以土地所有权和使用权的分离为基础

B. 土地使用权的出让主体可以是个人

C. 土地使用权的出让中土地使用者必须支付土地使用权出让金

D. 土地使用权的出让合同的标的是国有土地所有权

59. 某单位在当地环境保护行政主管部门行使现场环境检查时弄虚作假，则有关部门应该采取的措施是：

A. 对直接责任人员予以行政处分

B. 对该单位处以罚款

C. 责令该单位停产整顿

D. 对相关负责人员追究法律责任

60. 下列说法中正确的是：

A. 国有土地使用权出让合同是使用国有规划土地的必备文件

B. 城乡规划主管部门有权修改国有土地使用权出让合同中的某些条款

C. 国有土地使用权出让合同应由建设单位与地方人民政府土地主管部门签订

D. 在国有土地使用权出让合同中，土地用途是出让合同的重要内容

2018 年度全国勘察设计注册公用设备工程师

（给水排水）执业资格考试试卷

基础考试

（下）

二〇一八年九月

应考人员注意事项

1. 本试卷科目代码为“2”，考生务必将此代码填涂在答题卡“科目代码”相应的栏目内，否则，无法评分。

2. 书写用笔：**黑色或蓝色钢笔、签字笔或圆珠笔**；

   填涂答题卡用笔：**黑色 2B 铅笔**。

3. 必须用书写用笔将工作单位、姓名、准考证号填写在答题卡和试卷相应的栏目内。

4. 本试卷由 60 题组成，每题 2 分，满分 120 分，本试卷全部为单项选择题，每小题的四个备选项中只有一个正确答案，错选、多选、不选均不得分。

5. 考生作答时，必须按**题号在答题卡上**将相应试题所选选项对应的**字母用 2B 铅笔涂黑**。

6. 在答题卡上书写与题意无关的语言，或在答题卡上作标记的，均按违纪试卷处理。

7. 考试结束时，由监考人员当面将试卷、答题卡一并收回。

8. 草稿纸由各地统一配发，考后收回。

单项选择题（共 60 题，每题 2 分，每题的备选项中，只有一个最符合题意。）

1. 径流模数是指：

A. 单位流域面积上平均产生的流量

B. 单位河流面积上平均产生的流量

C. 径流总量平均分配在流域面积上得到的平均水层厚度

D. 径流总量平均分配在河流面积上得到的平均水层厚度

2. 流域大小和形状会影响到年径流量，下列叙述错误的是：

A. 流域面积大，地面和地下径流的调蓄能力强

B. 大流域径流年际和年内差别比较大，径流变化比较大

C. 流域形状狭长时，汇流时间长，相应径流过程较为平缓

D. 支流呈扇形分布的河流，汇流时间短，相应径流过程线比较陡峭

3. 保证率$P=80\%$的设计枯水，是指：

A. 小于或等于这样的枯水每隔 5 年必然会出现一次

B. 大于或等于这样的枯水平均 5 年可能出现一次

C. 小于或等于这样的枯水正好每隔 80 年出现一次

D. 小于或等于这样的枯水平均 5 年可能出现一次

4. 关于特大洪水，下列叙述错误的是：

A. 调查到的历史洪水一般就是特大洪水

B. 一般洪水流量大于资料内平均洪水流量 2 倍时，就可考虑为特大洪水

C. 大洪水可以发生在实测流量期间内，也可以发生在实测流量期间外

D. 特大洪水的重现期一般是根据历史洪水发生的年代大致推估

5. 在等流时线法中，当净雨历时大于流域汇流时间时，洪峰流量是由：

A. 部分流域面积上的全部净雨所形成

B. 全部流域面积上的部分净雨所形成

C. 部分流域面积上的部分净雨所形成

D. 全部流域面积上的全部净雨所形成

6. 减少抽样误差的途径是：

A. 增大样本容量　　B. 提高观测精度

C. 改进测验仪器　　D. 提高资料的一致性

7. 在进行频率计算时，对于某一重现期的洪水流量，以：

A. 大于该径流流量的频率表示

B. 大于或等于该径流量的频率表示

C. 小于该径流量的频率表示

D. 小于或等于该径流量的频率表示

8. 某承压水源地分布面积为 $10km^2$，含水层厚度为 20m，给水度为 0.3，含水层的释水系数为 0.01。承压水的压力水头高为 50m，该水源地的容积储存量为：

A. 80×10^6　　B. 60×10^6

C. 85×10^6　　D. 75×10^6

9. 关于承压水，下列表述不正确的是：

A. 有稳定隔水顶板

B. 水体承受静水压力

C. 埋藏区与补给区一致

D. 稳定水位常常接近或高于地表

10. 关于河谷冲积层的地下水，下列叙述不正确的是：

A. 河谷冲积层中的地下水由于在河流上中游河谷及下游平原冲积层的岩性结构不同，其地下水的性质也有较大差别

B. 河谷冲积层中的地下水，水位埋藏较浅，开采后可以增加地表水的补给

C. 河谷冲积层构成了河谷地区地下水的主要裂隙含水层

D. 其地下水的补给主要来源于大气降水、河水和两岸的基岩裂隙水

11. 一潜水含水层厚度 125m，渗透系数为 5m/d，其完整井半径为 1m，井内动水位至含水层底板的距离为 120m，影响半径 100m，则该井稳定的日出水量为：

A. $3410m^3$　　B. $4165m^3$

C. $6821m^3$　　D. $3658m^3$

12. 关于地下水允许开采量，下列叙述错误的是：

A. 在水均衡方面，安全抽水量应大于或等于年平均补给量

B. 经济方面，抽水费用不应超过某一标准

C. 不能与有关水资源法律相抵触

D. 不应使该出水量引起水质恶化和地面沉降的公害

13. 细菌的繁殖方式有：

A. 直接分裂　　B. 接合生殖

C. 孢子繁殖　　D. 营养繁殖

14. 在普通琼脂培养基中，与细菌营养无关的成分是：

A. 牛肉膏　　B. 氯化钠

C. 琼脂　　D. 水

15. 酶可分为六大类，其中不包括：

A. 水解酶　　B. 合成酶

C. 胞内酶　　D. 异构酶

16. 反应酶催化反应速度与底物浓度之间的关系是：

A. 米门氏公式　　B. 欧氏公式

C. 饱和学说　　D. 平衡学说

17. 1mol 的葡萄糖被细菌好氧分解后可以获得的 ATP 摩尔数为：

A. 28　　B. 36

C. 38　　D. 40

18. 关于紫外线，下列说法不正确的是：

A. 能干扰 DNA 的合成　　B. 穿透力强

C. 常用于空气、物品表面的消毒　　D. 对眼和皮肤有损伤作用

19. 有关 DNA 和 RNA 的区别，下列说法中不正确的是：

A. 两者皆可作为遗传物质　　B. 两者所含糖不一样

C. 两者所含碱基有差别　　D. 两者所含磷酸不一样

20. 放线菌的菌丝体包括：

A. 营养菌丝、气生菌丝和孢子丝

B. 匍匐菌丝、气生菌丝

C. 假菌丝、营养菌丝和孢子丝

D. 假菌丝和气生菌丝

21. 能进行光合作用的微生物是：

A. 酵母菌　　B. 霉菌

C. 放线菌　　D. 蓝细菌

22. 水中有机物与细菌之间的关系是：

A. 有机物越多，自养细菌越少

B. 有机物越多，自养细菌越多

C. 有机物越少，异养细菌越多

D. 不一定

23. 水力学中，单位质量力是：

A. 单位面积上的质量力

B. 单位体积上的质量力

C. 单位质量上的质量力

D. 单位重量上的质量力

24. 垂直放置的矩形平板（宽度$B = 1\text{m}$）挡水，水深$h = 2\text{m}$，作用在该平板上的静水总压力P为：

A. 19.6kN

B. 29.4kN

C. 9.8kN

D. 14.7kN

25. 水平放置的渐扩管如图所示。若忽略水头损失，断面形心点的压强关系以下正确的是：

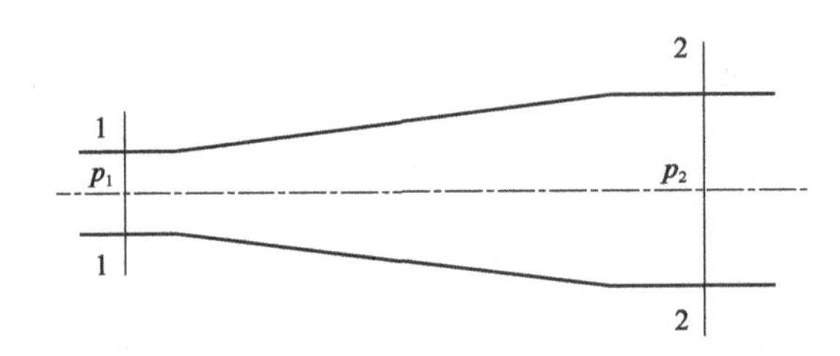

A. $p_1 > p_2$

B. $p_1 = p_2$

C. $p_1 < p_2$

D. 不能确定

26. 管道直径$d = 200\text{mm}$，流量$Q = 90\text{L/s}$，水力坡度$J = 0.46$。管道的沿程阻力系数λ值为：

A. 0.0219

B. 0.00219

C. 0.219

D. 2.19

27. 长管并联管道中各并联管段的：

A. 水头损失相等

B. 总能量损失相等

C. 水力坡度相等

D. 通过的流量相等

28. 在无压圆管均匀流中，其他条件不变，通过最大流量时的充满度$\frac{h}{d}$为：

A. 0.81

B. 0.87

C. 0.95

D. 1.0

29. 明渠恒定非均匀渐变流的基本微分方程涉及的是：

A. 水深与流程的关系　　B. 流量与流程的关系

C. 坡度与流程的关系　　D. 水深与宽度的关系

30. 小桥孔径的水力计算依据是：

A. 明渠流的计算　　B. 宽顶堰最大理论流量

C. 宽顶堰理论　　D. 上述都可以

31. 根据叶轮出水的水流方向，叶片式水泵分为离心泵、轴流泵和：

A. 往复泵　　B. 混流泵

C. 射流泵　　D. 螺旋泵

32. 水泵的总效率是 3 个局部效率的乘积，它们分别是水力效率、机械效率和：

A. 传动效率　　B. 电机效率

C. 泵轴效率　　D. 容积效率

33. 150S100 型离心泵在最高效率时，$Q = 170\text{m}^3/\text{h}$，$H = 100\text{m}$，$n = 2950\text{r/min}$，该水泵的比转数$n_s$是：

A. 52　　B. 74

C. 100　　D. 150

34. 绘制同型号的两台或多台水泵并联Q-H性能曲线时，应采用：

A. 等扬程时各泵流量相加　　B. 等流量时各泵扬程相加

C. 等扬程时各泵流量相减　　D. 等流量时各泵扬程相减

35. 水泵气蚀的最终结果是：

A. 水泵有噪声、振动、扬程下降　　B. 气蚀、气穴区扩大

C. 停止出水　　D. 水泵叶片出现蜂窝状

36. 衡量离心泵的吸水性能通常是用：

A. 流速水头　　B. 水泵转速

C. 允许吸上真空高度　　D. 吸水管水头损失

37. 有一台 250S-39A 型离心泵，流量$Q = 116.5\text{L/s}$，水泵泵壳吸入口处的真空值H_v是 6.2m（水柱），水泵进水口直径为 250mm，吸水管总水头损失为 1.0m，水泵的安装高度是：

A. 4.91m　　B. 5.49m

C. 6.91m　　D. 7.49m

38. 混流泵的比转数n_s接近：

A. 50 ~ 100　　B. 200 ~ 350

C. 350 ~ 500　　D. 500 ~ 1200

39. 给水泵站供水流量为100L/s，用直径相同的两条吸水管吸水，吸水管设计流速为1.00m/s，直径是：

A. 150mm　　B. 250mm

C. 300mm　　D. 350mm

40. 水泵转速为$n = 1450\text{r/min}$，发生水锤时，水泵的逆转速度为$136\%n$，水泵最大反转数为：

A. 522r/min　　B. 1066r/min

C. 1450r/min　　D. 1972r/min

41. 排水泵房架空管道敷设时，不宜：

A. 跨越电气设备　　B. 跨越机组上方

C. 穿越泵房空间　　D. 跨越泵房门窗

42. 螺旋泵的安装倾角，一般认为最经济的是：

A. 30° ~ 40°　　B. 40° ~ 45°

C. 45° ~ 50°　　D. 50° ~ 60°

43. 下列有关误差的说法，错误的是：

A. 误差通常分为系统误差和偶然误差

B. 待测组分浓度的增大常导致测定结果误差增大

C. 测定结果的偶然误差符合统计学规律

D. 系统误差具有重复性、单向性、可测性的特点

44. 用 25mL 移液管移出的溶液体积应记录为：

A. 25mL　　B. 25.0mL

C. 25.00mL　　D. 25.000mL

45. 共轭酸碱对的K_a和K_b的关系是：

A. $K_a = K_b$　　B. $K_aK_b = 1$

C. $K_a/K_b = K_w$　　D. $K_a \cdot K_b = K_w$

46. 用0.100mol/L NaOH 滴定0.1mol/L的甲酸（$pK_a = 3.74$），适用的指示剂为：

A. 甲酸橙（$pK_a = 3.46$）　　B. 百里酚兰（$pK_a = 1.65$）

C. 甲基红（$pK_a = 5.00$）　　D. 酚酞（$pK_a = 9.10$）

47. $K_{\mathrm{CaY}} = 10^{10.69}$，当$\mathrm{pH} = 9.0$时，$\lg \alpha_{\mathrm{Y(H)}} = 1.29$，则$K'_{\mathrm{CaY}}$等于：

A. $10^{9.40}$　　B. $10^{11.98}$

C. $10^{10.69}$　　D. $10^{1.29}$

48. 莫尔法测定水样中氯化钠含量时，最适宜的 pH 值为：

A. 3.5 ~ 11.5　　B. 6.5 ~ 10.5

C. 小于 3　　D. 大于 12

49. $CH_3OH + 6MnO_4^- + 8OH^- = 6MnO_4^{2-} + CO_3^{2-} + 6H_2O$，此反应中$CH_3OH$是：

A. 还原剂　　B. 氧化剂

C. 既是氧化剂又是还原剂　　D. 溶剂

50. 用草酸钠标定 $KMnO_4$ 溶液时，采用的指示剂是：

A. 二苯胺硫酸钠　　B. $KMnO_4$

C. 淀粉　　D. 铬黑 T

51. 在可见分光光度法中，下列有关摩尔吸光系数正确的描述是：

A. 摩尔吸光系数与波长无关，其大小取决于试样本身特性

B. 摩尔吸光系数与波长、试样特性及浓度有关

C. 在最大吸收波长处，摩尔吸光系数最小，测定的灵敏度最高

D. 在最大吸收波长处，摩尔吸光系数最大，测定的灵敏度最高

52. 测定水中微量氟，最适合的方法是：

A. 沉淀滴定法　　B. 络合滴定法

C. 离子选择电极法　　D. 原子吸收法

53. 外界气温变化会对钢尺丈量的结果产生影响，减小其影响的方法是：

A. 重复丈量取平均值　　B. 进行温差影响改正

C. 进行高差改正　　D. 定线偏差改正

54. 已知A点坐标为$(518\mathrm{m}, 228\mathrm{m})$，方向角$\alpha_{\mathrm{AB}} = 225°00'00''$，水平距离$S_{\mathrm{AB}} = 168\mathrm{m}$，则计算$B$点坐标结果为：

A. $(339.206\mathrm{m}, 346.794\mathrm{m})$　　B. $(399.206\mathrm{m}, 109.206\mathrm{m})$

C. $(350\mathrm{m}, 228\mathrm{m})$　　D. $(602\mathrm{m}, 312\mathrm{m})$

55. 山区等高线测绘时必须采集的地貌特征包括山脊线、山谷线、山脚线、山头及：

A. 坟头处

B. 山洞口

C. 碉堡尖

D. 鞍部处

56. 等高线分为首曲线和：

A. 尾曲线

B. 圆曲线

C. 计曲线

D. 末曲线

57. 建筑工程平面控制点的常见布设网形有：

A. 圆形

B. 三角形

C. 长方形

D. 锯齿形

58. 下列有关土地使用权出让金的使用的说法中正确的是：

A. 土地使用权出让金的使用应由地方县级以上的人民政府规定

B. 土地使用权出让金的使用应由房地产开发部门规定

C. 土地使用权出让金的使用应由国务院规定

D. 土地使用权出让金的使用应由城乡规划部门规定

59. 某单位负责人因违反《中华人民共和国环境保护法》而导致人身伤亡，承担的法律责任是：

A. 予以行政处分

B. 追究法律责任

C. 追究刑事责任

D. 处以高额罚款

60. 某城乡规划主管部门在审定当地建设工程规划以后，应该：

A. 对设计方案保密

B. 公布设计方案的总平面图

C. 立即公开全部设计方案

D. 在五年以后，公开全部设计方案

2019年度全国勘察设计注册公用设备工程师（给水排水）执业资格考试试卷

基础考试（下）

二〇一九年九月

应考人员注意事项

1. 本试卷科目代码为“2”，考生务必将此代码填涂在答题卡“科目代码”相应的栏目内，否则，无法评分。
2. 书写用笔：**黑色或蓝色钢笔、签字笔或圆珠笔**；
   填涂答题卡用笔：**黑色 2B 铅笔**。
3. 必须用书写用笔将工作单位、姓名、准考证号填写在答题卡和试卷相应的栏目内。
4. 本试卷由 60 题组成，每题 2 分，满分 120 分，本试卷全部为单项选择题，每小题的四个备选项中只有一个正确答案，错选、多选、不选均不得分。
5. 考生作答时，必须按**题号在答题卡上**将相应试题所选选项对应的**字母用 2B 铅笔涂黑**。
6. 在答题卡上书写与题意无关的语言，或在答题卡上作标记的，均按违纪试卷处理。
7. 考试结束时，由监考人员当面将试卷、答题卡一并收回。
8. 草稿纸由各地统一配发，考后收回。

单项选择题（共 60 题，每题 2 分，每题的备选项中，只有一个最符合题意。）

1. 在某些流域中，如果大洪水出现的机会比中小洪水出现的机会多，则该流域及其密度曲线为：

A. 负偏　　B. 对称

C. 正偏　　D. 双曲函数曲线

2. 水位流量关系曲线的滴水延长常采用的方法是：

A. 断流水位法　　B. 临时曲线法

C. 连时序法　　D. 坡地汇流法

3. 甲乙两系列分布如下表：

甲系列	48	49	50	51	52	$\overline{X}_{甲}=50$
乙系列	10	30	50	70	90	$\overline{X}_{乙}=50$

说明：

A. 两者代表性一样好

B. 乙系列代表性好

C. 两者代表性无法比较

D. 甲系列代表性好

4. 洪水资料是进行洪水频率计算的基础，是计算成果可靠性的关键，因此也必须进行三性的审查，下列不属于三性审查的是：

A. 代表性　　B. 一致性

C. 必然性　　D. 可靠性

5. 用适线法进行水文频率计算，当发现初定的理论频率曲线上部位于经验频率点据之下，下部位于经验频率点据之上时，调整理论频率曲线应：

A. 加大均值$\overline{X}$　　B. 加大偏态系数C_s

C. 减小偏态系数C_s　　D. 加大离差系数C_v

6. 河流河段的纵比降是：

A. 河流河长与两端河底高程之差的比值

B. 河段沿坡度的长度与两端河底高程之差的比值

C. 河段两端河底高程之差与河长的比值

D. 河段两端河底高程之差与河段沿坡度长度的比值

7. 在进行频率计算时，对于某一重现期的枯水流量，以：

A. 大于该径流流量的频率表示

B. 大于和等于该径流流量的频率表示

C. 小于该径流流量的频率表示

D. 小于和等于该径流流量的频率表示

8. 某地区有 5 个雨量站，将各雨量站用虚线连接，各垂直平分线与流域边界线构成多边形的面积以及各雨量站的降雨量如附图所示。则用泰森多边形法计算出本地区平均降雨量为：

某地区雨量站所在多边形面积及其降雨量表

雨量站	A	B	C	D	E
多边形面积/km²	78	92	95	80	85
降雨量/mm	35	42	23	19	29

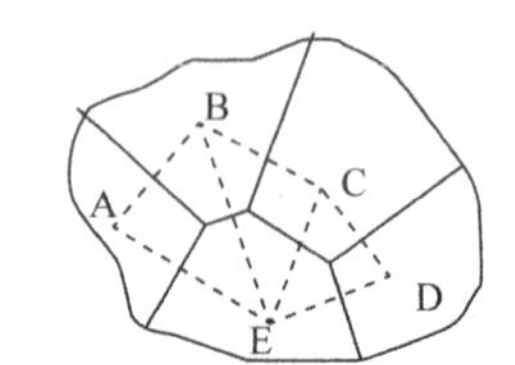

A. 39.7mm

B. 29.7mm

C. 49.5mm

D. 20.1mm

9. 潜水等水位线变疏，间距加大，说明：

A. 含水层厚度增大　　B. 含水层厚度减小

C. 含水层厚度不变　　D. 含水层厚度不一定

10. 关于沙漠地区的地下水，下列描述正确的是：

A. 山前倾斜平原边缘沙漠中的地下水，水位埋藏较浅，水质较好

B. 山前倾斜平原边缘沙漠中的地下水，受蒸发影响不大，水量丰富

C. 古河道中的地下水，水位埋藏较深，水量丰富

D. 古河道中的地下水，水位埋藏较深，水质较好

11. 有一承压完整井位于砂砾石含水层中，抽水量$Q = 1256\text{m}^3/\text{d}$，已知含水层的导水系数$T = 100\text{m}^2/\text{d}$，释水系数等于$6.94 \times 10^{-4}$，则抽水后 100min 时距井 400m 处的降深可表示为：

A. $2W(3.99)$m　　B. $W(3.99)$m

C. $2W(0.399)$m　　D. $W(0.399)$m

12. 评价调节型水源地允许开采量的最佳方法是：

A. 资源平衡法　　B. 补偿疏干法

C. 开采试验法　　D. 降落漏斗法

13. 在细菌的革兰氏染色中，阴性菌的染色结果是菌体为：

A. 红色　　B. 蓝色

C. 黄色　　D. 紫色

14. 下列结构中，属于细菌运动结构的是：

A. 细胞膜　　B. 芽孢

C. 菌毛　　D. 鞭毛

15. 硝化菌的营养类型属于：

A. 光能无机营养型　　B. 光能有机营养型

C. 化能无机营养型　　D. 化能有机营养型

16. 常用于解释酶与底物结合的主要机理是：

A. 诱导契合模型　　B. 米门氏学说

C. 中间反应学说　　D. 最佳反应条件学说

17. 下列各个呼吸类型中，能量利用效率最高的是：

A. 发酵　　B. 好氧呼吸

C. 硝酸盐呼吸　　D. 硫酸盐呼吸

18. 利用紫外线消毒的缺点是：

A. 不能杀死致病微生物

B. 不能破坏微生物的遗传物质

C. 穿透力弱

D. 对人体无害

19. 引起水体水华的种类是：

A. 红藻　　B. 金藻

C. 蓝藻　　D. 褐藻

20. 水的臭氧消毒的主要缺点是：

A. 会产生异味　　B. 没有余量

C. 消毒效果不好　　D. 会产生“三致”物质

21. 水中检出有超过标准的大肠菌群数，表明：

A. 水中有过多的有机污染，不可饮用

B. 水中一定有病原微生物，不可饮用

C. 水中可能有病原微生物，不可饮用

D. 水中不一定有病原微生物，可以饮用

22. 活性污泥法与生物膜法的主要区别在于：

A. 对氧气的需求不同

B. 处理废水时有机物浓度不同

C. 微生物存在状态不同

D. 微生物种类不同

23. 流体静止时，不能承受：

A. 压力

B. 切力

C. 重力

D. 表面张力

24. 某球体直径$d = 2\text{m}$，密度$\rho = 1500\text{kg/m}^3$，如把它放入水中，则该球体所受到的浮力为：

A. 41.03kN

B. 61.54kN

C. 20.05kN

D. 4.19kN

25. 一管流，A、B两断面的数值分别是：$z_\text{A} = 1\text{m}$，$z_\text{B} = 5\text{m}$，$p_\text{A} = 80\text{kPa}$，$p_\text{B} = 50\text{kPa}$，$v_\text{A} = 1\text{m/s}$，$v_\text{B} = 4\text{m/s}$。判别管流流动方向的依据是：

A. $z_\text{A} < z_\text{B}$，流向A

B. $p_\text{A} < p_\text{B}$，流向B

C. $v_\text{A} < v_\text{B}$，流向B

D. $z_\text{A} + \frac{p_\text{A}}{\gamma} + \frac{v_\text{A}^2}{2\text{g}} < z_\text{B} + \frac{p_\text{B}}{\gamma} + \frac{v_\text{B}^2}{2\text{g}}$，流向$A$

26. 如图所示，输水管道中设有阀门，已知管道直径为 50mm，通过流量为3.34L/s，水银压差计读数$\Delta h = 150\text{mm}$，水的密度$\rho = 1000\text{kg/m}^3$，水银的密度$\rho_{\text{水银}} = 13600\text{kg/m}^3$，沿程水头损失不计，则阀门的局部水头损失系数$\zeta$为：

A. 12.8

B. 1.28

C. 13.8

D. 1.38

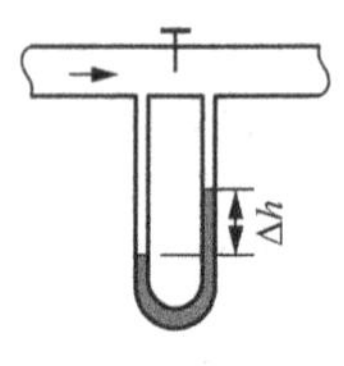

27. 如果有一船底穿孔后进水，则进水的过程和船的下沉过程属于：

A. 变水头进水，沉速先慢后快

B. 变水头进水，沉速先快后慢

C. 恒定进水，沉速不变

D. 变水头进水，沉速不变

28. 有一条长直的棱柱形渠道，梯形断面，如按水力最优断面设计，要求底宽$b = 1.5\text{m}$，则该渠道的正常水深h_0为：

A. 2.25m　　B. 2.48m

C. 1.0m　　D. 2.88m

29. 底宽 4.0m 的矩形渠道上，通过流量$Q = 50\text{m}^3/\text{s}$渠流的均匀流时，正常水深$h_0 = 4\text{m}$。则渠中水流的流态为：

A. 急流　　B. 缓流

C. 层流　　D. 临界流

30. 下列符合宽顶堰堰流条件的是：

A. $\frac{\delta}{H} > 10$　　B. $\frac{\delta}{H} \leqslant 0.67$

C. $0.67 < \frac{\delta}{H} \leqslant 2.5$　　D. $2.5 < \frac{\delta}{H} \leqslant 10$

31. 水泵铭牌上标出的流量、扬程、轴功率及允许吸上真空高度是指水泵特性曲线上哪一点的值？

A. 转速最高　　B. 流量最大

C. 扬程最高　　D. 效率最高

32. 水泵装置在运行中，管道上所有闸门全开，那么水泵的特性曲线与管路的特性曲线相交的点就称为该装置的：

A. 极限工况点　　B. 平衡工况点

C. 相对工况点　　D. 联合工况点

33. 扬程高、流量小的叶片泵，在构造上应是：

A. 加大叶轮进口直径和叶槽宽度，减小叶轮外径

B. 减小叶轮进口直径和叶槽宽度，加大叶轮外径

C. 加大叶轮进口直径，缩小叶槽宽度和叶轮外径

D. 减小叶轮进口直径和叶轮外径，加大叶槽宽度

34. 两台同型号水泵在同水位、管路对称情况下，并联后工况点的流量和扬程与单台泵相比：

A. 流量和扬程都增加

B. 流量和扬程都不变

C. 扬程增加，流量不变

D. 流量增加，扬程不变

35. 叶轮相似定律中的第二相似定律是确定两台在相似工况下运行水泵的：

A. 流量之间的关系

B. 扬程之间的关系

C. 轴功率之间的关系

D. 效率之间的关系

36. 水泵吸水管中压力变化的能量方程式在气蚀时可表达为：$H_{sv} = h_a - h_{va} - \sum h_3 \pm |H_{s3}|$式中$H_{sv}$的含义是：

A. 静扬程　　B. 安装高度

C. 总气蚀余量　　D. 压水高度

37. 设吸水管中流速为0.5m/s，吸水管的水头损失为 0.75m。水泵最大安装高度为 2m，按最大安装高度公式$H = H_v - \frac{v_1^2}{2g} - \sum h$，计算出的水泵允许吸上真空高度是：

A. 1.01m　　B. 1.25m

C. 2.76m　　D. 2.84m

38. 大多数中小型水厂的供电电压是：

A. 380V　　B. 220V

C. 10kV　　D. 35kV

39. 使水泵振动时不致传递到其他结构体而产生辐射噪声的防止措施是：

A. 吸音　　B. 消音

C. 隔音　　D. 隔振

40. 在给水排水过程中，使用较多的水泵是：

A. 转子泵　　B. 往复泵

C. 离心泵　　D. 气升泵

41. 污水泵站内最大一台泵的出水量为63L/s，则 5min 出水量的集水池容积为：

A. $12.6m^3$　　B. $18.9m^3$

C. $37.8m^3$　　D. $31.5m^3$

42. 雨水泵站集水池容积应大于最大一台泵多长时间的出水量？

A. 30s　　B. 60s

C. 1min　　D. 5min

43. 下列各项中，会造成偶然误差的是：

A. 使用未经校正的滴定管

B. 试剂纯度不够高

C. 天平砝码未校正

D. 称重时环境有振动干扰源

44. 欲测某水样中的 Ca^{2+}含量，由五人分别进行测定，试样移取量皆为 10.0mL，五人报告测定结果如下，其中合理的是：

A. 5.086%　　B. 5.1%

C. 5.09%　　D. 5%

45. $H_2PO_4^-$的共轭碱是：

A. H_3PO_4　　B. HPO_4^{2-}

C. PO_4^{3-}　　D. OH^-

46. 用$C_{HCl}=0.1000mol/L$的标准溶液滴定①$K_b=10^{-2}$、②$K_b=10^{-3}$、③$K_b=10^{-5}$、④$K_b=10^{-7}$的弱碱溶液，得到四条滴定曲线，其中滴定突跃最长的是：

A. ①　　B. ②

C. ③　　D. ④

47. 下列方法中，适用于测定水硬度的是：

A. 碘量法　　B. $K_2Cr_2O_7$ 法

C. EDTA 法　　D. 酸碱滴定法

48. 下列方法中，最适用于测定海水中 Cl^-的分析方法是：

A. $AgNO_3$沉淀电位滴定法

B. $KMnO_4$氧化还原滴定法

C. EDTA 络合滴定法

D. 目视比色法

49. 酸性 $KMnO_4$法测定化学耗氧量（高锰酸盐指数）时，用作控制酸度的酸应使用：

A. 盐酸

B. 硫酸

C. 硝酸

D. 磷酸

50. 测定 COD 的方法属于：

A. 直接滴定法

B. 反滴定法

C. 间接滴定法

D. 置换滴定法

51. 有甲、乙两份不同浓度的有色物质的溶液，甲溶液用 1.0cm 的吸收池测定，乙溶液用 2.0cm 的吸收池测定，结果在同一波长下测得的吸光度值相等，则它们的浓度关系是：

A. 甲溶液浓度是乙溶液浓度的$\frac{1}{2}$倍

B. 甲溶液浓度等于乙溶液浓度

C. 甲溶液浓度是乙溶液浓度的$\lg 2$倍

D. 甲溶液浓度是乙溶液浓度的 2 倍

52. 玻璃膜电极能用于测定溶液 pH 值是因为：

A. 在一定温度下，玻璃膜电极的膜电位与溶液 pH 值呈直线关系

B. 在一定温度下，玻璃膜电极的膜电位与溶液中的 H^+呈直线关系

C. 在一定温度下，玻璃膜电极的膜电位与溶液中的［H^+］呈直线关系

D. 玻璃膜电极的膜电位与溶液 pH 值呈直线关系

53. 利用重复观测取平均值评定单个观测值中误差的公式是：

A. $m=\pm\sqrt{\frac{[vv]}{n-1}}$

B. $m=\pm\sqrt{\frac{[vv]}{n\times(n-1)}}$

C. $m=\pm\sqrt{[vv]}$

D. $m=\pm\frac{[vv]}{n}$

54. 已知坐标：$X_A=500.00\text{m}$，$Y_A=500.00\text{m}$，$X_B=200.00\text{m}$，$Y_B=800.00\text{m}$。则方位角α_{AB}为：

A. $\alpha_{AB}=45°00'00''$

B. $\alpha_{AB}=315°00'00''$

C. $\alpha_{AB}=135°00'00''$

D. $\alpha_{AB}=225°00'00''$

55. 大比例尺地形图绘制时，采用半比例符号表达的是：

A. 旗杆　　B. 水井

C. 楼房　　D. 围墙

56. 同一根等高线上的点具有相同的：

A. 湿度　　B. 坐标

C. 高程　　D. 气压

57. 建筑物沉降的观测方法可选择采用：

A. 视距测量　　B. 距离测量

C. 导线测量　　D. 水准测量

58. 某监理人员对不合格的工程按合格工程验收后造成了经济损失，则：

A. 应撤销该责任人员的监理资质

B. 应由该责任人员承担赔偿责任

C. 应追究该责任人员的刑事责任

D. 应给予该责任人员行政处分

59. 下列说法中正确的是：

A. 建设项目中防治污染的设施，必须与主体工程同时投产使用

B. 建设项目中防治污染的设施，必须先于主体工程投产使用

C. 建设项目中防治污染的设施的启动时间，可以稍后于主体工程的投产时间

D. 主体工程投产使用之后，经建设单位批准，建设项目中防治污染的设施可以拆除

60. 下列说法中正确的是：

A. 需要报批的建设项目，当使用国有划拨土地时，报批前必须申请核发选址意见书

B. 使用国有划拨土地的建设项目，应该向城乡规划主管部门提出建设用地规划许可申请

C. 建设用地规划许可证由地方人民政府土地主管部门核发

D. 不需要报批的建设项目，由地方人民政府土地主管部门核发选址意见书

2020年度全国勘察设计注册公用设备工程师

（给水排水）执业资格考试试卷

基础考试

（下）

二〇二〇年九月

应考人员注意事项

1. 本试卷科目代码为“2”，考生务必将此代码填涂在答题卡“科目代码”相应的栏目内，否则，无法评分。
2. 书写用笔：**黑色或蓝色钢笔、签字笔或圆珠笔**；

   填涂答题卡用笔：**黑色 2B 铅笔**。
3. 必须用书写用笔将工作单位、姓名、准考证号填写在答题卡和试卷相应的栏目内。
4. 本试卷由 60 题组成，每题 2 分，满分 120 分，本试卷全部为单项选择题，每小题的四个备选项中只有一个正确答案，错选、多选、不选均不得分。
5. 考生作答时，必须按**题号在答题卡上**将相应试题所选选项对应的**字母用 2B 铅笔涂黑**。
6. 在答题卡上书写与题意无关的语言，或在答题卡上作标记的，均按违纪试卷处理。
7. 考试结束时，由监考人员当面将试卷、答题卡一并收回。
8. 草稿纸由各地统一配发，考后收回。

单项选择题（共 60 题，每题 2 分，每题的备选项中，只有一个最符合题意。）

1. 某水文站的水位流量关系曲线，当受洪水涨落影响时，则：

A. 水位流量关系曲线上抬

B. 水位流量关系曲线下降

C. 水位流量关系曲线呈顺时针绳套状

D. 水位流量关系曲线呈逆时针绳套状

2. 河流的径流模数是指：

A. 单位时间段内一定面积上产生的平均流量

B. 单位时间段内单位面积上产生的平均流量

C. 一定时间段内单位面积上产生的平均流量

D. 一定时间段内一定面积上产生的平均流量

3. 百年一遇的枯水，是指：

A. 大于或等于这样的枯水每隔 100 年必然会出现一次

B. 大于或等于这样的枯水平均 100 年必然会出现一次

C. 小于或等于这样的枯水每隔 100 年必然会出现一次

D. 小于或等于这样的枯水平均 100 年必然会出现一次

4. 某一历史洪水从调查考证最远年份以来为最大，则该特大洪水的重现期为：

A. $N=$ 设计年份 $-$ 发生年份 $+1$

B. $N=$ 设计年份 $-$ 调查考证最远年份 $+1$

C. $N=$ 设计年份 $-$ 发生年份 -1

D. $N=$ 设计年份 $-$ 调查考证最远年份 -1

5. 某河流断面枯水年平均流量$23\text{m}^3/\text{s}$的频率为 90%，则其重现期为：

A. 10 年　　B. 20 年

C. 80 年　　D. 90 年

6. 闭合流域多年平均水量平衡方程为：

A. 径流 = 降水 + 蒸发　　B. 降水 = 径流 + 蒸发

C. 蒸发 = 径流 − 降水　　D. 径流 = 降水 × 蒸发

7. 在某一降雨重现期下，随着降雨历时的增大，暴雨强度将会：

A. 减小　　B. 增大

C. 不变　　D. 不一定

8. 下列不属于地下水储水空间的是：

A. 裂隙　　B. 溶隙

C. 孔隙　　D. 缝隙

9. 松散岩石颗粒越均匀，则：

A. 孔隙率越大　　B. 孔隙率越小

C. 孔隙率不变　　D. 不一定

10. 某潜水水源地分布面积为6000m^2，年内地下水位变幅为2m，含水层变幅内平均给水度为0.3，该水源地的可变储水量为：

A. $3.6 \times 10^3 \mathrm{m}^3$　　B. $3.6 \times 10^5 \mathrm{m}^3$

C. $4.0 \times 10^3 \mathrm{m}^3$　　D. $4.0 \times 10^5 \mathrm{m}^3$

11. 下列不属于地下水储存形式的是：

A. 重力水　　B. 矿物水

C. 纯净水　　D. 气态水

12. 下列不属于承压水基本特点的是：

A. 没有自由表面

B. 受水文气象因素、人为因素及季节变化的影响较大

C. 分布区与补水区不一致

D. 水质类型多样

13. 在细菌革兰氏染色中，用于脱色的溶液是：

A. 结晶紫　　B. 酒精

C. 番红　　D. 碘液

14. 紫色无硫细菌的营养类型属于：

A. 光能无机营养类型　　B. 光能有机营养类型

C. 化能无机营养类型　　D. 化能有机营养类型

15. 下列各项中不是酶的催化特性的是：

A. 酶容易失去活性　　B. 酶能改变反应平衡点

C. 酶的催化效率极高　　D. 酶具有专一性

16. 细菌呼吸作用的本质是：

A. 吸收二氧化碳，放出氧气　　B. 氧化还原作用

C. 吸收氧气，放出二氧化碳　　D. 葡萄糖的分解

17. 在高渗溶液中，微生物细胞会发生的变化是：

A. 维持平衡　　B. 失去水分

C. 吸收水分　　D. 不一定

18. 紫外线对微生物造成损伤后，导致修复作用发生的因素是：

A. 温度　　B. 可见光

C. 水分　　D. 有机物

19. 病毒在繁殖过程中，下列不是其特点的是：

A. 病毒需要侵入寄主细胞

B. 病毒能自行复制与合成

C. 病毒成熟后释放

D. 病毒将蛋白质外壳留在细胞外

20. 下列不是原生动物在水处理中的作用的是：

A. 指示作用　　B. 促进絮凝作用

C. 净化作用　　D. 吸收作用

21. 《生活饮用水卫生标准》（GB 5749—2006）中，对菌落总数的规定是：

A. 不超过100CFU/mL　　B. 每毫升不超过 3 个

C. 每升不得检出　　D. 每 100mL 不得检出

22. 厌氧消化过程中，下列描述中不正确的是：

A. 水解和发酵细菌都是严格厌氧细菌

B. 甲烷生成主要来自乙酸转变成甲烷和 CO_2

C. H_2 和 CO_2 能转化成甲烷

D. 产甲烷菌是严格厌氧菌

23. 流体的切应力：

A. 当流体处于静止状态时，由于内聚力，可以产生

B. 当流体处于静止状态时不会产生

C. 仅仅取决于分子的动量交换

D. 仅仅取决于内聚力

24. 竖直放置的矩形平板挡水，宽$b = 1\text{m}$，水深$h = 3\text{m}$，该平板的静水总压力为：

A. 19.6kN　　B. 29.4kN

C. 44.1kN　　D. 14.8kN

25. 图示等直径弯管，水流通过弯管，从断面$A \to B \to C$流出，断面平均流速关系是：

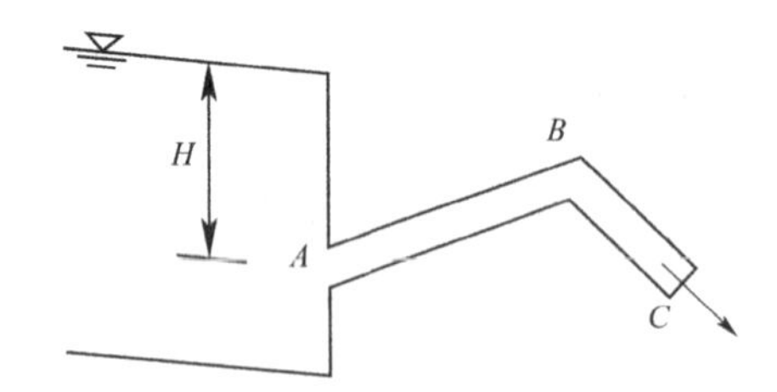

A. $v_B > v_A > v_C$　　B. $v_B = v_A = v_C$

C. $v_B > v_A = v_C$　　D. $v_B = v_A > v_C$

26. 圆管层流中，已知断面最大流速为2m/s，则过流断面的平均流速为：

A. 1.41m/s　　B. 1m/s

C. 4m/s　　D. 2m/s

27. 孔口出流的流量系数、流速系数、收缩系数从大到小的正确顺序为：

A. 流量系数、收缩系数、流速系数

B. 流量系数、流速系数、收缩系数

C. 流速系数、流量系数、收缩系数

D. 流速系数、收缩系数、流量系数

28. 矩形水力最优断面的宽深比是：

A. 0.5　　B. 1.0

C. 2.0　　D. 4.0

29. 在平坡棱柱形渠道中，断面比能（断面单位能）的变化情况是：

A. 沿程减少　　B. 保持不变

C. 沿程增大　　D. 各种可能都有

30. 自由式宽顶堰堰顶收缩断面的水深h_c与临界水深h_k相比，有：

A. $h_c > h_k$　　B. $h_c = h_k$

C. $h_c < h_k$　　D. 无法确定

31. 水泵是输送和提升液体的机器，可使液体获得：

A. 压力和速度　　B. 动能或势能

C. 流动方向的变化　　D. 静扬程

32. 应用动量矩定理来推导叶片式水泵的基本方程式时，除了液流为理想液体外，对叶轮的构造和液流性质所做的假设是：

A. 液流是恒定流；叶槽中液流均匀一致，叶轮同半径处液流的同名速度不相等

B. 液流是非恒定流；叶槽中液流均匀一致，叶轮同半径处液流的同名速度不相等

C. 液流是恒定流；叶槽中液流均匀一致，叶轮同半径处液流的同名速度相等

D. 液流是恒定流；叶槽中液流不均匀，叶轮同半径处液流的同名速度相等

33. 扬程低、流量大的叶片泵，为产生大流量，在水泵构造上应：

A. 加大叶轮进口直径和叶槽宽度，减小叶轮外径

B. 加大叶轮进口直径、叶槽宽度和叶轮外径

C. 加大叶轮进口直径，减小叶槽宽度和叶轮外径

D. 减小叶轮进口直径和叶轮的外径，加大叶槽宽度

34. 反映管路中流量Q与水头损失h之间关系的曲线称为管路特性曲线，可表示为：

A. $\sum h = SQ$　　B. $\sum h = SQ^2$

C. $\sum h = S/Q^2$　　D. $\sum h = S/Q$

35. 某离心泵转速$n_1 = 960\text{r/min}$时，$(Q \sim H)_1$曲线上的工况点为$\alpha_1(H_1 = 38.2\text{m}, Q_1 = 42\text{L/s})$，转速由$n_1$调整到$n_2$后，其相似工况点为$\alpha_2(H_2 = 21.5\text{m}, Q_2 = 31.5\text{L/s})$，则$n_2$为：

A. 680r/min　　B. 720r/min

C. 780r/min　　D. 820r/min

36. 水泵吸水管中压力的变化可用下述能量方程式表示：

$$\frac{P_a}{\gamma} - \frac{P_K}{\gamma} = \left(H_{ss} + \sum h_s + \frac{v_1^2}{2g}\right) + \frac{C_0^2}{2g} - \frac{v_1^2}{2g} + \lambda\frac{W_0^2}{2g}$$

式中H_{ss}的含义是：

A. 流速水头差值　　B. 安装高度

C. 静扬程　　D. 压水高度

37. 水泵安装高度指的是：

A. 水泵允许吸上真空高度
B. 泵轴至吸水池水面的高差
C. 水泵气蚀余量
D. 静扬程加吸水管水头损失

38. 按在给水系统中的作用，给水泵站一般分为取水泵站、送水泵站、加压泵站和：

A. 二级泵站
B. 中途泵站
C. 循环泵站
D. 终点泵站

39. 突然停电将造成人身伤亡危险或重大设备损坏且长期难以修复，因而给国民经济带来重大损失的电力负荷属：

A. 一级负荷
B. 二级负荷
C. 三级负荷
D. 四级负荷

40. 电动机容量不大于 55kW 时，相邻两个水泵机组基础之间的净距应不小于：

A. 0.5m
B. 0.8m
C. 1.0m
D. 1.8m

41. 排水泵站按其排水性质，一般可分为污水（生活污水、生产污水）泵站、雨水泵站、合流泵站和：

A. 中途泵站
B. 污泥泵站
C. 终点泵站
D. 区城泵站

42. 下列为合建式圆形排水泵站的特点之一的是：

A. 机组与附属设备布置容易
B. 结构受力条件好
C. 工程造价较低
D. 通风条件好

43. 当你的水样分析结果被夸奖为准确度很高时，则意味着你的分析结果：

A. 相对误差小
B. 标准偏差小
C. 绝对偏差小
D. 相对偏差小

44. 一支滴定管的精度标示为±0.01mL，若要求滴定的相对误差小于 0.05%，则滴定时至少耗用滴定剂的体积为：

A. 5mL
B. 10mL
C. 20mL
D. 50mL

45. 已知下列各物质的K_b分别为①Ac^-（5.9×10^{-10}），②NH_2NH_2（3.0×10^{-8}），③NH_3（1.8×10^{-5}），④S^{2-}（$K_{b1} = 1.14$，$K_{b2} = 7.7 \times 10^{-8}$），其对应的共轭酸最强的是：

A. ①　　　　B. ②

C. ③　　　　D. ④

46. 用 HCl 标准溶液滴定某碱灰溶液，以酚酞作指示剂，消耗 HCl 标准溶液V_1mL，再用甲基橙作指示剂，消耗 HCL 标准溶液V_2mL，若$V_1 < V_2$，则碱灰的组成为：

A. NaOH　　　　B. Na_2CO_3

C. $NaOH + Na_2CO_3$　　　　D. $Na_2CO_3 + NaHCO_3$

47. 有关 EDTA 配位滴定中控制 pH 值的说法，下列正确的是：

A. pH 值越高，配位滴定反应就越完全

B. pH 值越小，EDTA 的酸效应越明显

C. 金属指示剂的使用范围与 pH 值无关

D. 只要滴定开始的 pH 值合适，就无须另加缓冲溶液

48. 莫尔法测定 Cl^-，所用标准溶液、pH 条件和选择的指示剂是：

A. $AgNO_3$，碱性，K_2CrO_4　　　　B. $AgNO_3$，碱性，$K_2Cr_2O_7$

C. $AgNO_3$，中性或弱碱性，K_2CrO_4　　　　D. KSCN，酸性，K_2CrO_4

49. 关于高锰酸钾标定的说法，下列错误的是：

A. 用草酸钠作基准物质

B. 为防止高锰酸钾分解，溶液要保持室温

C. 滴入第一滴时反应较慢，需充分摇动等颜色褪去

D. 无须另外加入指示剂

50. 用重铬酸钾标定硫代硫酸钠的反应方程式如下：

$$K_2Cr_2O_7 + 6KI + 14HCl = 8KCl + 2CrCl_3 + 7H_2O + 3I_2$$

$$2Na_2S_2O_3 + I_2 = Na_2S_4O_6 + NaI$$

则每消耗 1 个$K_2Cr_2O_7$相当于消耗$Na_2S_4O_6$的个数为：

A. 3 个　　　　B. 4 个

C. 5 个　　　　D. 6 个

51. 某符合比尔定律的有色溶液，当浓度为c时，其透光率为T_0；若浓度增大一倍，则溶液的透光率为：

A. $T_0/2$　　B. $2T_0$

C. T_0^2　　D. $-2\lg T_0$

52. 有关对离子选择性电极的选择性系数K_{ij}的描述，下列正确的是：

A. K_{ij}的值与溶液浓度无关

B. K_{ij}的值越小，表明电极的选择性越低

C. K_{ij}的值越小，表明电极的选择性越高

D. K_{ij}的值越大，表明电极的选择性越高

53. 水准测量时，水准尺尺面刻划误差对测量结果的影响属于：

A. 系统误差　　B. 粗差

C. 偶然误差　　D. 计算误差

54. 设国家高斯平面直角坐标系中方位角为$\alpha_{AB}=135°00'00''$，则该方位指向：

A. 东北方向　　B. 西北方向

C. 东南方向　　D. 西南方向

55. 地形图比例尺精度的实地长度，指的是将其按比例缩小到图上时，图上长度为：

A. 1mm　　B. 0.1mm

C. 1cm　　D. 1m

56. 山谷线称之为：

A. 等高线　　B. 计曲线

C. 汇水线　　D. 分水线

57. 经纬仪安置好后，上下转动望远镜可扫出一个：

A. 水准面　　B. 铅垂面

C. 大地水准面　　D. 椭球面

58. 某建设单位定于七月一日开工，那么该单位应该领取到施工许可证的日期是：

A. 当年七月一日之前

B. 当年六月一日到六月三十日之间

C. 当年五月一日之前

D. 当年四月一日到六月三十日之间

59. 下列说法正确的是：

A. 国家污染排放标准是根据国际环境质量标准和国家经济技术条件指定的

B. 国家污染排放标准是根据国家环境质量标准和国家经济技术条件指定的

C. 国家污染排放标准是根据国际环境现状和国家经济技术条件指定的

D. 国家污染排放标准是根据国家环境现状和国家经济技术条件指定的

60. 市政府组织编制的总体规划在报批之前，应该：

A. 先由上一级人民代表大会常务委员会审议

B. 先由本级人民代表大会常务委员会审议

C. 先由上一级人民代表大会审议

D. 先由本级人民代表大会审议

2021年度全国勘察设计注册公用设备工程师（给水排水）执业资格考试试卷

基础考试（下）

二〇二一年十月

应考人员注意事项

1. 本试卷科目代码为“2”，考生务必将此代码填涂在答题卡“科目代码”相应的栏目内，否则，无法评分。

2. 书写用笔：**黑色或蓝色钢笔、签字笔或圆珠笔**；

   填涂答题卡用笔：**黑色 2B 铅笔**。

3. 必须用书写用笔将工作单位、姓名、准考证号填写在答题卡和试卷相应的栏目内。

4. 本试卷由 60 题组成，每题 2 分，满分 120 分，本试卷全部为单项选择题，每小题的四个备选项中只有一个正确答案，错选、多选、不选均不得分。

5. 考生作答时，必须按**题号在答题卡上**将相应试题所选选项对应的**字母用 2B 铅笔涂黑**。

6. 在答题卡上书写与题意无关的语言，或在答题卡上作标记的，均按违纪试卷处理。

7. 考试结束时，由监考人员当面将试卷、答题卡一并收回。

8. 草稿纸由各地统一配发，考后收回。

单项选择题（共 60 题，每题 2 分，每题的备选项中，只有一个最符合题意。）

1. 形成径流的必要条件是：

A. 降雨强度等于下渗强度

B. 降雨强度小于下渗强度

C. 降雨强度大于下渗强度

D. 降雨强度小于或等于下渗强度

2. 描述河流中悬移质的情况时，常用的两个定量指标是含沙量和输沙率，下列两者关系正确的是：

A. 输沙量 = 断面流量 × 含沙量

B. 输沙量 = 断面流量/含沙量

C. 输沙量 = 断面流量 × 含沙量 × 某一系数

D. 以上都不对

3. 某水文站控制面积为 680km^2，多年平均径流模数为$10\text{L}/(\text{s}\cdot\text{km}^2)$，则换算成年径流深约为：

A. 315.4mm　　B. 587.5mm

C. 463.8mm　　D. 408.5mm

4. 目前全国水位统一采用的基准面是：

A. 大沽基面　　B. 吴淞基面

C. 珠江基面　　D. 黄海基面

5. 当流域汇流历时大于净雨历时，洪峰流量是由：

A. 全部流域面积上的全部净雨所组成

B. 部分流域面积上的全部净雨所组成

C. 全部流域面积上的部分净雨所组成

D. 以上均不对

6. 按照地下水的地理条件，地下水可分为：

A. 包气带水、潜水、承压水

B. 孔隙水、空隙水、流动水

C. 包气带水、浅层水、深层水

D. 潜水、承压水、空隙水

7. 从供水的角度来看，良好的含水层应具有的特性是：

A. 具有容纳重力水的空隙

B. 具有储存和聚集地下水的有利地质条件

C. 有良好的补给源

D. 以上条件均是

8. 潜水含水层的地下水流动方向是：

A. 从等水位线密集区向等水位线稀疏区流动

B. 从地形坡度大的地方向地形坡度小的地方流动

C. 从地形高的地方向地形低的地方流动

D. 以上均不是

9. 裘布依（Dupuit）公式可用于：

A. 完整井的非稳定运动

B. 完整井的稳定运动

C. 非完整井的稳定运动

D. 非完整井的非稳定运动

10. 在一承压含水层中有一抽水井，井半径0.1m，出水量为$1256m^2/d$，在抽水过程中水位始终在下降。已知含水层的导压系数为$100m^2/min$，导水系数为$100m^2/d$，问抽水 90min 后距离抽水井 3m 处的水位降深是：

（提示：用泰勒公式的简化形式计算）

A. 7.7m　　B. 14.5m

C. 15.4m　　D. 3.4m

11. 河流与地下水的补给关系沿着河流纵剖面而有所变化，在河谷中下游平原区，河流水与地下水的关系是：

A. 河流水补给地下水

B. 河流水排泄地下水

C. 雨季河流水补给地下水，旱季地下水补给河流水

D. 无水力联系

12. 地下水调节储存量是指：

A. 含水层最低水位以下的容积储存量

B. 含水量最低水位和最高水位之间的容积储存量

C. 含水量最高水位以下的容积储存量

D. 含水层在地下水周期补给的条件下暂时可动用的储存量

13. 革兰氏染色法中的阴性菌呈：

A. 绿色

B. 蓝色

C. 紫色

D. 红色

14. 细菌的基本结构包括两部分，一部分是细胞壁，另一部分是：

A. 细胞膜

B. 细胞质

C. 核质和内含物

D. 原生质体

15. 细菌的细胞膜的主要成分是：

A. 糖类

B. 蛋白质

C. 脂肪

D. 核酸

16. 细菌吸收营养物质最主要的方式是：

A. 单纯扩散

B. 促进扩散

C. 主动输送

D. 基因转位

17. 好氧呼吸最终的电子受体是：

A. 化合态氧

B. 氧以外的其他物质

C. H_2

D. O_2

18. 藻类是一种低等植物，它属于：

A. 光能异养微生物

B. 化能异养微生物

C. 光能自养微生物

D. 化能自养微生物

19. 关于噬菌体的特点，下列说法不正确的是：

A. 噬菌体的寄生性具有高度的专一性

B. 噬菌体的体积微小，需用电子显微镜观察

C. 由核酸和蛋白质组成

D. 某些大肠杆菌噬菌体，如 F-RNA 噬菌体与肠道病毒具有类似的特点，不能作为水中病原微生物的指示生物

20. 下列不属于水中病原细菌的是：

A. 伤寒杆菌　　B. 大肠杆菌

C. 霍乱弧菌　　D. 痢疾杆菌

21. 关于菌落总数的测定方法，下列说法正确的是：

A. 在 27°C温度下培养 24h

B. 在 37°C温度下培养 12h

C. 在 27°C温度下培养 12h

D. 在 37°C温度下培养 24h

22. 下列关于污水生物处理食物链的说法，正确的是：

A. 悬浮生长反应器系统中的营养水平及食物链比附着生长反应器系统多或长

B. 悬浮生长反应器系统中的营养水平及食物链与附着生长反应器系统一样

C. 悬浮生长反应器系统中的营养水平及食物链比附着生长反应器系统少或短

D. 悬浮生长反应器系统与附着生长反应器系统中的营养水平及食物链随工艺条件而变化

23. 金属压力表的读数值是：

A. 绝对压强　　B. 相对压强

C. 绝对压强与当地大气压之和　　D. 相对压强与当地大气压之和

24. 下列有关均匀流的说法，正确的是：

A. 当地加速度为零

B. 迁移加速度为零

C. 向心加速度为零

D. 总加速度为零

25. 宽顶堰溢流需满足的条件是：

A. $\frac{\delta}{H}<0.67$　　B. $0.67<\frac{\delta}{H}<2.5$

C. $2.5<\frac{\delta}{H}<10$　　D. $\frac{\delta}{H}>10$

26. 对于圆管层流，实测管轴上的流速为$0.4\mathrm{m/s}$，则断面平均流速为：

A. 0.4m/s　　B. 0.32m/s

C. 0.2m/s　　D. 0.8m/s

27. 水在垂直管内由上向下流动，相距的两断面间，测压管水头差为h，两断面沿程水头损失为h_f，则两者关系正确的是：

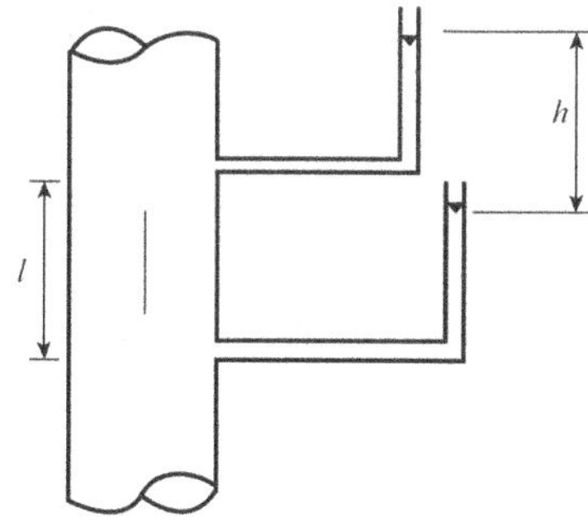

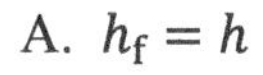
A. $h_\mathrm{f}=h$

B. $h_\mathrm{f}=h+l$

C. $h_\mathrm{f}=l-h$

D. $h_\mathrm{f}=h-l$

28. 矩形断面明渠均匀流，随流量的增大，临界底坡i_c将：

A. 增大　　B. 减小

C. 不变　　D. 不确定

29. 工厂供水系统，用水塔向A、B、C三处供水，管道均为串联铸铁管，已知流量$q_\mathrm{c}=10\mathrm{L/s}$，$q_\mathrm{B}=5\mathrm{L/s}$，$q_\mathrm{A}=10\mathrm{L/s}$，各段管长$l_1=350\mathrm{m}$，$l_2=450\mathrm{m}$，$l_3=100\mathrm{m}$，各段直径$d_1=200\mathrm{mm}$，$d_2=150\mathrm{mm}$，$d_3=100\mathrm{mm}$，各段比阻$a_1=9.30\mathrm{s^2/m^6}$，$a_2=43.0\mathrm{s^2/m^6}$，$a_3=375\mathrm{s^2/m^6}$，整个场地位于同一水平面，则水塔所需水头为：

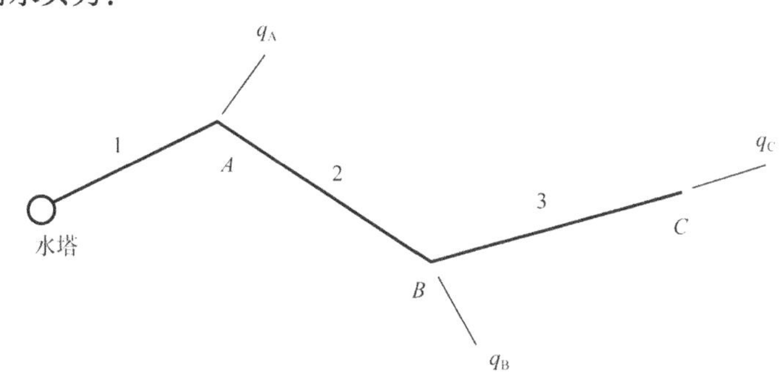

A. 12.42m　　B. 9.23m

C. 10.14m　　D. 8.67m

30. 在沙壤土地带开挖一条梯形断面渠道，底宽$b = 2.0\mathrm{m}$，边坡系数$m = 1.5$，粗糙系数$n = 0.025$，底坡$i = 0.0006$，若水深$h = 0.8\mathrm{m}$，则此渠道的流量为：

A. $1.63\mathrm{m^3/s}$

B. $1.34\mathrm{m^3/s}$

C. $1.26\mathrm{m^3/s}$

D. $1.98\mathrm{m^3/s}$

31. 水泵叶轮相似定律（扬程相似定律）可描述为：

A. $\frac{H}{H_\mathrm{m}} = \left(\frac{D_2}{D_{2\mathrm{m}}}\right)\left(\frac{n_1}{n_\mathrm{m}}\right)$

B. $\frac{H}{H_\mathrm{m}} = \left(\frac{D_2}{D_{2\mathrm{m}}}\right)^2\left(\frac{n_1}{n_\mathrm{m}}\right)$

C. $\frac{H}{H_\mathrm{m}} = \left(\frac{D_2}{D_{2\mathrm{m}}}\right)^3\left(\frac{n_1}{n_\mathrm{m}}\right)^2$

D. $\frac{H}{H_\mathrm{m}} = \left(\frac{D_2}{D_{2\mathrm{m}}}\right)^2\left(\frac{n_1}{n_\mathrm{m}}\right)^2$

32. 适用于低扬程、大流量的水泵为：

A. 叶片泵和容积泵

B. 离心泵和轴流泵

C. 离心泵和混流泵

D. 混流泵和轴流泵

33. 水泵允许吸上真空高度反映的是：

A. 水泵吸水地形高度

B. 叶轮进口真空度

C. 离心泵的吸水性能

D. 水泵进水口真空度

34. 为避免水泵发生气蚀，可采取的有效措施是：

A. 降低扬程

B. 增加流量

C. 降低水泵安装高度

D. 增大轴功率

35. 水泵实际流量与扬程的乘积是水泵的：

A. 轴功率

B. 有效功率

C. 额定功率

D. 总功率

36. 水泵实测特性曲线是在转速恒定条件下，其他性能参数的变化曲线，这些曲线的自变量是：

A. 扬程

B. 效率

C. 轴功率

D. 流量

37. 下列为现代停泵水锤的主要防护措施之一是：

A. 泵出口安装普通止回阀

B. 泵出口不装止回阀

C. 泵出口安装压力传感器

D. 泵出口安装缓闭止回阀

38. 水泵额定工况点为：

A. 扬程最高时工况点

B. 流量最高时工况点

C. 效率最高时工况点

D. 轴功率最高时工况点

39. 给水泵站内经常启闭且大于及等于 DN300mm 的阀门不宜采用：

A. 电动　　B. 手动

C. 气动　　D. 液动

40. 污水泵房集水池容积，应不小于最大一台污水泵的：

A. 30min 的出水量

B. 5min 的出水量

C. 20min 的出水量

D. 2min 的出水量

41. 已知某单级单吸水式水泵$n_1 = 2960\mathrm{r/min}$，$Q = 42\mathrm{L/s}$，$H = 25\mathrm{m}$，则其比转速n_s为：

A. 60　　B. 80

C. 200　　D. 500

42. 当水泵压水池水位下降时，水泵工况点会向流量：

A. 减少的方向运动

B. 不变的方向运动

C. 增大的方向运动

D. 不确定的方向运动

43. 测定水样的总氮，水样用硫酸酸化至 pH 值小于 2，则水样最长保存时间是：

A. 6h　　B. 12h

C. 24h　　D. 36h

44. 下列情况属于过失误差的是：

A. 仪器本身不够精确

B. 某一分析方法本身不够完善

C. 人眼观测滴定终点前后颜色变化时，有细微差异

D. 水样的丢失或玷污

45. 下列物质的水溶液呈碱性的是：

A. 0.10mol/L $NaHCO_3$溶液

B. 0.10mol/L NH_4Ac溶液

C. 0.10mol/L HCN 溶液

D. 0.10mol/L NaCl 溶液

46. 关于影响络合滴定突跃的主要因素，下列说法正确的是：

A. 络合物条件稳定常数小，被滴定金属离子的浓度越小，滴定突跃越大

B. 络合物条件稳定常数大，被滴定金属离子的浓度越小，滴定突跃越大

C. 络合物条件稳定常数小，被滴定金属离子的浓度越大，滴定突跃越大

D. 络合物条件稳定常数大，被滴定金属离子的浓度越大，滴定突跃越大

47. 待测水样中含铵盐且$pH \approx 9$时，用莫尔法测定水中 Cl^-，则分析结果将：

A. 偏低　　B. 偏高

C. 无影响　　D. 无法测定

48. 下列属于可逆氧化还原电对的是：

A. $S_4O_6{}^{2-}/S_2O_3{}^{2-}$　　B. $Cr_2O_7{}^{2-}/Cr^{3+}$

C. $MnO_4{}^-/Mn^{2+}$　　D. I_2/I^-

49. 采用碘量法测定水中溶解氧时，下列说法不正确的是：

A. 碘量法测定溶解氧，适用于清洁的地面水和地下水

B. 水样中有有机物等氧化还原性物质时将影响测定结果

C. 水样中干扰物质较多，色度又高时，不宜采用碘量法测定溶解氧

D. 当水样中$NO_2{}^- > 0.05mg/L$，$Fe^{2+} < 1mg/L$时，$NO_2{}^-$不影响测定

50. 有甲乙两个不同浓度的同一有色物质的水样，在同一波长进行光度法测定。当甲水样用 1cm 的比色皿、乙水样用 2cm 的比色皿时，测定的吸光度值相等，则它们的浓度关系正确的是：

A. 甲是乙的1/2　　B. 甲是乙的1/4

C. 乙是甲的1/2　　D. 乙是甲的1/4

51. 关于比色法和分光光度法的共同特点，下列说法不正确的是：

A. 灵敏度高　　B. 准确度较高

C. 应用广泛　　D. 操作复杂

52. 玻璃电极使用时，需要浸泡至少：

A. 12h　　B. 24h

C. 36h　　D. 48h

53. 三、四等水准测量，采取“后—前—前—后”的观测顺序，可减弱的误差影响为：

A. 仪器下沉误差

B. 水准尺下沉误差

C. 仪器与水准尺下沉误差

D. 水准尺的零点差

54. 在相同的观测条件下对某量进行了n次等精度观测，观测值的中误差为m，则算术平均值的中误差M为：

A. $M = m \times n$　　B. $M = \sqrt{n} \times m$

C. $M = m/\sqrt{n}$　　D. $M = m/\sqrt{n-1}$

55. 绘制地形图时，为计算高程方便而加粗的等高线是：

A. 首曲线　　B. 计曲线

C. 间曲线　　D. 助曲线

56. 三角高程测量时，采用对向观测，可消除：

A. 竖盘指标差

B. 地球曲率的影响

C. 大气折光的影响

D. 地球曲率和大气折光的影响

57. 1：1000 地形图的比例尺精度为：

A. 0.01m　　B. 0.1m

C. 1m　　D. 10m

58. 下列不属于注册工程师义务的是：

A. 保证执业工作的质量，并在其负责的技术文件上签字

B. 保守在执业中知悉的商业技术秘密

C. 应对不同的设计单位负责

D. 应按规定接受继续教育

59. 监理单位与项目业主的关系是：

A. 雇佣与被雇佣关系

B. 监理单位是项目业主的代理人

C. 监理单位是业主的代表

D. 平等主体间的委托与被委托关系

60. 招标代理机构若违反《中华人民共和国招标投标法》，损害他人合法利益，应对其进行处罚，下列有关处罚的说法不正确的是：

A. 处 5 万元以上 25 万元以下的罚款

B. 有违法所得的，应没收违法所得

C. 情节严重的，暂停甚至取消招标代理资格

D. 对单位直接负责人处单位罚款 10%以上 15%以下的罚款

2022年度全国勘察设计注册公用设备工程师（给水排水）执业资格考试试卷

基础考试
（下）

二〇二二年十一月

应考人员注意事项

1. 本试卷科目代码为“2”，考生务必将此代码填涂在答题卡“科目代码”相应的栏目内，否则，无法评分。

2. 书写用笔：**黑色或蓝色钢笔、签字笔或圆珠笔**；

   填涂答题卡用笔：**黑色 2B 铅笔**。

3. 必须用书写用笔将工作单位、姓名、准考证号填写在答题卡和试卷相应的栏目内。

4. 本试卷由 60 题组成，每题 2 分，满分 120 分，本试卷全部为单项选择题，每小题的四个备选项中只有一个正确答案，错选、多选、不选均不得分。

5. 考生作答时，必须按**题号在答题卡上**将相应试题所选选项对应的**字母用 2B 铅笔涂黑**。

6. 在答题卡上书写与题意无关的语言，或在答题卡上作标记的，均按违纪试卷处理。

7. 考试结束时，由监考人员当面将试卷、答题卡一并收回。

8. 草稿纸由各地统一配发，考后收回。

单项选择题（共60题，每题2分，每题的备选项中，只有一个最符合题意。）

1. 径流模数和径流系数的单位分别是：

A. 无量纲、$L/(s\cdot km^2)$　　B. $L/(s\cdot km^2)$、无量纲

C. $L/(s\cdot km^2)$、mm　　D. 无量纲、mm

2. 某流域面积为 $1000km^2$，多年平均降水量为 1050mm，多年平均蒸发量为 576mm，则多年平均流量为：

A. $150m^3/s$　　B. $15m^3/s$

C. $74m^3/s$　　D. $18m^3/s$

3. 给排水工程中的设计洪水，要求计算：

A. 设计洪峰流量或设计洪水位

B. 一定时段的设计洪水总量或洪水频率

C. 洪水过程线或洪水的地区组成

D. 以上均正确

4. 在推求设计枯水流量时，通常用于进行径流分析的特征值是：

A. 日平均流量　　B. 旬平均流量

C. 月平均流量　　D. 年均流量

5. 一次流域降雨的净雨深形成的洪水，在数量上应该：

A. 等于该次洪水的径流深

B. 大于该次洪水的径流深

C. 小于该次洪水的径流深

D. 小于或等于该次洪水的径流深

6. 含水层和隔水层划分的依据是：

A. 岩石的透水性　　B. 岩石的含水性

C. 岩石的给水性　　D. 以上均是

7. 行驶火车时可以引起其附近埋藏较浅的承压含水层钻井或测压水孔中的水位：

A. 升高　　B. 降低

C. 不变　　D. 以上均不是

8. 人工补给地下水的目的是：

A. 改善地下水水质
B. 防止地面塌陷或沉降
C. 防止海水入侵
D. 以上均正确

9. 有一等厚、均质、各向同性的承压含水层，其渗透系数$k = 15\text{m/d}$，孔隙度$n = 0.2$，沿着水流方向的两观测孔A、B的间距为 1200m，水位标高分别为$H_{\text{A}} = 5.4\text{m}$，$H_{\text{B}} = 3\text{m}$，则地下水的渗透速度和实际速度分别为：

A. 0.03m/d 和 0.15m/d
B. 0.03m/d 和 0.006m/d
C. 0.15m/d 和 0.03m/d
D. 0.03m/d 和 0.03m/d

10. 含水层补给量小于开采量时：

A. 潜水位下降，含水层厚度增大，水位埋藏深度变小
B. 潜水位下降，含水层厚度减小，水位埋藏深度变大
C. 承压水头下降，含水层厚度不变，水位埋藏深度不变
D. 承压水头下降，含水层厚度不变，水位埋藏深度变小

11. 河谷冲积层中的地下水一般是好的供水水源，原因在于：

A. 孔隙水，孔隙度大，透水性强，富水性好
B. 含水层岩石在剖面上常具有二元结构
C. 地下水位埋藏较浅，与河水联系密切
D. 以上均对

12. 地下水在开采条件下的补给量要大于天然条件下的补给量，其原因是：

A. 开采夺取地表水和增强降水渗入
B. 开采夺取天然排泄量
C. 开采增加越流补给和人工补给
D. 以上均对

13. 下列关于微生物特点的描述不正确的是：

A. 个体小，面积大
B. 吸收多，转化快
C. 生长慢，繁殖慢
D. 分布广，种类多

14. 菌胶团是以下哪种处理方式的细菌的主要存在形式？

A. 生物膜
B. 水体自净
C. 活性污泥
D. 氧化塘

15. 关于细菌细胞组分中水的生理功能，下列说法不正确的是：

A. 溶剂作用　　B. 参与生化反应

C. 运输物质的载体　　D. 维持和调节酸碱度

16. 按照酶促反应性质及催化反应类型，可将酶分为：

A. 四大类　　B. 五大类

C. 六大类　　D. 七大类

17. TCA 循环的最终代谢产物是：

A. 有机酸　　B. 醇、醛

C. NH_3和H_2S　　D. CO_2和H_2O

18. 在天然水体对有机物的自净过程中，各种微生物的相互关系与交替演变规律是：

A. 鞭毛虫→游泳型纤毛虫→固着型纤毛虫→肉足类→轮虫

B. 肉足类→轮虫→钟虫

C. 肉足类→鞭毛虫→钟虫→细菌→轮虫

D. 肉足类→游泳型纤毛虫→固着型纤毛虫、轮虫

19. 下列关于大肠菌群作为水的卫生细菌学指标理由不正确的说法是：

A. 大肠菌群的生理习性与肠道病原菌的生理习性较为相似，在外界生存时间也基本一致

B. 大肠菌群在粪便中的数量较多

C. 大肠菌群是肠道病原菌

D. 大肠菌群的检验技术简单

20. 下列关于病毒特点的说法不正确的是：

A. 病毒个体很小，一般无法用普通光学显微镜辨认

B. 病毒具有细胞结构，由核酸和蛋白质外壳构成

C. 病毒没有完整的酶系统和独立的代谢系统，只能寄生在微生物、动物或植物的活细胞内生活

D. 病毒能以无生命的化学大分子状态长期存在环境中，并保持其感染活性

21. 在缺氧条件下，磷酸盐可在微生物的作用下被还原成为最终产物的是：

A. H_3PO_3　　B. H_3PO_2

C. PH_3　　D. $CaHPO_4$

22. 下列不属于厌氧消化三阶段理论的细菌是：

A. 发酵性细菌　　B. 产氢产乙酸细菌

C. 同型产乙酸细菌　　D. 产甲烷细菌

23. 露天水池，水深 5m 处的相对压强为：

A. 5kPa　　B. 49kPa

C. 147kPa　　D. 205kPa

24. 水平放置的渐扩管，如果忽略水头损失，上、下游断面形心点的压强，有以下的关系：

A. $p_1 > p_2$　　B. $p_1 = p_2$

C. $p_1 < p_2$　　D. 不确定

25. 圆管紊流过渡区的沿程阻力系数λ：

A. 与雷诺数 Re 有关

B. 与管壁的相对粗糙度k_s/d 有关

C. 与雷诺数 Re 及相对粗糙度k_s/d 有关

D. 与雷诺数 Re 和管长有关

26. 在正常工作条件下，作用水头H、直径d相等时，小孔口的流量Q和圆柱形外管嘴的流量Q_N的关系，下列正确的是：

A. $Q < Q_N$　　B. $Q > Q_N$

C. $Q = Q_N$　　D. 不确定

27. 如图所示并联管道 1 和 2 的直径相同，沿程阻力系数相同，长度$l_2 = 3l_1$，则通过两管道流量的大小关系，下列正确的是：

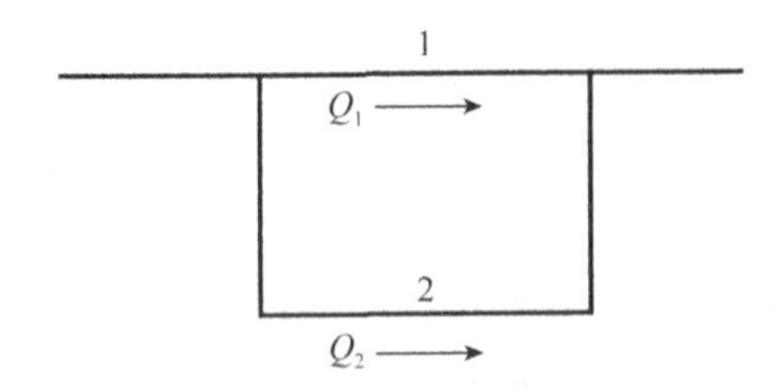

A. $Q_1 = Q_2$　　B. $Q_1 = 1.5Q_2$

C. $Q_1 = 1.73Q_2$　　D. $Q_1 = 3Q_2$

28. 在流量一定，渠道断面的形状、尺寸一定时，随底坡的增大，临界水深将：

A. 增大　　B. 减少

C. 不变　　D. 不确定

29. 有三个满管流的管道，其断面形状分别为如图所示的圆形、方形和矩形，它们的面积均为A，水力坡度J也相等。当沿程阻力系数λ相等时，三者的流量比约为：

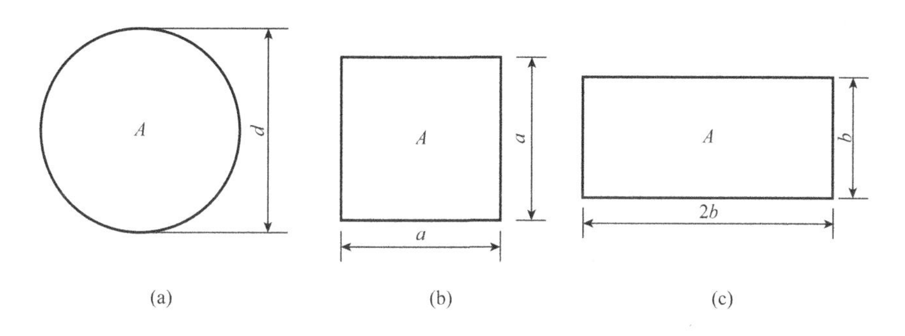

A. 28 : 25 : 24　　B. 1 : 1 : 1

C. 78 : 63 : 56　　D. 53 : 50 : 49

30. 图示逐渐扩大圆管，已知$d_1 = 75\text{mm}$，$P_1 = 0.7\text{at}$，$d_2 = 150\text{mm}$，$P_2 = 1.4\text{at}$，$L = 1.5\text{m}$；流过的水流量$Q = 56.6\text{L/s}$，其局部水头损失约为：

A. $\frac{1.5u_2^2}{2g}$

B. $\frac{4.3u_2^2}{2g}$

C. $\frac{0.6u_1^2}{2g}$

D. $\frac{0.4u_1^2}{2g}$

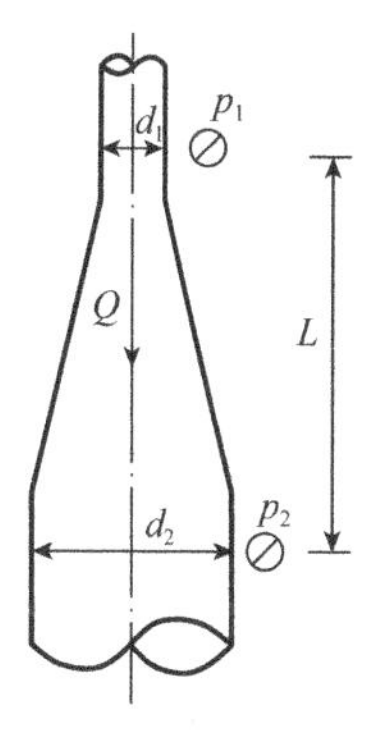

31. 若两台水泵为工况相似的泵，则必须满足几何相似和：

A. 形状相似　　B. 条件相似

C. 流动相似　　D. 运动相似

32. 叶片式水泵可分为：

A. 离心泵、混流泵、轴流泵

B. 固定式泵、可调式泵、半可调式泵

C. 螺旋泵、气升泵、齿轮泵

D. 调速泵、定速泵、半调速泵

33. 水泵气蚀的危害主要是产生噪声和压力振动，叶轮损坏，缩短水泵的使用寿命，引起：

A. 扬程降低　　B. 转速降低

C. 轴功率增加　　D. 流量增加

34. 当某水泵的气蚀余量大于 10m 水柱时，它的允许吸上真空高度：

A. $H_s > 0$　　B. $H_s = 0$

C. $H_s = 10$　　D. $H_s < 0$

35. 轴流泵的叶片与机翼具有相似形状的截面，它的工作是以空气动力学中机翼的：

A. 适用范围为基础

B. 离心力理论为基础

C. 向心力理论为基础

D. 升力理论为基础

36. 水泵额定工况点为：

A. 扬程最高时的工况点

B. 有效功率最高时的工况点

C. 效率最高时的工况点

D. 轴功率最高时的工况点

37. 向高地输水的泵站，当管径较大、扬程较高时，应进行：

A. 停泵水锤升压计算　　B. 阀门开关升压计算

C. 管道振动升压计算　　D. 扬程变化升压计算

38. 从同一水池吸水的两台同型号水泵并联工作，并联工作时每台水泵工况点与单独工作时的出水量相比，会：

A. 成倍增加　　B. 大幅增加但小于 2 倍

C. 增加幅度不明显　　D. 减小

39. 混流泵比转速介于离心泵和轴流泵之间，它是以：

A. 压力和向心力理论为基础

B. 压力和离心力理论为基础

C. 升力和离心力理论为基础

D. 压力和升力理论为基础

40. 同一台水泵，运行中转速由n_1提高到n_2，则其比转速n_s值：

A. 增加

B. 不变

C. 减少

D. 无法确定

41. 一台离心式清水泵输送水时轴功率为N_0，当输送容量为 1.3 倍的同质液体时，其轴心功率N为：

A. $N = N_0$

B. $N < N_0$

C. $N = 1.3N_0$

D. $N = N_0/1.3$

42. 当关小水泵出口处阀门时，管路出流流量减小，则：

A. 泵效率曲线Q-η变缓

B. 泵轴功率曲线Q-N变陡

C. 泵吸水性能曲线Q-H_s变缓

D. 管道系统特性曲线Q-H变陡

43. 水样进行过滤预处理时，滤膜、离心、滤纸、砂芯滤斗阻留不可溶残渣的能力大小顺序是：

A. 离心>滤膜>滤纸>砂芯滤斗

B. 滤纸>离心>滤膜>砂芯滤斗

C. 滤膜>离心>滤纸>砂芯滤斗

D. 砂芯滤斗>离心>滤纸>滤膜

44. 系统误差不包括以下：

A. 方法误差

B. 仪器和试剂误差

C. 操作误差

D. 不可测误差

45. 关于水中可能存在的碱度组成种类，下列错误的是：

A. OH^-碱度

B. OH^-和HCO_3^-碱度

C. OH^-和CO_3^{2-}碱度

D. HCO_3^-碱度

46. EDTA 在水溶液中的存在型体不正确的是：

A. $pH < 1$时，EDTA 只以H_6Y^{2+}型体存在

B. $pH = 2.75 \sim 6.24$ 时，EDTA 主要以H_2Y^{2-}型体存在

C. $pH > 10.34$时，EDTA 主要以Y^{4-}型体存在

D. $pH \geqslant 12$时，只有Y^{4-}型体存在

47. 下列属于沉淀滴定法的是：

A. 比色法　　B. 莫尔法

C. 离子选择电极法　　D. 碘量法

48. 氧化还原反应中，下列关于条件电极电位的表述，正确的是：

A. 条件电极电位是指在特定条件下，氧化态和还原态的总浓度$C_{OX} = C_{Red} = 1mol/L$ 时的实际电极电位

B. 条件电极电位的大小与标准电极电位无关

C. 条件电极电位与离子强度无关

D. 生成沉淀对条件电极电位无影响

49. 水中有机物污染综合指标中，对水中同一种有机物氧化率大小的比较，下列正确的是：

A. $TOC > COD > BOD_5 >$ 高锰酸盐指数

B. $COD > TOC > BOD_5 >$ 高锰酸盐指数

C. $BOD_5 > TOC > COD >$ 高锰酸盐指数

D. 高锰酸盐指数 $> TOC > COD > BOD_5$

50. 比色法和分光光度法都遵循：

A. 能斯特方程　　B. 朗伯-比尔定律

C. 阿仑尼乌斯公式　　D. 酸碱质子理论

51. 关于紫外可见分光光度计，下列说法不正确的是：

A. 由光源、分光系统、吸收池、检测器组成

B. 常见紫外可见分光光度计的波长范围为 180 ~ 10000nm

C. 棱镜或衍射光栅是单色器的重要部件

D. 检测器的功能是检测光信号

52. 关于参比电极的表述，下列正确的是：

A. 只能作正极

B. 只能作负极

C. 既能作正极，也能作负极，视两个电极电位的高低而定

D. 既能作正极，也能作负极，与两个电极电位的高低无关

53. 下列属于地貌的是：

A. 河流　　B. 水准点

C. 里程碑　　D. 悬崖

54. 观测误差按其对测量结果影响的性质，可分为：

A. 中误差和相对误差

B. 系统误差、偶然误差和粗差

C. 粗差和极限误差

D. 中误差和极限误差

55. 闭合导线坐标计算时，求得纵坐标增量的代数和$\sum\Delta x=+0.08\mathrm{m}$，横坐标增量的代数和$\sum\Delta y=-0.06\mathrm{m}$，导线各段长度之和$\sum D=475.35\mathrm{m}$，则该导线的全长相对闭合差为：

A. 1/7920　　B. 1/5940

C. 1/4750　　D. 1/3390

56. 在同一幅地形图中，等高距是一定的，因此等高线平距与地面坡度有关，则等高线平距越大，地面坡度：

A. 越小　　B. 越大

C. 相同　　D. 不确定

57. 施工测量的基本工作是测设点的：

A. 平面位置　　B. 高程

C. 平面位置和高程　　D. 平面位置和角度

58. 下列不属于注册公用设备工程师应履行的义务是：

A. 遵守法律、法规和职业道德，维护社会公共利益

B. 保证给水排水设计的质量，并在其负责的设计图纸上签字

C. 保守在职业中知悉的单位和个人秘密

D. 可以受聘于两个及以上设计单位执行业务

59. 依据《中华人民共和国民法典》，因发包人变更计划、提供的资料不准确，或者未按照期限提供必需的勘察工作条件而造成的返工、停工，发包人应当承担的责任是：

A. 不必偿付任何费用

B. 赔偿勘察人的全部损失

C. 双倍支付勘察人因此消耗的工作量

D. 按照勘察人实际消耗的工作量增付费用

60. 检测机构若违反《建设工程质量检测管理办法》相关规定，一般对违规行为处以 1 万元以上 3 万元以下罚款，下列违规不在此罚款范围内的是：

A. 出具虚假检测报告的

B. 超出资质范围从事检测活动的

C. 未按照国家有关工程建设强制性标准进行检测的

D. 未按规定上报发现的违法违规行为和检测不合格事项的

2022年度全国勘察设计注册公用设备工程师（给水排水）执业资格考试试卷

基础补考（下）

二〇二三年六月

应考人员注意事项

1. 本试卷科目代码为“2”，考生务必将此代码填涂在答题卡“科目代码”相应的栏目内，否则，无法评分。

2. 书写用笔：**黑色或蓝色钢笔、签字笔或圆珠笔**；

   填涂答题卡用笔：**黑色2B铅笔**。

3. 必须用书写用笔将工作单位、姓名、准考证号填写在答题卡和试卷相应的栏目内。

4. 本试卷由60题组成，每题2分，满分120分，本试卷全部为单项选择题，每小题的四个备选项中只有一个正确答案，错选、多选、不选均不得分。

5. 考生作答时，必须按**题号在答题卡上**将相应试题所选选项对应的**字母用2B铅笔涂黑**。

6. 在答题卡上书写与题意无关的语言，或在答题卡上作标记的，均按违纪试卷处理。

7. 考试结束时，由监考人员当面将试卷、答题卡一并收回。

8. 草稿纸由各地统一配发，考后收回。

单项选择题（共 60 题，每题 2 分，每题的备选项中，只有一个最符合题意。）

1. 一次降雨形成径流的损失是指：

A. 植物截留、地面填洼、土壤下渗和流域蒸发

B. 植物截留、地面填洼、补充土壤吸收水和流域蒸发

C. 植物截留、地面填洼、补充土壤毛管水和流域蒸发

D. 植物截留、地面填洼、土壤下渗和补充土壤毛管水

2. 某流域面积为 1000km^2，多年平均降水量为 1050mm，多年平均流量为 15m^3/s，该流域多年平均径流系数为：

A. 0.55　　　　B. 0.45

C. 0.65　　　　D. 0.68

3. 洪水三要素是指：

A. 洪水历时、洪水总量、洪水过程线

B. 洪水历时、洪峰流量、洪水总量

C. 洪峰流量、洪水历时、洪水过程线

D. 洪峰流量、洪水过程线、洪水总量

4. 河道枯水期最小流量的主要影响因素是：

A. 地下水补给　　　　B. 气候

C. 地理位置　　　　D. 地质

5. 当流域汇流历时小于或等于净雨历时，形成洪峰流量是：

A. 全面汇流　　　　B. 部分汇流

C. 以上都对　　　　D. 以上均不对

6. 孔隙水、裂隙水、岩溶水的划分依据为：

A. 埋藏条件　　　　B. 化学成分

C. 含水层介质的性质　　　　D. 含水层含水存在形式

7. 含水层是指：

A. 含水的岩层

B. 能够透水的岩层

C. 能够透过水并给出相当数量水的岩层

D. 含有重力水和毛细水的岩层

8. 承压地下水的流动方向，以下描述正确的是：

A. 承压地下水从压力高的地方向压力低的地方流动

B. 承压地下水从位置高的地方向压力位置低的地方流动

C. 承压地下水从坡度高的地方向坡度低的地方流动

D. 承压地下水从水位高的地方向水位低的地方流动

9. 无补给的承压含水层在开采时含水层释放的水来自：

A. 含水层空隙度减小而释放的水量

B. 含水层体积膨胀而释放的水量

C. 含水层体积疏干而释放的水量

D. 含水层弹性释水释放的水量

10. 某潜水含水层厚 12m，抽水井直径为 0.263m，渗透系数为 8m/d，影响半径为 100m，则井内稳定水位为 9m 时的井出水量是：

A. $255m^3/d$　　B. $238m^3/d$

C. $492m^3/d$　　D. $787m^3/d$

11. 下面有关基岩裂隙水特征的描述，不正确的是：

A. 没有统一的地下水面　　B. 分布不均匀

C. 呈条状和带状分布　　D. 裂隙水表现出各向同性

12. 有关地下水储存量增加的描述，以下说法正确的是：

A. 地下水的补给量大于地下水的排泄量和开采量

B. 地下水的补给量小于地下水的排泄量和开采量

C. 地下水的补给量等于地下水的排泄量和开采量

D. 地下水的补给量大于等于地下水的排泄量和开采量

13. 革兰氏染色结果主要与下列哪项细菌细胞结构有关？

A. 细胞膜　　B. 细胞质

C. 核质　　D. 细胞壁

14. 细菌的生长繁殖规律符合：

A. 2^n　　B. 3^n

C. 4^n　　D. 5^n

15. EMP 途径是将葡萄糖最终转化为：

A. 乙酰辅酶　　B. 柠檬酸

C. 果糖　　D. 丙酮酸

16. 生物遗传变异的物质基础是：

A. 核酸　　B. 染色体

C. 基因　　D. 碱基对

17. 下列有关细菌带电性的说法，正确的是：

A. 带正电　　B. 中性不带电

C. 带负电　　D. 不确定

18. 污水处理中常见的原生动物有：

A. 肉足类、鞭毛类、线虫类

B. 肉足类、鞭毛类、纤毛类

C. 鞭毛类、纤毛类、轮虫类

D. 鞭毛类、肉足类

19. 下列有关水中细菌的分布，说法不正确的是：

A. 湖泊及水库水的表面和中心区、深水区所含细菌少，岸边附近和底泥所含细菌较多

B. 空气质量好，雨雪中所含细菌也少

C. 地面环境卫生状态好，水的地面径流所带入的细菌也就少

D. 地下水比地表水所含的细菌要多

20. 集中式水厂给水管网末梢水的游离性余氯不应小于：

A. 0.02mg/L　　B. 0.05mg/L

C. 0.2mg/L　　D. 0.5mg/L

21. 关于产甲烷细菌生理特征的描述，下列正确的是：

A. 厌氧菌，专性强，生长缓慢，对温度和酸碱度不敏感

B. 厌氧菌，专性强，生长缓慢，对温度和酸碱度敏感

C. 兼性菌，专性强，生长缓慢，对温度和酸碱度敏感

D. 好氧菌，专性强，生长缓慢，对温度和酸碱度敏感

22. 下列关于菌胶团在污水生物处理中的作用，说法不正确的是：

A. 是活性污泥中细菌的主要存在方式

B. 具有较强的吸附和氧化有机物的能力

C. 良好的污水生物处理效果，要求菌胶团结构紧密，吸附沉淀性能良好

D. 颜色呈黑色

23. 某点的真空度为 65000Pa，当地大气压为 0.1MPa，该点绝对压强为：

A. 65000Pa　　B. 55000Pa

C. 35000Pa　　D. 165000Pa

24. 伯努利方程中$z+\frac{p}{\rho g}+\frac{\alpha v^2}{2g}$表示：

A. 单位重量流体具有的机械能

B. 单位质量流体具有的机械能

C. 单位体积流体具有的机械能

D. 通过过流断面流体的总机械能

25. 圆管紊流粗糙区沿程阻力系数λ与下列哪项有关？

A. 雷诺数　　B. 相对粗糙度k_s/d

C. 雷诺数和相对粗糙区　　D. 雷诺数和管长

26. 如图所示两根完全相同的长管道，只是安装高度不同，两管的流量关系为：

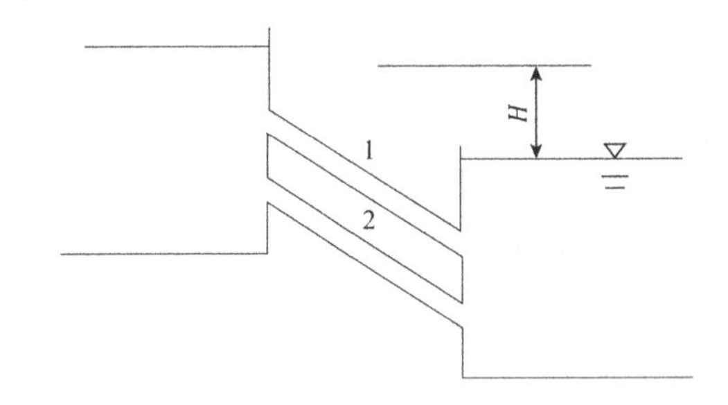

A. $Q_1 < Q_2$　　B. $Q_1 > Q_2$

C. $Q_1 = Q_2$　　D. 不确定

27. 水力最优断面是：

A. 造价最低的断面

B. 流速最大的断面

C. 面积一定，湿周最小的断面

D. 面积一定，水力半径最小的断面

28. 在流量、直径相同的情况下，随着底坡的增加，正常水深的变化量将：

A. 增大　　B. 减小

C. 不变　　D. 不一定

29. 管道长 $2l$，并联一段l管道，则并联前后的流量比值为：

A. 0.79

B. 0.97

C. 1.16

D. 1.26

30. 如图所示，输水管道中设有阀门，已知管道直径为 50mm，通过流量为 3.34L/s，水银压差计读值 $\Delta h = 150\text{mm}$，水的密度$\rho = 1000\text{kg/m}^3$，水银的密度$\rho_{水银} = 13600\text{kg/m}^3$，忽略沿程水头损失，则阀门的局部损失系数为：

A. 12.82　　B. 20.85

C. 9.82　　D. 15.85

31. 如果两台水泵是相似水泵，则它们相等的特征参数是：

A. 转速　　B. 水泵叶轮直径

C. 比转数　　D. 扬程

32. 离心泵调速运行理论依据的是：

A. 比例律　　B. 切削律

C. 几何相似条件　　D. 运动相似条件

33. 在水泵站设计中，一般吸水管流速小于压力管流速，其目的是为了减少吸水管的：

A. 管径　　B. 管长

C. 水头损失　　D. 负压值

34. 水泵的气蚀余量H_{sv}是指水泵进口处单位重量液体所必须具有的富裕能量：

A. 超过当地大气压　　B. 超过饱和蒸气压力

C. 小于当地大气压　　D. 小于饱和蒸气压力

35. 根据用电可靠性要求，大中城市水厂泵站的电力负荷系统应按：

A. 一级负荷考虑　　B. 二级负荷考虑

C. 三级负荷考虑　　D. 任意负荷等级考虑

36. 给水泵站选择水泵的依据为：

A. 地形和用户位置
B. 水源和地形情况
C. 设计流量、扬程及其变化规律
D. 电机和效率

37. 给排水工程中，最常用的水泵为：

A. 容积泵
B. 混流泵
C. 轴流泵
D. 离心泵

38. 离心泵的基本性能参数包括：

A. 流量、扬程、转速、轴功率、效率、气蚀余量
B. 流量、扬程、比转速、有效功率、效率、气蚀余量
C. 流量、额定扬程、比转速、轴功率、效率、允许吸上真空高度
D. 流量、理论扬程、转速、轴功率、效率、允许吸上真空高度

39. 水泵特性曲线与管路特性曲线的交点为：

A. 水泵额定工况点
B. 水泵设计工况点
C. 水泵实际工况点
D. 水泵极限工况点

40. 当水泵压水池水位下降时，水泵工况点会向流量：

A. 减少的方向运动
B. 不变的方向运动
C. 增大的方向运动
D. 不确定的方向运动

41. 下列可以增加水泵扬程的措施是：

A. 增大轴功率和减小流量
B. 增大转速和叶轮直径
C. 减小转速和叶轮直径
D. 减小轴功率和增大流量

42. 水泵的实测特征曲线，是基于转速恒定的条件下各性能常数的曲线，其自变量是：

A. 扬程
B. 效率
C. 轴功率
D. 流量

43. 水的预处理中不会采用下列哪种方法？

A. 滴定
B. 浓缩
C. 蒸馏
D. 消解

44. 对式$213.64 + 4.4 + 0.3244$的结果进行有效数字修约，正确的结果是：

A. 218.4　　　　B. 218.3

C. 218.0　　　　D. 218

45. EDTA 酸效应是指由于 H^+存在，使络合剂参加主反应能力降低的效应，溶液的 pH 值越大，则反应酸效应系数：

A. 越大　　　　B. 不变

C. 越小　　　　D. 无关

46. 关于酸碱滴定，下列说法正确的是：

A. 强酸滴定强碱与强碱滴定强酸曲线相同

B. 滴定突跃范围大小与被滴定液的浓度有关

C. 选择指示剂，不考虑变色范围与计量点 pH 值突跃范围

D. 判断强酸滴定弱碱或强碱滴定弱酸能否进行的条件是：$C_{sp} \times K_a \geqslant 10^{-10}$或$C_{sp} \times K_b \geqslant 10^{-10}$

47. 下列哪一项不是络合滴定必须满足的条件？

A. $\lg(C_M K'_{MY}) \geqslant 6$浓度 0.1%，$\lg(C_M K'_{MY}) \geqslant 5$浓度 0.5%

B. 络合反应快

C. 不会出现封闭现象

D. 选择的金属离子不能出现水解和沉淀

48. 莫尔法可在下列哪种溶液中滴定？

A. 中性溶液　　　　B. 强碱溶液

C. 弱酸溶液　　　　D. 强酸溶液

49. 下列不属于氧化还原滴定的是：

A. 重铬酸钾法　　　　B. 莫尔法

C. 高锰酸钾法　　　　D. 碘量法

50. 下列有关重铬酸钾滴定的说法，正确的是：

A. 重铬酸钾固体试剂易纯制且很稳定，在 100℃下干燥 1 ~ 2h 可直接配制标准溶液

B. 重铬酸钾标准溶液非常稳定，不用存放密闭容器中，溶液浓度也可长期保持不变

C. 滴定反应速度快，经常可在室温下进行，一般不需要催化剂

D. 不需要外加指示剂

51. 下列关于光电比色计的组成，正确的是：

A. 光源、滤光片、比色皿、光电池、检测器

B. 光源、吸光片、比色皿、光电池、检测器

C. 光源、凹面镜、比色皿、光电池、检测器

D. 光源、石英棱镜、比色皿、光电池、检测器

52. 甘汞电极属于：

A. 金属—金属离子电极

B. 金属—金属微溶盐电极

C. 均相氧化还原电极

D. 膜电极

53. 高层建筑楼层高程传递的常用方法有：

A. 三角高程测量

B. 水准仪测量法

C. 全站仪天顶测距法

D. 悬挂钢尺法和全站仪天顶测距法

54. 在四等水准测量时，毫米位的估读误差对测量读数所造成的误差是：

A. 偶然误差

B. 系统误差

C. 粗差

D. 可能是偶然误差也可能是系统误差

55. 在地形图上按指定方向绘制纵断面图时，高程比例尺相比平距比例尺，一般：

A. 相等

B. 小 5 ~ 10 倍

C. 大 5 ~ 10 倍

D. 大 10 ~ 20 倍

56. 下列比例尺中，比例尺最大的是：

A. 1：10000

B. 1：5000

C. 1：2000

D. 1：1000

57. 在闭合导线计算时，调整角度闭合差的方法是：

A. 反号按观测角大小成正比分配

B. 反号按观测角个数平均比分配

C. 同号按观测角个数平均比分配

D. 反号按边长大小成正比分配

58. 下列不属于注册公用设备工程师义务的是：

A. 执行技术标准、规范

B. 保守在执业中知悉的他人的技术秘密

C. 在本人执业活动所形成的工程文件上签字、加盖执业印章

D. 以个人名义承揽的业务保证执业活动成果的质量，并承担相应责任

59. 发包人对承包人进行检查，下列符合法律规定的是：

A. 发包人可以随时对承包人进行检查

B. 发包人只能在进行隐蔽工程隐蔽前进行检查

C. 发包人需经承包人同意后才能进行检查

D. 发包人在不妨碍承包人正常作业的情况下，可以随时对作业进度、质量进行检查

60. 勘察单位未按工程建设强制性标准进行勘察的，责令整改，并接受：

A. 10 万元以上 30 万元以下罚款

B. 50 万元以上 100 万元以下罚款

C. 勘察费的 25%到 50%罚款

D. 勘察费的 1 倍到 2 倍罚款

2023年度全国勘察设计注册公用设备工程师
（给水排水）执业资格考试试卷

基础考试
（下）

二〇二三年十一月

应考人员注意事项

1. 本试卷科目代码为“2”，考生务必将此代码填涂在答题卡“科目代码”相应的栏目内，否则，无法评分。
2. 书写用笔：**黑色或蓝色钢笔、签字笔或圆珠笔**；
   填涂答题卡用笔：**黑色 2B 铅笔**。
3. 必须用书写用笔将工作单位、姓名、准考证号填写在答题卡和试卷相应的栏目内。
4. 本试卷由 60 题组成，每题 2 分，满分 120 分，本试卷全部为单项选择题，每小题的四个备选项中只有一个正确答案，错选、多选、不选均不得分。
5. 考生作答时，必须按**题号在答题卡上**将相应试题所选选项对应的**字母用 2B 铅笔涂黑**。
6. 在答题卡上书写与题意无关的语言，或在答题卡上作标记的，均按违纪试卷处理。
7. 考试结束时，由监考人员当面将试卷、答题卡一并收回。
8. 草稿纸由各地统一配发，考后收回。

单项选择题（共 60 题，每题 2 分，每题的备选项中，只有一个最符合题意。）

1. 水资源是一种：

A. 非可再生资源

B. 可再生资源

C. 无限的资源

D. 取之不尽，用之不竭的资源

2. 河流中的泥沙按其运动形式分类，不包括：

A. 悬移质

B. 溶解质

C. 推移质

D. 河床质

3. 设计保证率$P = 90\%$的枯水年，其重现期T等于：

A. 5 年

B. 10 年

C. 20 年

D. 90 年

4. 设计洪水是指：

A. 符合设计标准要求的洪水

B. 任一频率的洪水

C. 设计断面的最大洪水

D. 历史最大洪水

5. 某流域有两次暴雨，除暴雨中心前者在上游、后者在下游外，其他情况都一样，则前者在流域出口断面形成的洪峰流量比后者：

A. 洪峰流量大、出现的时间晚

B. 洪峰流量小，出现的时间晚

C. 洪峰流量大，出现的时间早

D. 洪峰流量小，出现的时间早

6. 褶曲的基本形态是：

A. 背斜褶曲和向斜褶曲

B. 向斜褶曲和倾斜褶曲

C. 背斜褶曲和水平褶曲

D. 水平褶曲和倾斜褶曲

7. 水理性质指岩土与水作用时表现出来的性质，岩石的水理性质不包括：

A. 容水性

B. 持水性

C. 渗水性

D. 透水性

8. 下列对承压水的叙述，正确的是：

A. 容易受气候的影响

B. 容易受气候的影响，但不易被污染

C. 不易受气候的影响，且不易被污染

D. 容易被污染

9. 泰斯公式适用于：

A. 完整井稳定流

B. 完整井非稳定流

C. 非完整井稳定流

D. 非完整井非稳定流

10. 冲积物是由下列哪项地质作用形成的?

A. 片流

B. 洪流

C. 河流

D. 湖泊

11. 一潜水含水层和承压含水层中间分布有一弱透水层，分布面积$A = 2\text{km}^2$，潜水含水层厚度$h = 40\text{m}$，承压含水层厚度$m = 30\text{m}$，承压水头$H = 30\text{m}$，弱透水层厚$m' = 10\text{m}$，弱透水层的垂直渗透系数$K' = 0.015\text{m/d}$，假设补给过程中潜水与承压水水头保持不变，则潜水对承压水的日越流补给量为：

A. $3 \times 10^4\text{m}^3$

B. $9 \times 10^4\text{m}^3$

C. $1.5 \times 10^4\text{m}^3$

D. $2 \times 10^4\text{m}^3$

12. 在某些地区，水文地质条件复杂，补给源一时不易查明，如果急于确定允许开采量，则应采用下列哪种方法?

A. 水量均衡法

B. 试验推断法

C. 开采试验法

D. 补偿疏干法

13. 以下哪种细菌是螺旋菌？

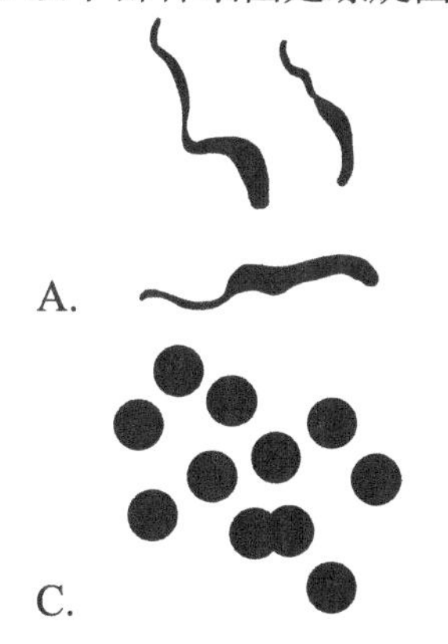

A.　　C.

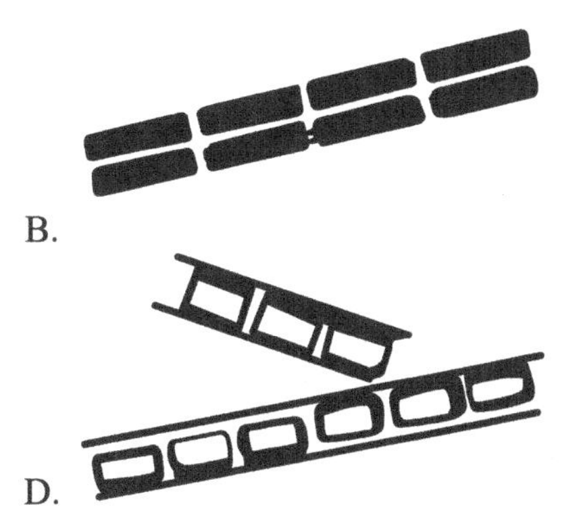

B.　　D.

14. 在革兰氏染色中，阴性菌与阳性菌的描述正确的是：

A. 阳性菌细胞壁厚，染色后呈蓝紫色

B. 阳性菌细胞壁薄，染色后呈红色

C. 阴性菌细胞壁厚，染色后呈蓝紫色

D. 阴性菌细胞壁厚，染色后呈红色

15. 厌氧细菌呼吸是依靠：

A. 脱氢酶系统　　B. 氧化酶系统

C. 脱氢酶和氧化酶　　D. 过氧化氢

16. 关于“平板菌落计数法”，以下描述正确的是：

A. 微生物不管死活都会被计数

B. 选取菌落数在 30 ~ 300 之间的平板进行计数

C. 可通过特殊荧光测定某种特定微生物

D. 所有的微生物都能采用这种计数法

17. 细胞遗传信息储存在以下哪个结构中？

A. 细胞壁　　B. 细胞膜

C. 细胞质　　D. 细胞核

18. 藻类在氧化塘中进行的是下列哪种作用？

A. 氧化作用　　B. 光合作用

C. 同化作用　　D. 分解作用

19. 下列水体中的细菌种类和数量相对较多的是：

A. 工业区附近的河水　　B. 保护区的河水

C. 湖泊深水区　　D. 地下水

20. 二氧化氯作为消毒剂时，在同样条件下，与氯消毒相比：

A. 消毒能力弱

B. 费用较高

C. 用量较多

D. 易生成致癌的二次污染物

21. 对于磷的生物转化，以下说法错误的是：

A. 有机磷可被分解产生磷酸

B. 不溶性磷酸盐可转化为可溶性磷酸盐

C. 生物群内的磷可双向流动形成循环

D. 某些微生物体内可过量积累磷

22. 含铬（Cr^{6+}）废水的处理不包括下列哪一项工艺？

A. 还原　　B. 加碱

C. 沉淀　　D. 氧化

23. 在静止流体中，只存在的力为：

A. 切应力　　B. 拉应力

C. 压应力　　D. 黏应力

24. 设半径为R的球体淹没在静水中，与水的表面相切。已知球体的密度与水的密度相同，均为ρ，则将球体缓慢全部刚好提出水面所需做的功为（球体积公式为$\frac{4}{3}\pi R^3$）：

A. $\frac{8}{3}\pi R^4\rho g$　　B. $\frac{4}{3}\pi R^4\rho g$

C. $\frac{2}{3}\pi R^4\rho g$　　D. $\frac{1}{3}\pi R^4\rho g$

25. 伯努利方程式中涉及四个水头，分别是：

A. 位置水头、压强水头、速度水头、水头损失

B. 位置水头、压强水头、速度水头、能量水头

C. 位置水头、压强水头、速度水头、动量水头

D. 位置水头、压强水头、速度水头、热量水头

26. 下列关于上、下临界雷诺数的定义，说法正确的是：

A. 从层流转变为湍流的临界雷诺数，称为上临界雷诺数；从湍流转变为层流的临界雷诺数，称为下临界雷诺数

B. 从湍流转变为层流的临界雷诺数，称为上临界雷诺数；从层流转变为湍流的临界雷诺数，称为下临界雷诺数

C. 从层流转变为过渡流的临界雷诺数，称为上临界雷诺数；从湍流转变为过渡流的临界雷诺数，称为下临界雷诺数

D. 从层流转变为过渡流的临界雷诺数，称为上临界雷诺数；从湍流转变为层流的临界雷诺数，称为下临界雷诺数

27. 圆球的斯托克斯阻力公式的适用范围是：

A. $Re < 1$　　　　B. $1 < Re < 10$

C. $10 < Re < 100$　　　　D. $100 < Re < 1000$

28. 在长管中，全部水头基本上都用于克服：

A. 沿程阻力　　　　B. 局部阻力

C. 速度水头　　　　D. 二次流

29. 污水管道应按不满管流计算，在设计充满度下，其最小设计流速为：

A. 0.4m/s　　　　B. 0.6m/s

C. 0.75m/s　　　　D. 0.85m/s

30. 水流流过小桥的流动现象相似于：

A. 宽顶堰流　　　　B. 薄壁堰流

C. 矩形堰流　　　　D. 棉形堰流

31. 当原动机带动离心泵的叶轮旋转时，水受到离心力的作用被甩出叶轮，进入：

A. 出水管　　　　B. 压水管

C. 扩散管　　　　D. 蜗壳

32. 某泵供水量$Q = 4.32 \times 10^4 \mathrm{m^3/d}$，扬程$H = 20\mathrm{m}$，效率$\eta = 80\%$，这个泵的实际轴功率为：

A. 102.5kW　　　　B. 112.5kW

C. 122.5kW　　　　D. 132.5kW

33. 比转数低的水泵：

A. 流量大，扬程低　　B. 流量小，扬程高

C. 流量大，扬程高　　D. 流量小，扬程低

34. 水泵叶轮切削抛物线也称为：

A. 等功率曲线　　B. 等效率曲线

C. 等压力曲线　　D. 等转速曲线

35. 管道系统特性曲线是一条：

A. 开口向下的抛物线　　B. 开口向上的抛物线

C. 向上倾斜的直线　　D. 向下倾斜的直线

36. 在实际工程中常采用泵站串联，而不是站内水泵串联，其原因在于：

A. 可以减少管内压力，降低泄漏量　　B. 可以减少摩擦阻力

C. 可以减少功率消耗　　D. 可以减少投资金额

37. 水泵进口处真空值的大小与下述哪个参数无关?

A. 吸水高度　　B. 水泵进口处的压力条件

C. 吸水管的总水头损失　　D. 水泵扬程

38. 对于离心泵，在使用气蚀余量时：

A. 需要修正海拔高度和温度的影响

B. 不需修正海拔高度和温度的影响

C. 只需修正海拔高度的影响，不需修正温度的影响

D. 只需修正温度的影响，不需修正海拔高度的影响

39. 为了保证不发生气蚀，实际安装高度应该：

A. 大于最大安装高度　　B. 小于最大安装高度

C. 等于或大于最大安装高度　　D. 小于 10m

40. 泵房的主要通道宽度不应小于：

A. 0.6m　　B. 0.8m

C. 1.0m　　D. 1.2m

41. 在DN $\geqslant$ 250mm 时，水泵进水管的设计流速一般采用：

A. 0.8 ~ 1.0m/s　　B. 1.0 ~ 1.2m/s

C. 1.2 ~ 1.6m/s　　D. 1.6 ~ 2.0m/s

42. 考虑到污水泵在使用过程中因效率下降和管道中因阻力增加而增加的能量损失，在确定水泵扬程时，可增大安全扬程：

A. 0.5 ~ 1m　　B. 1 ~ 2m

C. 2 ~ 3m　　D. 3 ~ 4m

43. 水样的保存方法主要有：

A. 控制 pH　　B. 冷藏或冷冻

C. 加入保存试剂　　D. 以上都对

44. 回收率是用来表示分析方法的：

A. 精密度　　B. 准确度

C. 精密度与准确度　　D. 变异系数

45. 某酸碱指示剂的$K_{\mathrm{HIn}} = 1.0 \times 10^{-6}$，其理论变色范围 pH 为：

A. 4 ~ 8　　B. 5 ~ 6

C. 6 ~ 7　　D. 5 ~ 7

46. 强碱滴定同浓度的弱酸，当酸的浓度一定时，K_a越大，则：

A. 滴定突跃越大　　B. 滴定突跃越小

C. 滴定突跃不变　　D. 以上都对

47. 利用 EDTA 滴定法测定水中 Ca^{2+}、Mg^{2+}时，采用铬黑 T 作为指示剂，水中存在 Fe^{3+}，将导致：

A. 终点提前　　B. 终点延长

C. 得不到终点　　D. 以上都有可能

48. 采用 EDTA 滴定法测定水中硬度时，需要控制水样：

A. $pH < 2$　　B. $pH < 6.3$

C. $pH = 10$　　D. $pH > 11.6$

49. 采用 EDTA 滴定法测定水中硬度，欲消除水中共存离子 Cu^{2+}、Ni^{2+}、Co^{2+}的干扰，需要加入的掩蔽剂是：

A. NaOH　　B. KCN

C. NH_4F　　D. 三乙醇胺

50. 用 $KmnO_4$ 标准溶液滴定 $C_2O_4^{2-}$时，滴定速度应：

A. 先快后慢　　B. 先快后慢再快

C. 先慢后快再慢　　D. 始终较慢

51. 重铬酸钾法测定 COD 时，加入 Ag_2S0_4 的作用是作：

A. 催化剂　　B. 沉淀剂

C. 指示剂　　D. 消化剂

52. 某一溶液在同一波长下分别用 1cm 和 2cm 比色皿测量的吸光度值为A_1和A_2，则：

A. $A_1 = A_2$　　B. $A_1 = 2A_2$

C. $A_2 = 2A_1$　　D. 以上说法都不对

53. 下列误差属于系统误差的是：

A. 水准仪i角误差　　B. 照准误差

C. 读数误差　　D. 经纬仪对中误差

54. 已知直线AB的方位角$\alpha_{\mathrm{AB}} = 74°$，并观测了直线$AB$与$BC$右角$\beta_{右} = \angle ABC = 276°$，则直线$BC$的方位角$\alpha_{\mathrm{BC}}$为：

A. 22°　　B. 158°

C. −22°　　D. 338°

55. 要求在地形图上能表示实地地物的最小精度为 0.1m，则应选择的测图比例尺为：

A. 1：5000　　B. 1：1000

C. 1：2000　　D. 1：500

56. 在 1：1000 比例尺地形图上量得某 1cm 长的直线两端点的高程为 418.2m 和 417.2m，则该直线的坡度为：

A. 1%　　B. 10%

C. 5%　　D. 2%

57. 为保证工程建筑物在施工和使用中的安全，必须进行变形观测。建筑物变形观测主要包括下列哪些观测？

A. 沉降观测、位移观测

B. 沉降观测、裂缝观测

C. 倾斜观测、裂缝观测

D. 沉降观测、位移观测、倾斜观测、裂缝观测

58. 建筑工程开工前，按照国家有关规定向工程所在地县级以上人民政府建设行政主管部门申请领取施工许可证的单位是：

A. 建设单位　　B. 设计单位

C. 监理单位　　D. 施工单位

59. 建设项目的环境影响评价书自批准之日起的有效期限是：

A. 一年　　B. 两年

C. 三年　　D. 五年

60. 注册公用设备工程师准许的行为不包括：

A. 保证执业工作的质量

B. 保守在执业中知悉的商业技术秘密

C. 授权他人以本人名义执业

D. 不得同时受聘于两个单位执业

2024年度全国勘察设计注册公用设备工程师（给水排水）执业资格考试试卷

基础考试

（下）

二〇二四年十一月

应考人员注意事项

1. 本试卷科目代码为“2”，考生务必将此代码填涂在答题卡“科目代码”相应的栏目内，否则，无法评分。
2. 书写用笔：**黑色或蓝色钢笔、签字笔或圆珠笔**；

   填涂答题卡用笔：**黑色 2B 铅笔**。
3. 必须用书写用笔将工作单位、姓名、准考证号填写在答题卡和试卷相应的栏目内。
4. 本试卷由 60 题组成，每题 2 分，满分 120 分，本试卷全部为单项选择题，每小题的四个备选项中只有一个正确答案，错选、多选、不选均不得分。
5. 考生作答时，必须按**题号在答题卡上**将相应试题所选选项对应的**字母用 2B 铅笔涂黑**。
6. 在答题卡上书写与题意无关的语言，或在答题卡上作标记的，均按违纪试卷处理。
7. 考试结束时，由监考人员当面将试卷、答题卡一并收回。
8. 草稿纸由各地统一配发，考后收回。

单项选择题（共60题，每题2分，每题的备选项中，只有一个最符合题意。）

1. 某流域多年平均降水量1000mm，多年平均径流量为400mm，此流域的多年平均径流系数为：

A. 0.4　　B. 0.6

C. 0.5　　D. 0.3

2. 河流泥沙的年际年内变化与径流相比：

A. 前者大于后者　　B. 后者大于前者

C. 二者差不多　　D. 不能肯定

3. 对设计流域历史的大洪水调查考证的目的是：

A. 提高系列的一致性　　B. 提高系列的可靠性

C. 使洪水系列延长一年　　D. 提高系列的代表性

4. 洪水资料选样目前大多采用：

A. 年最大值法　　B. 年超大值法

C. 随机抽取法　　D. 经验选择法

5. 流域的下垫面因素发生变化时，对径流资料进行修正，是为了满足水文资料的：

A. 可靠性　　B. 一致性

C. 代表性　　D. 完整性

6. 根据含水层的孔隙性质，地下水分为：

A. 包气带水、孔隙水、岩溶水　　B. 孔隙水、裂隙水、岩溶水

C. 孔隙水、空隙水、岩溶水　　D. 孔隙水、裂隙水、空隙水

7. 地下水按埋藏条件分为：

A. 包气带水、潜水、承压水　　B. 空隙水、潜水、承压水

C. 岩溶水、潜水、承压水　　D. 包气带水、裂隙水、承压水

8. 下列与潜水特征不符的是：

A. 潜水通过包气带向大气蒸发排泄

B. 潜水通过包气带接受大气降水、地表水、凝结水补给

C. 潜水是地表以下埋藏在饱水带中的一个有自由水面的重力水

D. 潜水全部范围内有隔水顶板

9. 有关渗流与实际水流的关系，以下说法不正确的是：

A. 通过任意过水断面的流量相等

B. 通过岩石所受的阻力相等

C. 在任意一点的水头压力相等

D. 任意点的流速相等

10. 某潜水含水层均质，各向同性，渗透系数为 10m/d，其中某过水断面A的面积为 $50m^2$，水位为 35m，与断面A相距 100m 的断面B的水位为 33m，则断面A的日过流量大约为：

A. $0.1m^3/d$

B. $1m^3/d$

C. $5m^3/d$

D. $10m^3/d$

11. 黄土高原的形成原因是：

A. 风力侵蚀

B. 风力沉积

C. 流水侵蚀

D. 不能确定

12. 某水源地面积$A = 10km^2$，潜水层平均给水度$\mu = 0.1$，其年侧向流入量为 $1.2 \times 10^6 m^3$，年侧向流出量为 $1.0 \times 10^6 m^3$，年垂直补给量为 $1.5 \times 10^6 m^3$，年内地下水位允许变幅为$\Delta h = 5m$，则计算本区域允许开采量为：

A. $6.7 \times 10^6 m^3$

B. $1.7 \times 10^6 m^3$

C. $8.5 \times 10^6 m^3$

D. $5.1 \times 10^6 m^3$

13. 无机盐在细胞内不具备的功能是：

A. 细胞的组成部分

B. 自养型细菌的能源

C. 酶的组成成分

D. 异养型细菌的能源

14. 无鞭毛、不能运动的球菌通常形成的菌落形态是：

A. 小、厚、边缘圆整

B. 大、平、不规则

C. 大、不透明、多褶

D. 小、薄、毛毯状

15. 硝化菌属于：

A. 光能自养型

B. 化能自养型

C. 化能异养型

D. 光能异养型

16. pH影响酶活力，主要表现为pH与等电点的关系是：

A. 处于等电点

B. 比等电点偏酸

C. 比等电点偏碱

D. 都有可能

17. 在含有自养铁细菌的水中会发现：

A. $FeCO_3$

B. $Fe(OH)_3$沉淀

C. 还原铁粉

D. $FeSO_4$

18. 污水处理效果较好时最常出现的指示生物是：

A. 草履虫

B. 绿眼虫

C. 钟虫

D. 鞭毛虫

19. 去除水体中的藻类时，用硫酸铜的缺点是：

A. 对鱼类有毒性

B. 使湖水变蓝

C. 增加水的气味

D. 费用太高

20. 检测水中病毒的最常采用方法为：

A. 最大可能数MPN法

B. 平板分离法

C. 显微镜检测

D. 蚀斑检测法

21. 有机物在厌氧条件下产生的气体含量最高的为：

A. CO_2

B. H_2

C. CO

D. CH_4

22. 含硫酸根废水的生物处理要求COD与SO_4^{2-}比值：

A. >1

B. <0.5

C. $=1$

D. 无所谓

23. 密闭容器内表面压强为p_0，将这个密闭容器铅直匀速下降，随着容器下降过程，密闭容器内液体深度为h处的压强是（液体密度为ρ）：

A. $p_0-\rho gh$

B. $p_0+\rho gh$

C. ρgh

D. p_0

24. 已知管长400m，直径400mm，流量$0.157m^3/s$，沿程阻力系数$\lambda=0.02$，求沿程水头损失：

A. 1.4m

B. 1.6m

C. 1.8m

D. 2m

25. 浮力羽流的特征是：

A. 出口流速较大，动量也较大　　B. 出口流速较小，动量较大

C. 出口流速较大，动量较小　　D. 出口流速较小，动量也较小

26. 影响有压管道内的经济流速的因素很多，当无准确的资料时，对于管径在 100 ~ 400mm 的管道，经济流速可初步采用下列数值：

A. 0.6 ~ 1.0m/s　　B. 1.0 ~ 1.5m/s

C. 1.5 ~ 2.0m/s　　D. 2 ~ 2.5m/s

27. 当建筑物层数为 4 层时，自由水头为：

A. 10m　　B. 16m

C. 20m　　D. 24m

28. 对于混凝土渠道，最大允许流速为：

A. 1.6m/s　　B. 2.0m/s

C. 3.0m/s　　D. 4.0m/s

29. 下列说法不正确的是：

A. 临界水深与断面形状有关

B. 临界水深与断面尺寸有关

C. 临界水深与断面和流量有关

D. 临界水深与渠底坡度有关

30. 消力池水力计算的基本问题是计算：

A. 池深、池长　　B. 池宽、池深

C. 池长、池宽　　D. 池长

31. 离心泵的基本方程式适用于一切：

A. 射流泵　　B. 叶片泵

C. 容积式泵　　D. 螺旋泵

32. 水泵的基本性能参数有：

A. 4 个　　B. 5 个

C. 6 个　　D. 7 个

33. 当水泵的比转速由小变大时，水泵的：

A. 扬程曲线由平坦变得陡峭，功率曲线由上升变为下降

B. 扬程曲线由陡峭变得平坦，功率曲线由上升变为下降

C. 扬程曲线由平坦变得陡峭，功率曲线由下降变为上升

D. 扬程曲线由陡峭变得平坦，功率曲线由下降变为上升

34. 在大量试验的基础上得知，比转速在 120 以下的水泵叶轮每切削 10%，则效率下降：

A. 2.0%　　B. 1.5%

C. 1.0%　　D. 0.5%

35. 离心泵最常见的调节是闸阀调节，也就是用水泵的出水闸阀的开启度来调节，关小闸阀时：

A. 管道特性曲线变陡　　B. 水泵特性曲线变陡

C. 相似抛物线变陡　　D. 效率曲线变陡

36. 采用变速方法调节工况点时：

A. 可以降速，也可以增速　　B. 可以降速，也可以适当增速

C. 不能降速，可以增速　　D. 可以降速，不能增速

37. 气蚀试验应在一个标准大气压下进行，温度为：

A. 0℃　　B. 15℃

C. 20℃　　D. 25℃

38. 当离心泵流量增加时，气蚀余量：

A. 增加　　B. 减小

C. 不变　　D. 没有规律

39. 离心泵的实际流量变大，允许吸上真空高度：

A. 变大　　B. 变小

C. 不变　　D. 没有规律

40. 为保证水泵机组基础的稳定性，基础的最小高度不小于：

A. 100 ~ 300mm　　B. 300 ~ 500mm

C. 500 ~ 700mm　　D. 700 ~ 900mm

41. 在 DN < 250mm 时，压水管设计流速一般采用：

A. 1.0 ~ 1.5m/s　　B. 1.5 ~ 2.0m/s

C. 2.0 ~ 2.5m/s　　D. 2.5 ~ 3.0m/s

42. 排水泵房内，当两台或两台以上水泵共用一条出水管道时，每台水泵的出水管上应设闸阀，并在闸阀和水泵之间设置：

A. 排气阀　　B. 止回阀

C. 检修阀　　D. 泄水阀

43. 采用过滤方式处理样品，阻留残渣能力最强的是：

A. 滤纸　　B. 离心

C. 滤膜　　D. 砂芯漏斗

44. 在研究报告中反映一组平行测定数据的精密度常用：

A. 相对偏差　　B. 相对平均偏差

C. 相对标准偏差　　D. 回收率

45. $H_2PO_4^-$的共轭碱是：

A. OH^-　　B. PO_4^{3-}

C. HPO_4^{2-}　　D. H_3PO_4

46. 采用 HCl 标准溶液滴定水样的碱度，加入酚酞指示剂，滴定到终点时消耗 HCl 为 15.00mL，接着加入甲基橙指示剂，溶液已呈现终点颜色，则水样中包含的碱度有：

A. CO_3^{2-}和 HCO_3^-　　C. CO_3^{2-}

B. HCO_3^-　　D. OH^-

47. 采用 EDTA 滴定法测定水中 Ca^{2+}、Mg^{2+}，欲消除水中共存离子 Al^{3+}的干扰，最简便的方法是：

A. 控制溶液 pH 值法　　B. 络合掩蔽法

C. 沉淀掩蔽法　　D. 氧化还原掩蔽法

48. 在 EDTA 络合滴定中，酸效应系数越小，则络合物的：

A. 稳定性越小　　B. 稳定性越大

C. 稳定性不受影响　　D. 稳定性不确定

49. 用莫尔法测定水中 Cl^-时，如果 pH = 3，则分析结果：

A. 偏高　　B. 偏低

C. 忽高忽低　　D. 无影响

50. 当采用重铬酸钾法测定水中 Fe^{2+}时，用试亚铁灵作指示剂，滴定终点时颜色变为：

A. 红色　　B. 浅蓝色

C. 橙黄色　　D. 紫红色

51. 对于 BOD > $7mgO_2/L$ 的水样需要稀释后再培养，根据培养前后溶解氧的变化和水样的稀释倍数，求出水样中的生物化学需氧量。工业废水稀释倍数的选择主要根据水样的：

A. 溶解氧　　B. 耗氧量

C. 化学需氧量　　D. 耗氧量或化学需氧量

52. 某一有色物质溶液用 1cm 比色皿测得透光率为T，若该溶液浓度增大一倍，其他条件不变，则透光率为：

A. $T/2$　　B. $2T$

C. T^2　　D. $\sqrt{T}$

53. 观测中钢尺的尺长不准是属于：

A. 偶然误差　　B. 系统误差

C. 错误　　D. 粗差

54. 在平面直角坐标系内，由坐标纵轴的北端起，顺时针方向转至某直线的夹角，称为该直线的：

A. 象限角　　B. 真方位角

C. 坐标方位角　　D. 磁方位角

55. 山脊和山谷的等高线分别为一组：

A. 凸向低处、凸向高处的曲线

B. 凸向高处、凸向低处的曲线

C. 垂直于山脊的平行线、垂直于山谷的平行线

D. 以山脊线对称、以山谷线对称的曲线

56. 在同一幅地形图上，等高线与坡度的关系是：

A. 等高距越大坡度越大　　B. 等高距越小坡度越大

C. 等高线越密集坡度越大　　D. 等高线越密集坡度越小

57. 在A点以B为已知方向，用极坐标法测设M点，已知$a_{AB} = 69°10'$，A点坐标$x_A = 10.00m$，$y_A = 20.00m$；M点坐标$x_M = 15.00m$，$y_M = 25.00m$，则测设角为：

A. 24°10′　　B. 45°00′

C. 11°50′　　D. 114°10′

58. 招标项目属于建设施工的，投标文件的内容不包括：

A. 拟派出的项目负责人与主要技术人员的简历

B. 拟派出的项目负责人与主要技术人员的业绩

C. 拟用于完成招标项目的机械设备

D. 拟使用备选方案的具体内容

59. 水体污染不包括：

A. 城市污染源

B. 工业污染源

C. 农业污染源

D. 生活污染源

60. 注册公用设备工程师应履行的义务不包括：

A. 保证执业工作的质量

B. 保守在执业中知悉的商业技术秘密

C. 不得准许他人以本人名义执业

D. 可以同时受理于两个单位执业

2025 | 全国勘察设计注册工程师
执业资格考试用书

Zhuce Gongyong Shebei Gongchengshi (Jishui Paishui) Zhiye Zige Kaoshi
Jichu Kaoshi Shijuan

注册公用设备工程师（给水排水）执业资格考试
基础考试试卷

（专业基础）

试题解析及参考答案

注册工程师考试复习用书编委会 / 编
徐洪斌　曹纬浚 / 主编

微信扫一扫
了解本书正版数字资源的获取和使用方法

人民交通出版社
北京

内 容 提 要

本书共4册，分别收录有2011～2024年（2015年停考，下同）公共基础考试试卷（即基础考试上午卷）、专业基础考试试卷（即基础考试下午卷）及其解析与参考答案。

本书配电子题库（有效期一年），考生可微信扫描封面（公共基础分册）红色二维码，登录“注考大师”微信公众号在线学习，部分考题有视频解析。

本书可供参加2025年注册公用设备工程师（给水排水）执业资格考试基础考试的考生检验复习效果、准备考试使用。

图书在版编目（CIP）数据

2025注册公用设备工程师（给水排水）执业资格考试基础考试试卷 / 徐洪斌，曹纬浚主编. — 北京：人民交通出版社股份有限公司，2025. 2. — ISBN 978-7-114-19955-4

Ⅰ. TU991-44

中国国家版本馆CIP数据核字第2024DP6245号

书　　名：2025注册公用设备工程师（给水排水）执业资格考试基础考试试卷
著 作 者：徐洪斌　曹纬浚
责任编辑：刘彩云
责任印制：张　凯
出版发行：人民交通出版社
地　　址：（100011）北京市朝阳区安定门外外馆斜街3号
网　　址：http://www.ccpcl.com.cn
销售电话：（010）85285857
总 经 销：人民交通出版社发行部
经　　销：各地新华书店
印　　刷：北京科印技术咨询服务有限公司数码印刷分部
开　　本：889×1194　1/16
印　　张：62.5
字　　数：1261千
版　　次：2025年2月　第1版
印　　次：2025年2月　第1次印刷
书　　号：ISBN 978-7-114-19955-4
定　　价：178.00元（含4册）

目　录

（试题解析及参考答案·专业基础）

2011 年度全国勘察设计注册公用设备工程师（给水排水）执业资格考试基础考试（下）试题解析及参考答案 1

2012 年度全国勘察设计注册公用设备工程师（给水排水）执业资格考试基础考试（下）试题解析及参考答案 12

2013 年度全国勘察设计注册公用设备工程师（给水排水）执业资格考试基础考试（下）试题解析及参考答案 22

2014 年度全国勘察设计注册公用设备工程师（给水排水）执业资格考试基础考试（下）试题解析及参考答案 31

2016 年度全国勘察设计注册公用设备工程师（给水排水）执业资格考试基础考试（下）试题解析及参考答案 42

2017 年度全国勘察设计注册公用设备工程师（给水排水）执业资格考试基础考试（下）试题解析及参考答案 54

2018 年度全国勘察设计注册公用设备工程师（给水排水）执业资格考试基础考试（下）试题解析及参考答案 63

2019 年度全国勘察设计注册公用设备工程师（给水排水）执业资格考试基础考试（下）试题解析及参考答案 71

2020 年度全国勘察设计注册公用设备工程师（给水排水）执业资格考试基础考试（下）试题解析及参考答案 79

2021 年度全国勘察设计注册公用设备工程师（给水排水）执业资格考试基础考试（下）试题解析及参考答案 89

2022 年度全国勘察设计注册公用设备工程师（给水排水）执业资格考试基础考试（下）试题解析及参考答案 102

2022 年度全国勘察设计注册公用设备工程师（给水排水）执业资格考试基础补考（下）试题解析及参考答案 113

2023 年度全国勘察设计注册公用设备工程师（给水排水）执业资格考试基础考试（下）试题解析及参考答案 124

2024 年度全国勘察设计注册公用设备工程师（给水排水）执业资格考试基础考试（下）试题解析及参考答案 136

2011年度全国勘察设计注册公用设备工程师（给水排水）执业资格考试基础考试（下）试题解析及参考答案

1. 解 本部分知识点来源于教程第12章第1节水文学概念。

由径流深度公式$R=\frac{W}{1000F}$，可得

$$R=\frac{W}{1000F}=\frac{5\times10^8\text{m}^3}{1000\times600\text{km}^2}=833\text{mm}$$

该题计算时，注意单位！流域面积单位为km^2。

答案：B

2. 解 本部分知识点来源于教程第12章第1节水文学概念。径流是一个地区（流域）的降水量与蒸发量的差值。对于任一“闭合”流域，其在给定时段内输入的水量与输出的水量之差，必等于区域内蓄水量的变化，这就是流域水量平衡。多年平均的大洋水量平衡方程为：蒸发量＝降水量＋径流量；多年平均的陆地水量平衡方程是：降水量＝径流量＋蒸发量。

答案：A

3. 解 本部分知识点来源于教程第12章第1节水文学概念。水文统计的任务是研究和分析水文随机现象的统计变化特性。

答案：C

4. 解 本部分知识点来源于教程第12章第2节洪、枯径流。由特大洪水的经验频率计算公式

$$p=\frac{m}{n+1}$$

$$n\approx\frac{m}{p}=\frac{1}{0.02}=50$$

表示大于等于这样的洪水平均50年可能出现一次。

答案：B

5. 解 本部分知识点来源于教程第12章第2节洪、枯径流。抽样误差是指由于抽样的随机性而带来的偶然的代表性误差，常通过增大样本容量来减小。

答案：D

6. 解 本部分知识点来源于教程第12章第2节洪、枯径流。水文资料的三性审查中的“三性”是指可靠性、一致性、代表性。

答案：B

7. 解 本部分知识点来源于教程第12章第3节降水资料收集。由暴雨强度公式

$$q=\frac{167A_1(1+C\lg T)}{(t+b)^n}$$

知q与T成正比，即重现期增大，暴雨强度增大。

答案： B

8. 解 本部分知识点来源于教程第 12 章第 5 节地下水运动。达西公式的适用范围：只有当雷诺数小于 1～10 时地下水运动才服从达西公式，大多情况下地下水的雷诺数一般不超过 1。

答案： B

9. 解 本部分知识点来源于教程第 12 章第 4 节地下水储存。选项 A，通过岩层中泉的出露多少及涌水量大小，可以确定岩石的含水性及含水层的富水程度和分布情况，正确。

选项 B，泉域系统上游所有靠大气降水形成的地表水、地下水渗漏补给地下岩溶地下水的地区和直接入渗补给泉水汇流系统的地区即为泉的补给区，泉向外界排泄的地区即为排泄区。可通过对泉的分布研究获得，正确。

选项 C，泉的出露高程为该点地下水水位，错误。

选项 D，泉是地下水的天然集中地表出露，泉水的化学成分和物理成分反映了该处地下水的水质特点，正确。

答案： C

10. 解 本部分知识点来源于教程第 12 章第 7 节地下水资源评价。利用可变储存量（调节储量）公式：

$$W_{调} = \mu_e F \Delta H = 0.3 \times 12 \times 10^6 \times 1 = 3.6 \times 10^6 \mathrm{m}^3$$

答案： D

11. 解 本部分知识点来源于教程第 12 章第 5 节地下水运动。雷诺数公式计算如下：

$$\mathrm{Re} = \frac{vd}{\nu} = \frac{10 \times 3 \times 10^{-3}}{0.1} = 0.3$$

答案： B

12. 解 本部分知识点来源于教程第 12 章第 5 节地下水运动。承压水是充满于两个隔水层之间的含水层中承受着水压力的重力水。其特征为：不具自由水面，承受一定的水头压力；分布区和补给区不一致；动态变化稳定，受气候、水文因素影响小；不易受地面污染，一旦污染不易自净；富水性好的承压水层是理想的供水水源。

答案： B

13. 解 本部分知识点来源于教程第 13 章第 1 节细菌的形态和结构。将单个或少量同种细菌细胞接种于固体培养基表面，在适当的培养条件下，该细胞会迅速生长繁殖，形成许多细胞聚集在一起且肉眼可见的细胞集合体，称为菌落。

答案： A

14. 解　本部分知识点来源于教程第 13 章第 1 节细菌的形态和结构。细菌常见的特殊结构包括荚膜、鞭毛、菌毛和芽孢等。

答案：B

15. 解　本部分知识点来源于教程第 13 章第 2 节细菌生理特征。酶分为单成分酶和双成分酶（又称全酶）。单成分酶完全由蛋白质组成，如多数水解酶、蛋白酶。而全酶不但具有蛋白质，还有非蛋白质部分，非蛋白质部分为辅助因子，起传递电子、化学基团等作用。酶的辅助因子可以是金属离子，也可以是小分子有机化合物。

答案：D

16. 解　本部分知识点来源于教程第 13 章第 2 节细菌生理特征。底物水平磷酸化、氧化磷酸化、光合磷酸化都是 ATP 的形成方式。底物水平磷酸化指底物脱氢（或脱水），可生成某些高能中间代谢物，再通过酶促磷酸基团转移反应直接偶联 ATP 的生成，但不与电子传递偶联，是发酵的唯一产能方式。氧化磷酸化是指 ADP 和 Pi 生成 ATP 与电子传递相偶联的过程，是需氧生物合成 ATP 的主要途径。光合磷酸化是由光照引起的电子传递与磷酸化作用相偶联而生成 ATP 的过程称光合磷酸化，发生于光能营养微生物的光合作用产能。

答案：A

17. 解　本部分知识点来源于教程第 13 章第 2 节细菌生理特征。对数期特点：细菌数呈指数增长，极少有细菌死亡；世代时间最短；生长速度最快。对数期是测定细菌世代时间的最佳时期。

答案：B

18. 解　本部分知识点来源于教程第 13 章第 2 节细菌生理特征。转化是活的受体细菌吸收供体细胞释放的 DNA 片段，受体细胞获得供体细胞的部分遗传性状，受体细胞必须处于感受态（细胞处于易接受外源 DNA 转化时的生理状态）才能被转化。

答案：C

19. 解　本部分知识点来源于教程第 13 章第 3 节其他微生物。原生动物在环境较差情况时，会形成孢囊以保卫其身体。

答案：C

20. 解　本部分知识点来源于教程第 13 章第 3 节其他微生物。氧化塘中藻类与细菌可以独立生存，在一起时又互利，所以是互生关系。藻类利用光能，并以水中二氧化碳进行光合作用，放出氧气。它既除去了对好氧菌有害的二氧化碳，又将产物氧供给好氧菌。好氧菌利用氧去除有机污染物，同时放出二氧化碳供给藻类。

答案：B

21. 解 本部分知识点来源于教程第13章第4节水的卫生细菌学。液氯消毒的优点是价格便宜、工艺成熟、杀菌效果好。但是也有缺点：易与某些物质生成有机氯化物，会致癌、致突变，危害人体健康。

答案： B

22. 解 本部分知识点来源于第13章第5节废水生物处理。除磷过程是先在厌氧条件下，聚磷菌分解聚磷酸盐，释放磷酸，产生ATP，并利用ATP将污水中的脂肪等有机物摄入细胞以PHB及糖原等形式存于细胞内。再进入好氧环境，PHB分解释放能量，用于过量地吸收环境中的磷，合成聚磷酸盐存于细胞，沉淀后随污泥排走。

答案： B

23. 解 本部分知识点来源于教程第14章第3节水流阻力和水头损失。运动黏度$\nu=\mu/\rho=1.90\times10^{-5}\mathrm{m}^2/\mathrm{s}$。

答案： B

24. 解 本部分知识点来源于教程第14章第1节水静力学。做此类题目，需要找一些关键点，即等压强点。如解图所示，A、B、C三点的压强相等，且等于2点的压强，1点压强小于A点，3点压强大于C点。所以，$p_1<p_2<p_3$。

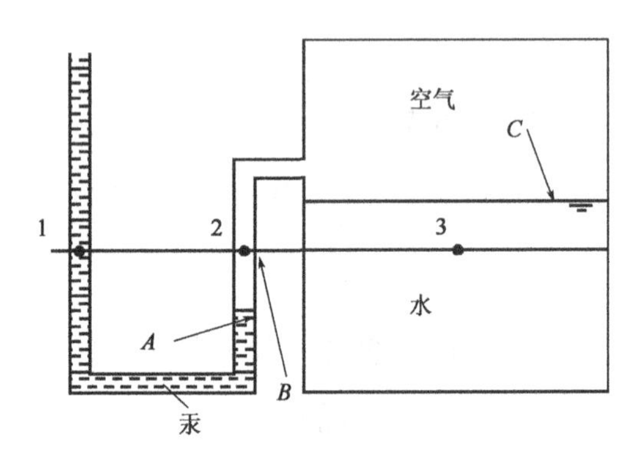

题24解图

答案： D

25. 解 本部分知识点来源于教程第14章第2节水动力学理论。总流的伯努利方程适用条件：恒定流，质量力只有重力，不可压缩流体，所取断面为渐变流（渐变流是指各流线接近于平行直线的流动。两断面之间可以是急变流），两断面无分流和汇流（即流量沿程不变）。故只有1-1和3-3断面符合要求。

答案： C

26. 解 本部分知识点来源于教程第14章第3节水流阻力和水头损失。下临界雷诺数不随以上各量变化。

答案：D

27. 解　本部分知识点来源于教程第 14 章第 4 节孔口、管嘴出流和有压管路。

$H = S_{01}LQ_1^2 = S_{02}LQ_2^2$，$S_{02} = 4S_{01}$，可知$Q_1 = 2Q_2$

替换管道后，$H = SL(Q_1 + Q_2)^2 = 9SLQ_2^2$，$H = 4S_{01}LQ_2^2$

可得$9S = 4S_{01}$，$S = 0.44S_{01}$

答案：C

28. 解　本部分知识点来源于教程第 14 章第 5 节明渠均匀流。根据明渠均匀流的基本公式$Q = \frac{1}{n}AR^{\frac{2}{3}}i^{\frac{1}{2}}$可知，流量一定，渠道断面的形状、尺寸和粗糙系数一定时，随底坡的减少，正常水深变大，临界水深不变。

答案：C

29. 解　本部分知识点来源于教程第 14 章第 6 节明渠非均匀流。明渠非均匀流是不等深、不等速流动，而均匀流沿程减少的位能等于沿程水头损失，只能发生在顺坡上。

答案：B

30. 解　本部分知识点来源于教程第 14 章第 7 节堰流。当下游水深增加，流速减小，会发生淹没出流。计算流量需再乘上淹没系数，宽顶堰的淹没系数$\leqslant 1$。

答案：A

31. 解　本部分知识点来源于教程第 15 章第 1 节叶片式水泵。每台泵的泵壳上钉有一块铭牌，铭牌上简明地列出了该泵在设计转速下运转效率为最高时的流量、扬程、轴功率及允许吸上真空高度或气蚀余量值。

答案：D

32. 解　本部分知识点来源于教程第 15 章第 1 节叶片式水泵。实际工程中离心泵的叶轮，大部分是后弯式叶片。后弯式叶片的流道比较平缓，弯度小，叶槽内水力损失较小，有利于提高泵的效率。

答案：B

33. 解　本部分知识点来源于教程第 15 章第 1 节叶片式水泵。如解图所示。

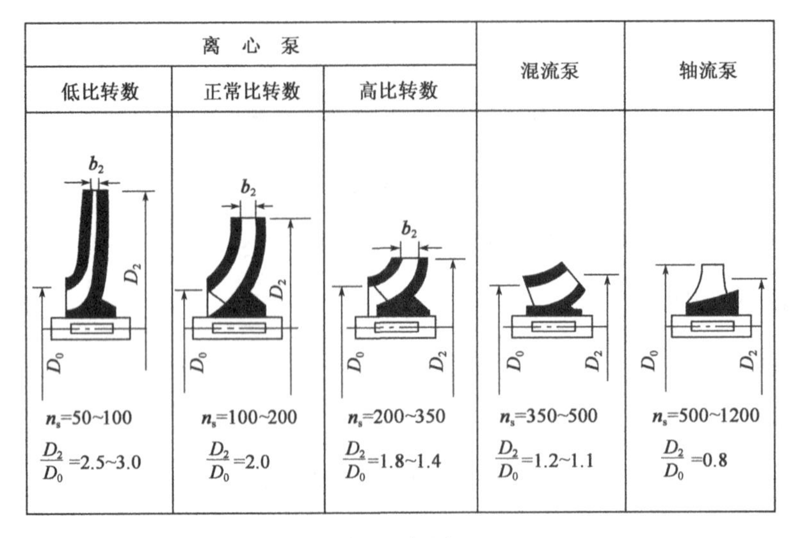

题 33 解图

答案：B

34. 解　本部分知识点来源于教程第 15 章第 1 节叶片式水泵。串联水泵的流量相等，故串联时应选择额定流量接近的泵。串联工作的各台泵的设计流量应是接近的，否则不能保证两台泵都在较高效率下运行，严重时，可使小泵过载或者反而不如大泵单独运行。

答案：A

35. 解　本部分知识点来源于教程第 15 章第 1 节叶片式水泵。

第一相似定律——确定两台在相似工况下运行泵的流量之间的关系：

$$\frac{Q}{Q_m}=\lambda^3\frac{n}{n_m}$$

相关知识点：叶轮相似定律有三个方面

（1）第一相似定律——确定两台在相似工况下运行泵的流量之间的关系。

$$\frac{Q}{Q_m}=\lambda^3\frac{n}{n_m}$$

（2）第二相似定律——确定两台在相似工况下运行泵的扬程之间的关系。

$$\frac{H}{H_m}=\lambda^2\frac{n^2}{n_m^2}$$

（3）第三相似定律——确定两台在相似工况下运行泵的轴功率之间的关系。

$$\frac{N}{N_m}=\lambda^5\frac{n^3}{n_m^3}$$

答案：C

36. 解　本部分知识点来源于教程第 15 章第 1 节叶片式水泵。根据作用原理，叶片泵可以分为离心泵、混流泵、轴流泵。对于不同类型泵，液体质点在叶轮中流动时所受的作用力不同、流出叶轮的方向不同，离心泵主要受离心力作用、沿径向流出叶轮，轴流泵主要受轴向升力作用、沿轴向流出叶轮，混流泵介于离心泵和轴流泵之间，既受离心力作用，又受轴向升力作用，流出叶轮的方向是斜向。

答案：C

37.解 本部分知识点来源于教程第15章第2节给水泵站。在给水工程中，常见的分类是按泵站在给水系统中的作用分：取水泵站、送水泵站、加压泵站及循环泵站。取水泵站又称一级泵站。

答案：A

38.解 本部分知识点来源于教程第15章第2节给水泵站。电力负荷一般分为三级。一级负荷是指突然停电将造成人身伤亡危险，或重大设备损坏且长期难以修复，因而给国民经济带来重大损失的电力负荷，大中城市的水厂及钢铁厂、炼油厂等重要工业企业的净水厂均应按一级电力负荷考虑；二级负荷是指突然停电产生大量废品，大量原材料报废或将发生主要设备损坏事故，但采用适当措施后能够避免的电力负荷，例如有一个以上水厂的多水源联网供水的系统或备用蓄电池的泵站，或有大容量高地水池的城市水厂；三级负荷是指所有不属一级及二级负荷的电力负荷。

答案：B

39.解 本部分知识点来源于教程第15章第2节给水泵站。水泵机组振动所产生的噪声是由于固体振动而产生的，属于固体噪声。

答案：B

40.解 本部分知识点来源于教程第15章第3节排水泵站。排水泵站按其在排水系统中的作用，可分为中途泵站（或叫区域泵站）和终点泵站（又叫总泵站）。

相关知识点：

排水泵站按其排水的性质，一般分为污水泵站、雨水泵站、合流泵站和污泥泵站。

按其在排水系统中的作用，可分为中途泵站（或叫区域泵站）和终点泵站（又叫总泵站）。

按泵启动前能否自流充水分为自灌式泵站和非自灌式泵站。

按泵房的平面形状，可以分为圆形泵站和矩形泵站。

按集水池与机器间的组合情况，可分为合建式泵站和分建式泵站。

按采用泵的特殊性又可分为潜水泵站和螺旋泵站。

按照控制的方式又可分为人工控制、自动控制和遥控三类。

答案：C

41.解 本部分知识点来源于教程第15章第3节排水泵站。排水泵站的设计流量一般均按最高日最高时污水流量决定。

答案：D

42.解 本部分知识点来源于教程第15章第3节排水泵站。螺旋泵的流量与螺旋叶片外径D、螺距

S、转速n、叶片的扬水断面率有关，见公式$Q=\frac{\pi}{4}(D^2-d^2)\alpha Sn$。

答案：C

43. 解　本部分知识点来源于教程第16章第1节水分析化学过程的质量保证。偶然误差又叫随机误差，由于某些偶然原因引起的误差，其大小、正负无法测量，也不能加以校正。做空白试验、对照试验均减少系统误差。增加测定次数可减少随机误差。

答案：A

44. 解　本部分知识点来源于教程第16章第1节水分析化学过程的质量保证。根据相对误差公式，$0.05\%=\frac{0.01\text{mL}}{\bar{x}}\times100\%$，得滴定时至少耗用滴定剂体积20mL。

答案：C

45. 解　本部分知识点来源于教程第16章第2节酸碱滴定法。根据公式$K_a\cdot K_b=[H^+][OH^-]=K_W=1.0\times10^{-14}(25℃)$，计算$K_a$比较。对于$S^{2-}$：$HS^-=H^-+S^{2-}$（二元弱酸$H_2S$的二级解离），其共轭酸为$HS^-$，计算$K_{a2}$比较，$K_{a1}\cdot K_{b2}=K_{a2}\cdot K_{b1}=K_W$。

答案：A

46. 解　本部分知识点来源于教程第16章第2节酸碱滴定法。滴定所用的NaOH的体积数相同，说明两种酸的H^+相同。HCl完全电离，草酸部分电离，所以两种酸浓度不同，电离度不同，选项A、B错误。NaOH滴定草酸、盐酸时，1mol草酸与2mol NaOH反应完全，1mol盐酸与1mol的NaOH反应完全，与同体积NaOH反应的草酸与盐酸的摩尔的量比为1∶2，所以盐酸浓度是草酸的2倍。

答案：D

47. 解　本部分知识点来源于教程第16章第3节络合滴定法。测定总硬度的方法为：在$pH=10$的条件下，以铬黑T为指示剂，用EDTA溶液络合滴定钙和镁离子。加入铬黑T后，与钙和镁生成紫红或紫色溶液。用EDTA滴定，游离的钙和镁离子首先与EDTA反应形成无色配合物，化学计量点时，跟指示剂络合的钙和镁离子与EDTA反应被夺取，指示剂游离出来，溶液颜色由紫变为天蓝色。此时的溶液中呈现蓝色的化合物是钙和镁与EDTA的络合物，用MY表示，M是金属阳离子，Y是EDTA的阴离子表示形式。

答案：C

48. 解　本部分知识点来源于教程第16章第4节沉淀滴定法。当pH值偏低，呈酸性时，平衡向右移动，[CrO_4^-]减少，Ag_2CrO_4沉淀滞后形成，导致终点拖后而引起滴定误差较大（正误差）。

答案：B

49. 解　本部分知识点来源于教程第16章第5节氧化还原滴定法。诱导反应与催化反应不同。催化反应中，催化剂参加反应后恢复到原来的状态。而在诱导反应中，诱导体参加反应后变成其他物质，受诱体也参加反应，以致增加了作用体的消耗量。用 $KMnO_4$ 法滴定 Fe^{2+}时，若有 Cl^-存在，由于 MnO_4^-和 Cl^-发生反应，将使 $KMnO_4$ 溶液消耗量增加，而使测定结果产生误差。此时，在溶液中加 $MnSO_4$，可防止 Cl^-对 MnO_4^-的还原作用，能获得准确的滴定结果。

答案：A

50. 解 本部分知识点来源于教程第 16 章第 5 节氧化还原滴定法。最理想的是取样后立即分析，测量 COD 时，加 H_2SO_4 至$pH < 2$。

答案：B

51. 解 本部分知识点来源于第 16 章第 6 节吸收光谱法。$A = \lg\frac{1}{T_0} = -\lg T_0 = kbc$，浓度增大一倍，溶液的吸光度与溶液浓度（$c$）成正比，所以吸光度同比增大。$A = -2\lg T_0$。

答案：D

52. 解 本部分知识点来源于教程第 16 章第 7 节电化学分析法。TISAB 是总离子强度调节缓冲溶液，是为了保持溶液的离子强度相对稳定，缓冲和掩蔽干扰离子，适用于某一特定离子活度的测定，故选项 A 错误；在测量水溶液的 pH 值时，当水样碱性过强时，pH 在 10 以上，会产生“钠差”，使 pH 读数偏低，因此需选用特制的“低钠差”玻璃电极或使用与水样的 pH 值接近的标准缓冲溶液校正系统，故选项 B 错误；玻璃电极在使用前，需在去离子水中浸泡 24h 以上，故选项 C 正确；溶液的 H^+浓度与测得的 pH 的准确度没有必然的联系，故选项 D 错误。

答案：C

53. 解 本部分知识点来源于教程第 17 章第 1 节测量误差基本知识。根据公式$m_x = \pm\frac{m}{\sqrt{n}}$，可得：
$m_x = \pm\frac{m}{\sqrt{n}} = \pm\frac{3''}{\sqrt{9}} = \pm 1''$

答案：C

54. 解 本部分知识点来源于教程第 17 章第 2 节控制测量。磁子午线方向是磁针在地球磁场的作用下，磁针自由静止时其轴线所指的方向，可用罗盘仪测定。

答案：C

55. 解 本部分知识点来源于教程第 17 章第 3 节地形图测绘。等高距：相邻等高线之间的高差称为等高距，也称为等高线间隔。

答案：A

56. 解 本部分知识点来源于教程第 17 章第 3 节地形图测绘。在同一幅图上，平距小表示坡度陡，平距大表示坡度缓，平距相等表示坡度相同。换句话说，坡度陡的地方等高线就密，坡度缓的地方等高线就稀。

答案：C

57. 解 本部分知识点来源于教程第17章第2节控制测量。地球平均半径6371.004km，地球赤道半径6378.140km，地球极地半径6356.755km。

答案：A

58. 解 本部分知识点来源于教程第18章第1节我国有关基本建设、建筑、城市规划、环保、房地产方面的法律规范。见《中华人民共和国建筑法》。

第二十七条 大型建筑工程或者结构复杂的建筑工程，可以由两个以上的承包单位联合共同承包。共同承包的各方对承包合同的履行承担连带责任。两个以上不同资质等级的单位实行联合共同承包的，应当按照资质等级低的单位的业务许可范围承揽工程。

第二十八条 禁止承包单位将其承包的全部建筑工程转包给他人，禁止承包单位将其承包的全部建筑工程肢解以后以分包的名义分别转包给他人。

第二十九条 建筑工程总承包单位可以将承包工程中的部分工程发包给具有相应资质条件的分包单位；但是，除总承包合同中约定的分包外，必须经建设单位认可。施工总承包的，建筑工程主体结构的施工必须由总承包单位自行完成。

答案：D

59. 解 本部分知识点来源于教程第18章第1节我国有关基本建设、建筑、城市规划、环保、房地产方面的法律规范。

（1）国家污染物排放标准和地方污染物排放标准可分为强制性和推荐执行标准，分别由国家和地方政府人大批准。

（2）地方污染物排放标准的设立是建立在国家污染物排放标准的基础之上的，其标准值要严格于国家排放标准。省、自治区、直辖市人民政府对国家环境质量标准中未作规定的项目，可以制定地方环境标准，并报国务院环境保护行政主管部门备案。

（3）在本区域内，有地方标准的执行地方标准，没有地方标准的执行国家标准。也就是说地方标准严于国家标准，并优先执行。

答案：D

60. 解 本部分知识点来源于教程第18章第1节我国有关基本建设、建筑、城市规划、环保、房地产方面的法律规范。见《中华人民共和国城乡规划法》。

第十七条 城市总体规划、镇总体规划的内容应当包括：城市、镇的发展布局，功能分区，用地布局，综合交通体系，禁止、限制和适宜建设的地域范围，各类专项规划等。

规划区范围、规划区内建设用地规模、基础设施和公共服务设施用地、水源地和水系、基本农田和绿化用地、环境保护、自然与历史文化遗产保护以及防灾减灾等内容，应当作为城市总体规划、镇总体规划的强制性内容。

答案： D

2012年度全国勘察设计注册公用设备工程师（给水排水）执业资格考试基础考试（下）试题解析及参考答案

1.解 本部分知识点来源于教程第12章第1节水文学概念。

由径流深度公式$R=\frac{W}{1000F}$，$W=QT$（其中$T=365\times24\times3600\text{s}$），径流模数公式$M=\frac{1000Q}{F}$，可得

$$M=\frac{10^6R}{T}=\frac{10^6\times82.31}{365\times24\times3600}=2.61\text{L}/(\text{s}\cdot\text{km}^2)$$

答案： A

2.解 本部分知识点来源于教程第12章第1节水文学概念。水分循环即水的三态互变，由水文四要素构成：蒸发、降水、入渗、径流。

大循环即海陆间循环。海洋蒸发的水汽，被气流带到大陆上空，凝结后以降水形式降落到地表。其中一部分渗入地下转化为地下水；一部分又被蒸发进入天空；余下的水分则沿地表流动形成江河而注入海洋。

小循环即海洋或大陆上的降水同蒸发之间的垂向交换过程。其中包括海洋小循环（海上内循环）和陆地小循环（内陆循环）两个局部水循环过程。

答案： B

3.解 本部分知识点来源于教程第12章第4节地下水储存。地下水循环是指地下水的补给、径流与排泄过程。地下水以大气降水、地表水、人工补给等各种形式获得补给，在含水层的岩土介质中流过一段路程，然后又以泉水、蒸发等形式排出地表，如此周而复始。

答案： A

4.解 本部分知识点来源于教程第12章第4节地下水储存。渗流是一种假想。水在岩石空隙间的运动非常复杂，研究起来非常困难且意义不大，人们就用一种假想水流来代替在岩石空隙运动的真实水流，这种假想水流具有下列性质：①通过任一断面流量与真实水流相等；②在某一断面的水头和压力与真实水流一样。这一假想水流就称渗流。渗流的基本定律是达西定律，公式为$v=kJ$（v-渗流速度，k-渗透系数，J-水力坡度）。该式表明渗流速度与水力坡度的一次方成正比。地下水的渗流速度大于实际平均流速。

答案： C

5.解 本部分知识点来源于教程第12章第3节降水资料收集。在水文分析计算中，经常会遇到某一变量的实测资料系列较短，而与其有关的另一变量的实测资料较长。在这种情况下，可用相关分析法，首先鉴定两变量间的关系密切程度，然后建立两变量的相关关系，便可利用系列长的变量值去延长或插补系列较短的变量的可能值。

答案：B

6. 解　本部分知识点来源于教程第12章第2节洪、枯径流。水文资料的三性审查中的“三性”是指可靠性、一致性、代表性。

答案：D

7. 解　本部分知识点来源于教程第12章第2节洪、枯径流。枯水流量常用小于等于设计流量的频率表示，$p = 1 - P = 10\%$，由枯水经验频率公式计算得

$$p = \frac{m}{n+1}，n \approx \frac{m}{p} = \frac{1}{0.1} = 10$$

即小于等于此流量的每隔10年可能发生一次。

答案：D

8. 解　本部分知识点来源于教程第12章第3节降水资料收集。由暴雨强度公式

$$q = \frac{167A_1(1 + C\lg T)}{(t+b)^n}$$

知q与T成正比，即重现期增大，暴雨强度增大。

答案：B

9. 解　本部分知识点来源于教程第12章第3节降水资料收集。偏态系数C_s用于衡量系列在均值的两侧分布对称程度的参数。$C_s > 0$是正偏分布，均值在众数之右。所以出现大于均值的机会比出现小于均值的机会少。

答案：B

10. 解　本部分知识点来源于教程第12章第7节地下水资源评价。利用可变储存量（调节储量）公式：

$$W_{调} = \mu_e F\Delta H = 0.3 \times 12 \times 10^6 \times 1 = 3.6 \times 10^6 \mathrm{m}^3$$

答案：D

11. 解　本部分知识点来源于教程第12章第6节地下水分布特征。裂隙水是指存在于岩石裂隙中的地下水。与孔隙水相比较，它分布不均匀，往往无统一的水力联系。岩性、地质构造控制了裂隙的性质和发育特点，从而也就控制了裂隙水的赋存规律。大多数情况下裂隙水的运动符合达西定律。只有在少数巨大的裂隙中水的运动不符合达西定律，甚至属紊流运动。

答案：D

12. 解　本部分知识点来源于教程第12章第5节地下水运动。根据揭露含水层的程度和进水条件，抽水井可分为以下两种。

（1）完整井：揭露整个含水层，井一直打到含水层底板隔水层时的潜水井或承压水井，称为完整井。

（2）非完整井：没有打到含水层底板隔水层的潜水井或承压水井。

根据揭露含水层的类型来划分，抽水井分为以下两种。

（3）潜水井：当井揭露潜水含水层，由含水层中吸取无压地下水的井称为潜水井或普通井。

（4）承压水井：当井揭露承压水含水层时，称为承压水井。

答案：D

13. 解　本部分知识点来源于教程第 13 章第 3 节其他微生物。噬菌体是病毒，病毒没有细胞结构，只有蛋白质外壳和内部遗传物质。

答案：B

14. 解　本部分知识点来源于教程第 13 章第 3 节其他微生物。细胞膜是鞭毛的生长点和附着点，细胞壁为鞭毛提供支点。

答案：B

15. 解　本部分知识点来源于教程第 13 章第 4 节水的卫生细菌学。大肠杆菌的最适宜温度为 37℃。

答案：C

16. 解　本部分知识点来源于教程第 13 章第 1 节细菌的形态和结构。属名 + 种名，属名字首大写，种名小写，用拉丁文，印刷时采用斜体字。

答案：A

17. 解　本部分知识点来源于教程第 13 章第 2 节细菌生理特征。在好氧条件下，葡萄糖彻底氧化分解，最终产物为二氧化碳和水。

答案：C

18. 解　本部分知识点来源于教程第 13 章第 4 节水的卫生细菌学。培养基通常应在高压蒸汽灭菌锅内，在气相 120℃条件下，灭菌 20min。

答案：B

19. 解　本部分知识点来源于教程第 13 章第 2 节细菌生理特征。光能自养型微生物：以光为能源，二氧化碳作为主要或唯一碳源，通过光合作用来合成细胞物质。

答案：A

20. 解　本部分知识点来源于教程第 13 章第 2 节细菌生理特征。酶的特性：高效、高度专一性、可调节性、反应条件温和、对环境敏感。抑制剂对酶的作用分为可逆和不可逆两类，前者又分为竞争性抑制和非竞争性抑制，竞争性抑制可通过增加底物浓度最终可解除抑制，恢复酶的活性。

答案：B

21. 解　本部分知识点来源于教程第 13 章第 5 节废水生物处理。有些细菌由于其遗传特性决定，

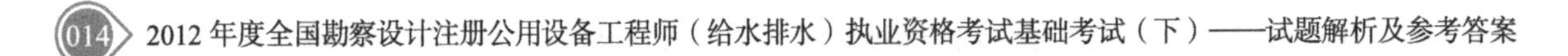

细菌之间按一定的排列方式互相黏结在一起，被一个公共荚膜包围形成一定形状的细菌基团，称为菌胶团。菌胶团是活性污泥的重要组成部分，有较强的吸附和氧化有机物的能力，在水生物处理中具有重要作用。

答案：A

22. 解　本部分知识点来源于教程第 13 章第 5 节废水生物处理。在河流水体自净过程中，形成一系列污化带：多污带、α-中污带、β-中污带、寡污带。

答案：A

23. 解　本部分知识点来源于教程第 14 章第 1 节水静力学。连续介质假说认为，质点在空间是连续而无间隙地分布的，所谓的质点是指微观充分大、宏观充分小的微团。

答案：D

24. 解　本部分知识点来源于教程第 14 章第 1 节水静力学。考查静水压强概念。$p_2 = p_1 + \gamma_1(z_1 - z_2)$，$p_3 = p_2 + \gamma_2(z_2 - z_3)$。

答案：A

25. 解　本部分知识点来源于教程第 14 章第 5 节明渠均匀流。从明渠均匀流公式$Q = AC\sqrt{Ri} = \frac{1}{n}AR^{\frac{2}{3}}i^{\frac{1}{2}}$可知，水深增大 1 倍，渠宽缩小到原来的一半，其他条件不变，面积不变，水力半径变小，流量减小。

答案：B

26. 解　本部分知识点来源于教程第 14 章第 2 节水动力学理论。实际流体，测压管水头线沿程可能下降、上升或不变，但总水头线只能下降。

答案：D

27. 解　本部分知识点来源于教程第 14 章第 5 节明渠均匀流。从明渠均匀流公式$Q = AC\sqrt{Ri} = \frac{1}{n}AR^{\frac{2}{3}}i^{\frac{1}{2}}$可知，当$A$、$Q$、$i$一定时，粗糙系数$n$比值为 2，

$$\frac{1}{n_1}AR_1^{\frac{2}{3}}i^{\frac{1}{2}} = \frac{1}{n_2}AR_2^{\frac{2}{3}}i^{\frac{1}{2}},\ \frac{R_1^{\frac{2}{3}}}{n_1} = \frac{R_2^{\frac{2}{3}}}{n_2},\ \frac{n_1}{n_2} = 2$$

则水力半径R比值为$2^{3/2} = 2.83$。

答案：C

28. 解　本部分知识点来源于教程第 14 章第 3 节水流阻力和水头损失。考查雷诺数概念。变直径圆管流，管径不同，流量相同，$\frac{d_1}{d_2} = \frac{1}{2}$，$\frac{A_1}{A_2} = \frac{1}{4}$，$Q = uA$，$\frac{u_1}{u_2} = \frac{4}{1}$，$\mathrm{Re} = \frac{du\rho}{\nu}$，$\frac{\mathrm{Re}_1}{\mathrm{Re}_2} = \frac{d_1u_1}{d_2u_2} = 2$。

答案：D

29. 解　本部分知识点来源于教程第 14 章第 7 节堰流。查《水力计算手册》可知。

答案： C

30. 解　本部分知识点来源于教程第 14 章第 4 节孔口、管嘴出流和有压管路。若1/4管长的阻抗为S，则原总阻抗为$4S$，$H=4SQ_0^2$，加上一段管后，1、2 点间的阻抗S'，$\frac{1}{\sqrt{S'}}=\frac{1}{\sqrt{2S}}+\frac{1}{\sqrt{2S}}=\frac{2}{\sqrt{2S}}$，$S'=\frac{1}{2}S$，$H=\frac{5}{2}SQ_1^2$，$\frac{Q_1}{Q_0}=\sqrt{\frac{8}{5}}=1.265$。

答案： C

31. 解　本部分知识点来源于教程第 15 章第 1 节叶片式水泵。离心泵叶轮的出水方向为径向。按出水方向不同，泵可分为三种：受离心作用的径向流的叶轮为离心泵，受轴向提升力作用的轴向流的叶轮为轴流泵，同时受两种力作用的斜向流的叶轮为混流泵。

答案： B

32. 解　本部分知识点来源于教程第 15 章第 1 节叶片式水泵。混流泵是叶片式泵中比转数较高的一种泵，特点是属于中、大流量，中、低扬程。就其工作原理来说，它是在叶轮旋转对液体产生轴向推力和离心力的双重作用下来工作的。

答案： C

33. 解　本部分知识点来源于教程第 15 章第 1 节叶片式水泵。离心泵的基本性能，通常用 6 个性能参数来表示：①流量Q；②扬程H；③轴功率N；④效率η；⑤转速n；⑥允许吸上真空高度H_s或汽蚀余量Δh。

答案： C

34. 解　本部分知识点来源于教程第 15 章第 1 节叶片式水泵。水泵在供水的总比能与管道要求的总比能平衡的工况点工作时，若管道上闸阀全开，则该工况点即为水泵装置的极限工况点。

答案： B

35. 解　本部分知识点来源于教程第 15 章第 1 节叶片式水泵。泵叶轮的相似定律是基于几何相似和运动相似的基础上的，凡是两台泵能满足几何相似和运动相似的条件，称为工况相似泵。

答案： D

36. 解　本部分知识点来源于教程第 15 章第 1 节叶片式水泵。低比转数：扬程高、流量小；高比转数：扬程低、流量大。

答案： C

37. 解　本部分知识点来源于教程第 15 章第 3 节排水泵站。按泵启动前能否自流充水分为自灌式泵站和非自灌式泵站。

答案： A

38. 解　本部分知识点来源于教程第 15 章第 2 节给水泵站。在给水泵站设计中，吸水管中的设计流速建议采用以下数值：管径小于 250mm 时，为1.0～1.2m/s；管径等于或大于 250mm 时，为1.2～1.6m/s。

答案：B

39. 解　本部分知识点来源于教程第 15 章第 2 节给水泵站。停泵水锤防护措施如下。

（1）防止水柱分离：①主要从管路布置上考虑；②如果由于地形条件所限，不能变更管路布置，可考虑在管路的适当地点设置调压塔。

（2）防止升压过高的措施：①设置水锤消除器；②设空气缸；③采用缓闭阀；④取消止回阀。

答案：B

40. 解　本部分知识点来源于教程第 15 章第 3 节排水泵站。分建式泵站的主要优点是，结构上处理比合建式简单，施工较方便，机器间没有污水渗透和被污水淹没的危险；它的最大缺点是要抽真空启动，为了满足排水泵站来水的不均匀，启动泵较频繁，给运行操作带来困难。

答案：D

41. 解　本部分知识点来源于教程第 15 章第 3 节排水泵站。在合流制或截流式合流污水系统设置的用以提升或排除服务区域内的污水和雨水的泵站为合流泵站。合流泵站的工艺设计、布置、构造等具有污水泵站和雨水泵站两者的特点。

答案：A

42. 解　本部分知识点来源于教程第 15 章第 1 节叶片式水泵。对于出水管路安装闸阀的水泵装置来说，把闸阀关小时，在管路中增加了局部阻力，则管路特性曲线变陡，其工况点就沿着水泵的Q-H曲线向左上方移动。闸阀关得越小，增加的阻力越大，流量就变得越小。这种通过关小闸阀来改变水泵工况点的方法，称为节流调节或变阀调节。

关小闸阀，管路局部水头损失增加，管路系统特性曲线向左上方移动，水泵工况点也向左上方移动。闸阀关得越小，局部水头损失越大，流量也就越小。由此可见节流调节不仅增加局部水头损失，而且减少了出水量，很不经济。但由于其简便易行，在小型水泵装置和水泵性能试验中应用较多。

答案：A

43. 解　本部分知识点来源于教程第 16 章第 3 节络合滴定法。血液、细胞里的 Ca^{2+}不能使用滴定法分析测量，无法判断滴定终点（依据颜色变化）。

答案：A

44. 解　本部分知识点来源于教程第 16 章第 3 节络合滴定法。加入 NaOH 溶液，Mg^{2+}以沉淀形式被掩蔽，此为沉淀掩蔽法。

答案： B

45. 解　本部分知识点来源于教程第 16 章第 5 节氧化还原滴定法。指示剂应在接近终点前加入，以防止淀粉吸附包藏溶液中的碘。

答案： A

46. 解　本部分知识点来源于教程第 16 章第 7 节电化学分析法。1mol 邻苯二甲酸氢钾可以电离出 1mol 的氢离子，1mol 邻苯二甲酸可以电离 2mol 氢离子。如果标定溶液混有邻苯二甲酸，那么用少量的标定溶液就可以到达终点，将使测量结果偏低。

答案： A

47. 解　本部分知识点来源于教程第 16 章第 3 节络合滴定法。总硬度测定：$[Ca^{2+}+Mg^{2+}]$的测定

在一定体积的水样中，加入一定量的 NH_3-NH_4Cl 缓冲溶液，调节$pH=10.0$（加入三乙醇胺，掩蔽 Fe^{3+}、Al^{3+}），加入铬黑 T 指示剂，溶液呈红色，用 EDTA 标准溶液滴定至由红色变为蓝色。

答案： A

48. 解　本部分知识点来源于教程第 16 章第 6 节吸收光谱法。光源：常用待测元素作为阴极的空心阴极灯。

答案： B

49. 解　本部分知识点来源于教程第 16 章第 1 节水分析化学过程的质量保证。pH 及对数值计算，有效数字按小数点后的位数保留。因此$pH=11.20$有两位有效数字。

答案： C

50. 解　本部分知识点来源于教程第 16 章第 2 节酸碱滴定法。指示剂的理论变色点：$pH=pK=-\lg 1.0\times10^{-5}=5$；指示剂的理论变色范围：$pH=pK\pm1$，即 4～6；指示剂的实际变色范围比理论变色范围略小。

答案： C

51. 解　本部分知识点来源于教程第 16 章第 5 节氧化还原滴定法。耗氧量为每升水中还原性物质在一定条件下被氧化剂氧化时消耗的氧化剂量，折算为氧的毫克数表示，即水样中可氧化物从氧化剂高锰酸钾所吸收的氧量。

答案： D

52. 解　本部分知识点来源于教程第 17 章第 2 节控制测量。闭合导线是特殊情况的附和导线，因此闭合导线与附和导线的平差计算方法相同，只有在计算角度闭合差和坐标增量闭合差时，计算公式有所不同。

答案： A

53. 解 本部分知识点来源于教程第 17 章第 3 节地形图测绘。考查地形的定义。地形是地物和地貌的总称。

答案： D

54. 解 本部分知识点来源于教程第 17 章第 3 节地形图测绘。在同一幅图上，平距小表示坡度陡，平距大表示坡度缓，平距相等表示坡度相同。换句话说，坡度陡的地方等高线就密，坡度缓的地方等高线就稀。

答案： D

55. 解 本部分知识点来源于教程第 17 章第 5 节建筑工程测量。全站仪的基本操作与使用方法：

（1）水平角测量：

①按角度测量键，使全站仪处于角度测量模式，照准第一个目标A。

②设置A方向的水平度盘读数为$0°00'00''$。

③照准第二个目标B，此时显示的水平度盘读数即为两方向间的水平夹角。

（2）距离测量：

①设置棱镜常数。

测距前须将棱镜常数输入仪器中，仪器会自动对所测距离进行改正。

②设置大气改正值或气温、气压值。

光在大气中的传播速度会随大气的温度和气压而变化，15℃和 760mmHg 是仪器设置的一个标准值，此时的大气改正值为 0ppm。实测时，可输入温度和气压值，全站仪会自动计算大气改正值（也可直接输入大气改正值），并对测距结果进行改正。

③量仪器高、棱镜高并输入全站仪。

④距离测量：照准目标棱镜中心，按测距键，距离测量开始，测距完成时显示斜距、平距、高差。

（3）坐标测量：

①设定测站点的三维坐标。

②设定后视点的坐标或设定后视方向的水平度盘读数为其方位角。当设定后视点的坐标时，全站仪会自动计算后视方向的方位角，并设定后视方向的水平度盘读数为其方位角。

③设置棱镜常数。

④设置大气改正值或气温、气压值。

⑤量仪器高、棱镜高并输入全站仪。

⑥照准目标棱镜，按坐标测量键，全站仪开始测距并计算显示测点的三维坐标。

答案：A

56. 解　本部分知识点来源于教程第 17 章第 1 节测量误差基本知识。三角形平均中误差$m_x=\pm\sqrt{3}m=\pm\sqrt{3}\times 9''=\pm 15.588''$。

答案：D

57. 解　本部分知识点来源于教程第 17 章第 3 节地形图测绘。等高线指的是地形图上高程相等的相邻各点所连成的闭合曲线。把地面上海拔高度相同的点连成的闭合曲线，垂直投影到一个水平面上，并按比例缩绘在图纸上，就得到等高线。用等高线来表示地势详细程度。坡度是地表单元陡缓的程度，通常把坡面的垂直高度h和水平距离l的比叫作坡度（或称为坡比）用字母i表示。分水线，是分水岭最高点的连线。山脊线指的是沿山脊走向布设的路线。山脊的最高棱线称为山脊线，山脊线等高线表现为一凸向低处的曲线。

答案：A

58. 解　本部分知识点来源于教程第 18 章第 1 节我国有关基本建设、建筑、城市规划、环保、房地产方面的法律规范。见《建设工程安全生产管理条例》。

第二十四条　建设工程实行施工总承包的，由总承包单位对施工现场的安全生产负总责。总承包单位应当自行完成建设工程主体结构的施工。

总承包单位依法将建设工程分包给其他单位的，分包合同中应当明确各自的安全生产方面的权利、义务。总承包单位和分包单位对分包工程的安全生产承担连带责任。

分包单位应当服从总承包单位的安全生产管理，分包单位不服从管理导致生产安全事故的，由分包单位承担主要责任。

答案：B

59. 解　本部分知识点来源于教程第 18 章第 1 节我国有关基本建设、建筑、城市规划、环保、房地产方面的法律规范。见《中华人民共和国城市房地产管理法》。

第三十七条　下列房地产，不得转让：

（1）以出让方式取得土地使用权的，不符合本法第三十八条规定的条件的。

（2）司法机关和行政机关依法裁定、决定查封或者以其他形式限制房地产权利的。

（3）依法收回土地使用权的。

（4）共有房地产，未经其他共有人书面同意的。

（5）权属有争议的。

（6）未依法登记领取权属证书的。

（7）法律、行政法规规定禁止转让的其他情形。

答案： C

60. 解 本部分知识点来源于教程第18章第1节我国有关基本建设、建筑、城市规划、环保、房地产方面的法律规范。见《中华人民共和国城乡规划法》。

第十七条第三款 城市总体规划、镇总体规划的规划期限一般为二十年。城市总体规划还应当对城市更长远的发展做出预测性安排。

答案： B

2013 年度全国勘察设计注册公用设备工程师（给水排水）执业资格考试基础考试（下）试题解析及参考答案

1. 解　本部分知识点来源于教程第 12 章第 1 节水文学概念。

本题考查径流量与流量的关系。

$$Q = W/T = 5 \times 10^8 \div 365 \div 24 \div 3600 = 15.85\text{m}^3/\text{s}$$

答案：A

2. 解　本部分知识点来源于教程第 12 章第 1 节水文学概念。由海洋蒸发的水汽降到大陆后又流回海洋的循环，称为大循环；海洋蒸发的水汽凝结后形成降水又直接降落在海洋上或者陆地上的降水在没有流回海洋之前，又蒸发到空中去的这些局部循环，称为小循环。

答案：A

3. 解　本部分知识点来源于教程第 12 章第 3 节降水资料收集。偏态系数用来反映系列在均值两边的对称特征，$C_s = 0$说明正离差和负离差相等，此系列为对称系列，为正态分布；$C_s > 0$说明小于均值的数出现的次数多；$C_s < 0$说明大于均值的数出现的次数多。

答案：B

4. 解　本部分知识点来源于教程第 12 章第 2 节洪、枯径流。枯水流量大于设计流量的概率为保证率P，保证率$P = 80\%$的设计枯水意思是小于等于这样的枯水平均 5 年（20%）可能发生一次。

答案：A

5. 解　本部分知识点来源于教程第 12 章第 3 节降水资料收集。X倚Y和Y倚X的相关系数相等；X倚Y和Y倚X的回归系数不相等，也不一定互为倒数。

答案：A

6. 解　本部分知识点来源于教程第 12 章第 3 节降水资料收集。$\frac{C(x,y)}{C(x,x)} = 2.0$，$\frac{C(y,x)}{C(y,y)} = 0.32$

$r = \frac{C(x,y)}{\sqrt{C(x,x) \times C(y,y)}}$，则$r^2 = \frac{C(x,y) \times C(x,y)}{C(x,x) \times C(y,y)} = 0.64$，得$r = 0.8$。

答案：B

7. 解　本部分知识点来源于教程第 12 章第 3 节降水资料收集。集流了全流域面积上全部径流的径流量最大。

答案：D

8. 解　本部分知识点来源于教程第 12 章第 7 节地下水资源评价。考查弹性存储量的计算。

$$W_{弹} = \mu_e FH = 0.1 \times 30 \times 10^6 \times 50 = 1.5 \times 10^8\text{m}^3$$

答案：B

9. 解 本部分知识点来源于教程第12章第4节地下水储存。地下水补给来源：大气降水入渗、地表水入渗、凝结水入渗、其他含水层或含水系统越流补给和人工补给。

答案：D

10. 解 本部分知识点来源于教程第12章第6节地下水分布特征。河谷冲积物孔隙度大，透水性强。

答案：C

11. 解 本部分知识点来源于教程第12章第5节地下水运动。考察承压井的裘布依公式：

$$Q=\frac{2.73Kh_0S_w}{\lg R-\lg r_w}$$

代入计算得，

$$K_1=\frac{Q(\lg R-\lg r_w)}{2.73h_0S_w}=\frac{4500\times(\lg 300-\lg 0.21)}{2.73\times 36.42\times 1}=142.79$$

$$K_2=\frac{Q(\lg R-\lg r_w)}{2.73h_0S_w}=\frac{7850\times(\lg 300-\lg 0.21)}{2.73\times 36.42\times 1.75}=142.34$$

$$K_3=\frac{Q(\lg R-\lg r_w)}{2.73h_0S_w}=\frac{11250\times(\lg 300-\lg 0.21)}{2.73\times 36.42\times 2.5}=142.79$$

答案：C

12. 解 本部分知识点来源于教程第12章第7节地下水资源评价。$Q=aPF=0.6\times 0.456\times 7.5\times 10^6=2.05\times 10^6\mathrm{m^3/a}$

其中，a为降水入渗系数，P为降雨量（m/a），F为含水层分布面积（$\mathrm{m^2}$）。

答案：A

13. 解 本部分知识点来源于教程第13章第1节细菌的形态和结构。根据物理状态可将培养基分为固体培养基、半固体培养基和液体培养基三种。固体培养基用于微生物的分离、鉴定、活菌计数等。半固体培养基主要用于微生物的运动、趋化性研究、厌氧菌的培养等。液体培养基常用于大规模的工业生产以及实验室微生物代谢等机理的研究。把单个或少量细菌接种到固体培养基中，其迅速生长繁殖，形成肉眼可见的细菌群落，称为菌落。

答案：C

14. 解 本部分知识点来源于教程第13章第2节细菌生理特征。光能异养型微生物：不能以二氧化碳作为主要或唯一碳源，而需以有机物作为供氢体，利用光能来合成细胞物质。

答案：B

15. 解 本部分知识点来源于教程第13章第2节细菌生理特征。酶促反应速率与反应底物浓度之间关系用米门公式来表示，是研究酶反应动力学的一个最基本公式。

答案：A

16. 解 本部分知识点来源于教程第 13 章第 2 节细菌生理特征。以下是两条典型呼吸链示意图，乙酰辅酶 A 不属于电子传递体系组成部分。

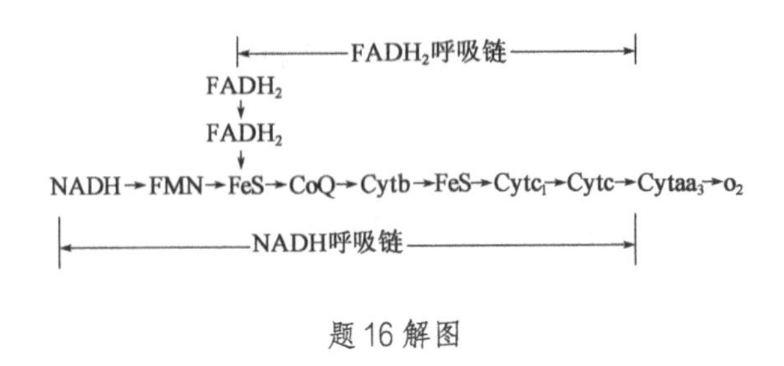

题 16 解图

答案： D

17. 解 本部分知识点来源于教程第 13 章第 2 节细菌生理特征。对数期特点：细菌数呈指数增长，极少有细菌死亡；世代时间最短；生长速度最快。

答案： B

18. 解 本部分知识点来源于教程第 13 章第 2 节细菌生理特征。转导是遗传物质通过病毒的携带而转移的基因重组，故选项 A 正确；突变是由于某些原因，引起生物体内的 DNA 链上碱基的改变，导致后代表现型可遗传的变化，故选项 B 错误；转化是活的受体细菌吸收供体细胞释放的 DNA 片段，受体细胞获得供体细胞的部分遗传性状。受体细胞必须处于感受态（细胞处于易接受外源 DNA 转化时的生理状态）才能被转化，故选项 C 错误；接合是遗传物质通过细胞与细胞的直接接触而进行的转移和重组。接合重组细菌必须直接接触，实际上是通过性菌毛进行的，接合后质粒（F、R 因子，降解质粒等）复制到受体细胞，故选项 D 错误。

答案： A

19. 解 本部分知识点来源于教程第 13 章第 3 节其他微生物。蓝藻又称蓝细菌，属于原核微生物。其他藻类大多为真核微生物。

答案： A

20. 解 本部分知识点来源于教程第 13 章第 3 节其他微生物。病毒的繁殖必须到宿主细胞内，利用宿主细胞提供的原料和场所进行繁殖，并非二分裂生殖。

答案： C

21. 解 本部分知识点来源于教程第 13 章第 4 节水的卫生细菌学。水中的 pH 值较小时，主要是 HClO，pH 值高时，主要是 ClO^-。起消毒作用的是 HClO 中性分子，所以酸性环境消毒效果好。

答案： A

22. 解 本部分知识点来源于教程第 13 章第 5 节废水生物处理。滤池的不同高度，微生物种类不同。滤床上层，污水中有机物浓度较高，种属较低级以细菌为主，生物膜量较多，有机物去除速率较高。

随着滤床深度增加，微生物从低级趋向高级，种类逐渐增多，生物膜量从多到少。故滤池内不同高度（不同层次）的生物膜所得到的营养（有机物的组分和浓度）不同，致使不同高度微生物种群和数量不同。

答案： B

23. 解 本部分知识点来源于教程第 14 章第 1 节水静力学。牛顿内摩擦定律表达式为$\tau=\mu \mathrm{d}u/\mathrm{d}y$，即剪应力与剪切变形速度梯度有关。

答案： B

24. 解 本部分知识点来源于教程第 14 章第 1 节水静力学。本题中两个容器活塞上施加的压力相同，活塞面积相同，因此水面处压强相同，容器高度相同，可知容器内底部压强也是相同的。底部面积不同，底部压力也不同。

答案： B

25. 解 本部分知识点来源于教程第 14 章第 1 节水静力学。通过文丘里管的流量保持不变，两断面的测压管水头差保持不变，h_m保持不变。

答案： C

26. 解 本部分知识点来源于教程第 14 章第 4 节孔口、管嘴出流和有压管路。圆管层流平均流速为管中心流速的1/2，则

$$Q=vA=v\frac{\pi d^2}{4}=0.4\times\frac{3.14\times0.02^2}{4}=1.26\times10^{-4}\mathrm{m^3/s}$$

答案： A

27. 解 本部分知识点来源于教程第 14 章第 4 节孔口、管嘴出流和有压管路。$Q=\mu A\sqrt{2gH}$，$H=\frac{p_2}{\rho g}-\left(0.5+\frac{p_1}{\rho g}\right)=0.5\mathrm{m}$，计算可得流量为$6.09\times10^{-4}\mathrm{m^3/s}$。

答案： C

28. 解 本部分知识点来源于教程第 14 章第 5 节明渠均匀流。水力最优断面：使过水能力不变的情况下，断面积最小，或者断面积一定的情况下，某种断面形状通过的流量最大。面积小流量大是水力最优断面条件。从明渠均匀流公式$Q=AC\sqrt{Ri}=\frac{1}{n}AR^{\frac{2}{3}}i^{\frac{1}{2}}$可知，当$A$、$n$、$i$一定时，要使流量最大，则水力半径最大，也就是湿周最小。

答案： A

29. 解 本部分知识点来源于教程第 14 章第 6 节明渠非均匀流。明渠非均匀流是不等深、不等速流动，而均匀流沿程减少的位能等于沿程水头损失，只能发生在顺坡上。

答案： B

30. 解 本部分知识点来源于教程第 14 章第 7 节堰流。三角形薄壁堰的计算公式为$Q=$

$\frac{4}{5}m_0\tan\frac{\theta}{2}\sqrt{2}H^{5/2}$

其中，m_0为计入流速水头的流量系数，H为自顶点算起的堰上水头，θ为三角形堰的夹角，常采用90°。（本题未给出作用水头的高度）

当$\theta = 90°$，$H = 0.05 \sim 0.25\text{m}$时，由实验得出$m_0 = 0.395$，$Q = 1.4H^{5/2}$。因此当作用水头增加6%后，流量将增加$\frac{1.4(1.06H)^{5/2}}{1.4H^{5/2}} - 1 = 15.68\% \approx 16\%$。

当$\theta = 90°$，$H = 0.25 \sim 0.55\text{m}$时，另有经验公式$Q = 1.343H^{2.47}$。因此，当作用水头增加6%后，流量将增加$\frac{1.343(1.06H)^{2.47}}{1.343H^{2.47}} - 1 = 15.48\% \approx 15\%$。

答案： C

31. 解　本部分知识点来源于教程第15章第1节叶片式水泵。实际工程中离心泵的叶轮，大部分是后弯式叶片。后弯式叶片的流道比较平缓，弯度小，叶槽内水力损失较小，有利于提高泵的效率。

答案： B

32. 解　本部分知识点来源于教程第15章第1节叶片式水泵。水泵性能曲线与管道系统特性曲线的交点，即为离心泵装置的工况点。

答案： C

33. 解　本部分知识点来源于教程第15章第1节叶片式水泵。SH型离心泵是双吸式，故流量采用$Q/2$。

答案： B

34. 解　本部分知识点来源于教程第15章第1节叶片式水泵。运动相似的条件是：两叶轮对应点上水流的同名速度方向一致，大小互成比例。也即在相应点上水流的速度三角形相似。

答案： D

35. 解　本部分知识点来源于教程第15章第1节叶片式水泵。

$$\frac{p_{\text{a}}}{\rho g} - \frac{p_{\text{k}}}{\rho g} = \left(H_{\text{ss}} + \frac{v_1^2}{2g} + \sum h_{\text{s}}\right) + \frac{C_0^2 - v_1^2}{2g} + \lambda\frac{W_0^2}{2g}$$

该式的含义：吸水池水面上的压头（$\frac{p_{\text{a}}}{\rho g}$）和泵壳内最低压头（$\frac{p_{\text{k}}}{\rho g}$）之差用来支付把液体提升$H_{\text{ss}}$高度，克服吸水管中水头损失（$\sum h_{\text{s}}$），产生流速水头（$\frac{v_1^2}{2g}$）、流速水头差（$\frac{C_0^2 - v_1^2}{2g}$）和供应叶片背面$K$点压力下降值（$\lambda\frac{W_0^2}{2g}$）。

答案： A

36. 解　本部分知识点来源于教程第15章第1节叶片式水泵。允许吸上真空高度H_{s}值越大，说明泵的吸水性能越好，或者说，抗气蚀性能越好。

答案：B

37. 解 本部分知识点来源于教程第 15 章第 2 节给水泵站。一般的给水排水工程或村镇水厂均属于三级负荷。三级负荷对供电无特殊要求。

答案：C

38. 解 本部分知识点来源于教程第 15 章第 2 节给水泵站。相邻两个机组及机组至墙壁间的净距：电动机容量不大于 55kW 时，不小于 1.0m；电动机容量大于 55kW 时，不小于 1.2m。

答案：A

39. 解 本部分知识点来源于教程第 15 章第 2 节给水泵站。空气动力性噪声是由于气体振动产生的，当气体中有了涡流或发生了压力突变时，引起气体的扰动，就产生空气动力性噪声。例如通风机、鼓风机、空气压缩机等产生的噪声。

答案：D

40. 解 本部分知识点来源于教程第 15 章第 3 节排水泵站。一般小型排水泵站（最高日污水量在 $5000m^3$ 以下），设 1～2 套机组；大型排水泵站（最高日污水量超过 $15000m^3$），设 3～4 套机组。

答案：A

41. 解 本部分知识点来源于教程第 15 章第 3 节排水泵站。水泵机组为自动控制时，每小时开动水泵不得超过 6 次。

答案：B

42. 解 本部分知识点来源于教程第 15 章第 3 节排水泵站。螺旋泵不需要设置集水井以及封闭管道，可直接安装在下水道内工作。

答案：A

43. 解 本部分知识点来源于教程第 16 章第 1 节水分析化学过程的质量保证。采样瓶一般可用玻璃瓶或者聚乙烯塑料瓶，瓶口必须能用盖或塞紧紧密封。当测定水样中油类或其他有机物时，使用玻璃瓶为宜，这是因为塑料会吸附有机物；当测定水中微量金属离子时，用塑料瓶为宜，这是因为玻璃会吸附金属离子；若测定二氧化硅时，应用塑料瓶而不能用玻璃瓶，因为玻璃瓶含有二氧化硅成分；水样为碱性水样时，不能使用玻璃瓶。

答案：D

44. 解 本部分知识点来源于教程第 16 章第 1 节水分析化学过程的质量保证。减少系统误差：①校准仪器；②做空白试验；③做对照试验；④对分析结果校正。对于选项 C，增加测定次数。同一水样，多做几次取平均值，可减少随机误差。测定次数越多，平均值越接近真值。一般，要求平行测定 2～4 次。

答案： C

45. 解 本部分知识点来源于教程第 16 章第 2 节酸碱滴定法。某酸失去一个质子而形成的碱，称为该酸的共轭碱；而后者获得一个质子后，就成为该碱的共轭酸。由得失一个质子而发生共轭关系的一对酸碱，称为共轭酸碱对。当酸碱反应达到平衡时，共轭酸碱必同时存在。以 HA 表示酸的化学式：HA（酸）$\longrightarrow$$A^-$（碱）+$H^+$。HA 是 A^-的共轭酸，A^-是 HA 的共轭碱，HA/A^-为共轭酸碱对。

答案： D

46. 解 本部分知识点来源于教程第 16 章第 2 节酸碱滴定法。强酸滴定混合碱，先以酚酞为指示剂，再加入甲基橙指示剂。ln1 为酚酞，由红变无色，ln2 为甲基橙，由黄变红。

答案： A

47. 解 本部分知识点来源于教程第 16 章第 3 节络合滴定法。由$\lg K'_{\mathrm{MY}} \geqslant 8$得：

$$\lg K_{\mathrm{MY}} - \lg \alpha_{\mathrm{Y(H)}} \geqslant 8$$

即

$$\lg \alpha_{\mathrm{Y(H)}} \leqslant \lg K_{\mathrm{MY}} - 8$$

$$\lg \alpha_{\mathrm{Y(H)}} = \lg K_{\mathrm{MY}} - 8 \rightarrow \text{最小 pH}$$

答案： A

48. 解 本部分知识点来源于教程第 16 章第 3 节络合滴定法。EDTA 滴定法适合监测水样中的金属离子，测量水样的硬度即检测水样中的 Ca^{2+}、Mg^{2+}。测定水中 Cl^-，则用以生成银盐沉淀的反应为基础的滴定方法，故 A 错误；采用酸性高锰酸钾滴定法测定耗氧量，故 C 错误；

答案： B

49. 解 本部分知识点来源于教程第 16 章第 5 节氧化还原滴定法。在碘量法中，先以 $Na_2S_2O_3$ 标准溶液滴定至浅黄色（大部分 I_2 已作用），再加入淀粉指示剂，然后继续滴定至蓝色刚好消失。

答案： B

50. 解 本部分知识点来源于教程第 16 章第 5 节氧化还原滴定法。草酸溶液与高锰酸钾溶液反应生成了 Mn^{2+}，Mn^{2+}作为该反应的催化剂，可加快化学反应速率。因此随着反应的进行，反应速度加快，滴定速度就需先慢后快。

答案： C

51. 解 本部分知识点来源于教程第 16 章第 6 节吸收光谱法。绿色溶液只能反射与其本身相同颜色的光，而其他颜色的光都被吸收。因此一束红光透过绿色溶液时，红光被吸收，显示绿色光。

答案： A

52. 解 本部分知识点来源于教程第 16 章第 7 节电化学分析法。采用的 TISAB 中含有 0.1mol/L

NaCl，0.75mol/L NaAc，0.25mol/L HAc，0.001mol/L柠檬酸钠。

答案：B

53. 解　本部分知识点来源于教程第 17 章第 1 节测量误差基本知识。偶然误差具有以下特性：

（1）在一定观测条件下的有限次观测中，偶然误差的绝对值不会超过一定的限值。

（2）绝对值较小的误差比绝对值较大的误差出现的概率大。

（3）绝对值相等的正、负误差具有大致相等的频率。

（4）当观测次数无限增大时，偶然误差的理论平均值趋近于零，即偶然误差具有抵偿性。

答案：A

54. 解　本部分知识点来源于教程第 17 章第 5 节建筑工程测量。极坐标法就是根据待求点坐标和测站坐标算出方位角和距离。

答案：A

55. 解　本部分知识点来源于教程第 17 章第 3 节地形图测绘。地形测绘中，当需要测定矩形建筑的 4 个墙角点时，如果已测定了对角线两个墙角点的坐标，然后再测量建筑的长或宽，即可利用公式计算其他两个墙角点的坐标值。

答案：B

56. 解　本部分知识点来源于教程第 17 章第 3 节地形图测绘。地形图上的每个点位需要的三个基本要素：方位、距离和高程，同时这三个基本要素还必须有起始方向、坐标原点和高程零点作依据。

答案：C

57. 解　本部分知识点来源于教程第 17 章第 2 节控制测量。距离测量：

（1）设置棱镜常数。

测距前需将棱镜常数输入仪器中，仪器会自动对所测距离进行改正。

（2）设置大气改正值或气温、气压值

光在大气中的传播速度会随大气的温度和气压而变化，15℃和 760mmHg 是仪器设置的一个标准值，此时的大气改正为 0ppm。实测时，可输入温度和气压值，全站仪会自动计算大气改正值（也可直接输入大气改正值），并对测距结果进行改正。

（3）量仪器高、棱镜高并输入全站仪。

（4）距离测量：照准目标棱镜中心，按测距键，距离测量开始，测距完成时显示斜距、平距、高差。

应注意，有些型号的全站仪在距离测量时不能设定仪器高和棱镜高，显示的高差值是全站仪横轴中心与棱镜中心的高差。

补充相关知识点：坐标测量。

（1）设定测站点的三维坐标。

（2）设定后视点的坐标或设定后视方向的水平度盘读数为其方位角。当设定后视点的坐标时，全站仪会自动计算后视方向的方位角，并设定后视方向的水平度盘读数为其方位角。

（3）设置棱镜常数。

（4）设置大气改正值或气温、气压值。

（5）量仪器高、棱镜高并输入全站仪。

（6）照准目标棱镜，按坐标测量键，全站仪开始测距并计算显示测点的三维坐标。

答案：C

58. 解　本部分知识点来源于教程第18章第1节我国有关基本建设、建筑、城市规划、环保、房地产方面的法律规范。

见《中华人民共和国建筑法》。

第六十七条　承包单位将承包的工程转包的，或者违反本法规定进行分包的，责令改正，没收违法所得，并处罚款，可以责令停业整顿，降低资质等级；情节严重的，吊销资质证书。承包单位有前款规定的违法行为的，对因转包工程或者违法分包的工程不符合规定的质量标准造成的损失，与接受转包或者分包的单位承担连带赔偿责任。

答案：A

59. 解　本部分知识点来源于教程第18章第1节我国有关基本建设、建筑、城市规划、环保、房地产方面的法律规范。见《中华人民共和国环境保护法》（2015年1月1日起施行）。

第十三条　建设污染环境的项目，必须遵守国家有关建设项目环境保护管理的规定。

建设项目的环境影响报告书，必须对建设项目产生的污染和对环境的影响做出评价，规定防治措施，经项目主管部门预审并依照规定的程序报环境环保行政主管部门批准。环境影响报告书经批准后，计划部门方可批准建设项目设计任务书。

答案：A

60. 解　本部分知识点来源于教程第18章第1节我国有关基本建设、建筑、城市规划、环保、房地产方面的法律规范。见《中华人民共和国城乡规划法》。

第二十六条　城乡规划报送审批前，组织编制机关应当依法将城乡规划草案予以公告，并采取论证会、听证会或者其他方式征求专家和公众的意见。公告的时间不得少于三十日。

组织编制机关应当充分考虑专家和公众的意见，并在报送审批的材料中附具意见采纳情况及理由。

答案：C

2014年度全国勘察设计注册公用设备工程师（给水排水）执业资格考试基础考试（下）试题解析及参考答案

1. 解 本部分知识点来源于教程第12章第1节水文学概念。已知：流域面积$F = 12600\text{km}^2$，平均流量$\overline{Q} = 80\text{m}^3/s$，$T = 365 \times 24 \times 3600s$，平均降水$\overline{P} = 650\text{mm}$。

代入径流深度计算公式：

$$\overline{R} = \frac{\overline{Q}T}{1000F} = \frac{80 \times 365 \times 24 \times 3600}{1000 \times 12600} = 200.229$$

则平均径流系数为：

$$\overline{\alpha} = \frac{\overline{R}}{\overline{P}} = \frac{200.229}{650} = 0.31$$

答案：B

2. 解 本部分知识点来源于教程第12章第1节水文学概念。对于任一“闭合”流域，其在给定时段内输入的水量与输出的水量之差，必等于区域内蓄水量的变化，这就是流域水量平衡。

多年平均的海洋水量平衡方程为：蒸发量 = 降水量 + 径流量

多年平均的陆地水量平衡方程为：降水量 = 径流量 + 蒸发量

答案：C

3. 解 本部分知识点来源于教程第12章第3节降水资料收集。该题已连续两年考到。偏态系数用来反映系列在均值两边的对称特性。$C_s = 0$说明正离差和负离差相等，此系列为对称系列，为正态分布；$C_s > 0$说明小于均值的数出现的次数多；$C_s < 0$说明大于均值的数出现的次数多。

答案：C

4. 解 本部分知识点来源于教程第12章第2节洪、枯径流。洪水“三要素”为洪峰流量、洪水过程线和洪水总量。

答案：A

5. 解 本部分知识点来源于教程第12章第2节洪、枯径流。资料的可靠性，是指在资料收集时，应对原始资料进行复核，对测验精度、整编成果做出评价，并对资料中精度不高、写错、伪造等部分进行修正，以保证分析成果的正确性。

所谓资料的一致性，就是要求所使用的资料系列必须是同一类型或在同一条件下产生的，不能把不同性质的水文资料混在一起统计。

对于水文频率计算而言，代表性是样本相对于总体来说的，即样本的统计特征值与总体的统计特征值相比，误差越小，代表性越高。但是水文现象的总体是无法通盘了解的，只能大致认为，一般资料系列越长，丰平枯水段齐全，其代表性越高。而增加资料系列长度的手段有插补延长、增加历时资料、坚持长期观测三种。

答案：C

6. 解　本部分知识点来源于教程第12章第3节降水资料收集。我国降雨量和径流量的C_v分布，大致是南方小、北方大，沿海小、内陆大，平原小、山区大。

答案：B

7. 解　本部分知识点来源于教程第12章第2节洪、枯径流。洪水重现期：

$$N = T_2 - T_1 + 1$$

这个公式是用来计算首项特大洪水重现期的。其中，T_2为实测连续系列最近的年份，又称为设计年份；T_1为调查或考证到的最远的年份。

答案：C

8. 解　本部分知识点来源于教程第12章第1节水文学概念。径流模数M是指单位流域面积上平均产生的流量，单位为$\mathrm{L/(s \cdot km^2)}$。

根据题目已知，出口流量为$4\mathrm{m^3/s}$，区域面积为$1000\mathrm{km^2}$，则：

$$M = \frac{\text{出口流量}}{\text{区域面积}} = \frac{4}{1000} = 0.004\mathrm{m^3/(s \cdot km^2)}$$

答案：D

9. 解　本部分知识点来源于教程第12章第4节地下水储存。地下水的排泄方式主要有：①溢流地表成泉；②向地表水泄流；③土面蒸发及植物蒸腾；④人工排泄。

答案：C

10. 解　本部分知识点来源于教程第12章第6节地下水分布特征。河谷冲积平原中的地下水，含水层颗粒较粗大，沿江河呈条带状规律分布，与地表水的水力联系密切，补给充分，水循环条件好，水质较好，开采技术条件好，一般可构成良好的地下水水源地。

答案：A

11. 解　本部分知识点来源于教程第12章第4节地下水储存。

已知：$l = 1000\mathrm{m}$，$\Delta h = 1\mathrm{m}$，$v_{\text{实}} = 0.025\mathrm{m/d}$，$n = 0.2$。则：

$$i = 1/1000\mathrm{m}，v_{\text{渗透}} = v_{\text{实}}n = 0.005\mathrm{m/d}$$

根据达西公式$v_{\text{渗透}} = ki$，可得$k = v_{\text{渗透}}/i = 5\mathrm{m/d}$

答案：A

12. 解　本部分知识点来源于教程第12章第7节地下水资源评价。允许开采量是指通过技术经济合理的取水构筑物，在整个开采期内出水量不会减少、动水位不超过设计要求、水质和水温变化在允许的范围内、不影响已建水源地正常开采、不发生危害性环境地质现象等前提下，单位时间内从该水文地质单元或取水地段开采含水层中可以取得的水量，可以用水均衡方程计算如下：

$$Q_{开}=Q_{补}+Q_{排}+\mu F\frac{\Delta h}{\Delta t}=1\times10^6+0.5\times10^6-0.8\times10^6+0.1\times20\times10^6\times\frac{6}{1}$$
$$=12.7\times10^6\text{m}^3$$

答案：B

13. 解　本部分知识点来源于教程第13章第2节细菌生理特征。根据微生物需要的主要营养元素，即能源和碳源的不同而划分的类型，包括光能自养型、化能自养型、光能异养型和化能异养型。其中，利用有机物作为生长所需的碳源和能源，来合成自身物质的，属于化能异养型。大部分细菌都是这种营养方式，如原生动物、后生动物、放线菌等。

答案：B

14. 解　本部分知识点来源于教程第13章第2节细菌生理特征。酶能够高效专一地催化反应，其活性中心起到至关重要的作用。酶的活性中心是指酶蛋白肽链中由少数几个氨基酸残基组成的，具有一定空间构象的与催化作用密切相关的区域。

答案：D

15. 解　本部分知识点来源于教程第13章第2节细菌生理特征。好氧呼吸是一种最普遍又最重要的生物氧化产能方式。基质脱氢后，脱下的氢经完整的呼吸链传递，最终被外源氧分子接受，产生水和能量。

答案：B

16. 解　本部分知识点来源于教程第13章第2节细菌生理特征。DNA是由四种脱氧核苷酸构成的，分别为腺嘌呤脱氧核苷酸（dAMP），胸腺嘧啶脱氧核苷酸（dTMP），胞嘧啶脱氧核苷酸（dCMP），鸟嘌呤脱氧核苷酸（dGMP）。RNA的碱基主要有4种，即A（腺嘌呤）、G（鸟嘌呤）、C（胞嘧啶）、U（尿嘧啶）。所以胸腺嘧啶不可能存在于RNA中。

答案：C

17. 解　本部分知识点来源于教程第13章第4节水的卫生细菌学。乙醇之所以可以消毒是因为其可以吸收细菌蛋白的水分，使其菌体蛋白脱水、凝固变性而达到消毒目的。高浓度（95%）酒精渗透入菌体蛋白迅速凝固形成坚固的菌膜，影响酒精渗透菌体，而降低了消毒效果，所以不能用于消毒。另外，醇类消毒剂中最常用的是乙醇和异丙醇，而不是碳原子越多越好。

答案：B

18. 解　本部分知识点来源于教程第13章第1节细菌的形态和结构。细菌按照其基本形态分为球菌、杆菌、螺旋菌（包括弧菌）和丝状菌四类。

丝状体是丝状菌分类的特征，有铁细菌（如浮游球衣菌、泉发菌属及纤发菌属），丝状硫细菌（如发硫菌属、贝日阿托氏菌属、透明颤菌属、亮发菌属等）多种丝状菌。

杆状细菌，即杆状或类似杆状的细菌，细胞形态较复杂，有短杆状、棒杆状、梭状、月亮状、分枝状，腐生或寄生，如大肠杆菌、枯草杆菌等。

芽孢杆菌，细菌的一科，能形成芽孢（内生孢子）的杆菌或球菌。

假单胞菌为直或稍弯的革兰氏阴性杆菌，是无核细菌，以极生鞭毛运动，不形成芽孢，化能有机营养，严格好氧，呼吸代谢，从不发酵。

答案：A

19. 解　本部分知识点来源于教程第 13 章第 2 节细菌生理特征。酵母菌营专性或兼性好氧生活，发酵型酵母在缺氧时通过将糖类转化成二氧化碳和乙醇来获取能量。在酿酒过程中，乙醇被保留下来；在蒸馒头过程中，二氧化碳将面团发起，而乙醇挥发掉。在有氧的环境中，酵母菌将葡萄糖转化成水和二氧化碳。

答案：A

20. 解　本部分知识点来源于教程第 13 章第 3 节其他微生物。轮虫的出现是水处理效果好的标志，以 50～1000个/mL为宜。水中轮虫数较多，表示水体中溶解氧越多，水质相对较好。

答案：B

21. 解　本部分知识点来源于教程第 13 章第 4 节水的卫生细菌学。培养基中含有溴甲酚紫，遇酸变黄。大肠杆菌在发酵的过程中会产酸产气，使培养基呈现酸性，从而使溶液的颜色由红变黄。

答案：A

22. 解　本部分知识点来源于教程第 13 章第 5 节废水生物处理。在活性污泥法的运行过程中，有时会出现污泥结构松散，沉降性能不好，甚至溢出池外的现象，称为污泥膨胀。正常情况下，絮体沉降性能好，丝状菌和絮体保持平衡，出水水质良好。如果丝状菌大量繁殖，则会出现污泥膨胀。

答案：C

23. 解　本部分知识点来源于教程第 13 章第 3 节水流阻力和水头损失。黏性可以用黏度μ来度量，温度升高时，液体的μ值减小，而气体的μ值反而增大。当温度由 15℃增至 50℃时，水的μ值约减小一半。

答案：B

24. 解　本部分知识点来源于教程第 14 章第 1 节水静力学。依据压差计的测定规律：

$$\left(z_{\mathrm{A}}+\frac{p_{\mathrm{A}}}{\gamma}\right)-\left(z_{\mathrm{B}}+\frac{p_{\mathrm{B}}}{\gamma}\right)=\left(\frac{\gamma_{\mathrm{B}}}{\gamma}-1\right)\Delta h_{\mathrm{m}}$$

$$\Delta h_{\mathrm{m}}=\frac{\left(z_{\mathrm{A}}+\frac{p_{\mathrm{A}}}{\gamma}\right)-\left(z_{\mathrm{B}}+\frac{p_{\mathrm{B}}}{\gamma}\right)}{\frac{\gamma_{\mathrm{B}}}{\gamma}-1}$$

另根据静压力基本公式，A、B两点之间有$p_{\mathrm{A}}=p_{\mathrm{B}}+\gamma(z_{\mathrm{B}}-z_{\mathrm{A}})$，则$\Delta h_{\mathrm{m}}=0$。

答案：C

25. 解　本部分知识点来源于教程第 14 章第 2 节水动力学理论。在理想不可压缩液体恒定元流中，各断面总水头相等，单位重量的总能量保持不变。因此，在理想液体中是不考虑水头损失这一项的。根据$z_{\mathrm{A}}+\frac{p_{\mathrm{A}}}{\gamma}+\frac{v_{\mathrm{A}}^2}{2g}=z_{\mathrm{B}}+\frac{p_{\mathrm{B}}}{\gamma}+\frac{v_{\mathrm{B}}^2}{2g}$，当理想液体流经管道放大断面时，流速$v_{\mathrm{B}}$降低，因此测压管水头线增大。

答案：A

26. 解　本部分知识点来源于教程第 14 章第 3 节水流阻力和水头损失。单位长度上的水头损失称为总水头线坡度，以J表示。已知管道长度$L=1000\mathrm{m}$，$d=200\mathrm{mm}=0.2\mathrm{m}$，$J=0.46$，$Q=90\mathrm{L/s}$，因此全程水头损失为：

$$h_{\mathrm{f}}=J\times L=0.46\times 1000=460=\lambda\times\frac{L}{d}\times\frac{v^2}{2g}=\lambda\times\frac{1000}{0.2}\times\frac{v^2}{2\times 9.8}$$

$$v=\frac{4Q}{\pi d^2}=\frac{4\times 90}{3.14\times 0.2^2}=2.867\mathrm{m/s}$$

代入上式，得：$\lambda=0.219$

答案：C

27. 解　本部分知识点来源于教程第 14 章第 4 节孔口、管嘴出流和有压管路。薄壁小孔口恒定自由出流的流量计算公式为：

$$Q=\mu A\sqrt{2gH_0}$$

其中，μ为孔口流量系数；A为孔口断面面积；H_0为作用水头，自由出流中为上游水面至孔口形心的深度。

薄壁小孔口恒定淹没出流的流量计算公式为：

$$Q=\mu A\sqrt{2gH}$$

其中，H为上下游的水面高度。

为了使 1 点与 2 点的流量相同，则其水头必须相同，因此下游水面应该设置在A面，1 点和 2 点此时均为淹没出流。

答案：A

28. 解　本部分知识点来源于教程第 14 章第 5 节明渠均匀流。根据无压圆管均匀流$\overline{Q}$、$\overline{v}$以及$\overline{\alpha}$的关系曲线图可知，无压圆管的最大流量和最大流速，均不发生于满管流时，因此选项 A、B 错误。

依据流量公式$Q=K\sqrt{J}$，其中J为明渠均匀流的水力坡度，K为常数，可知明渠均匀流流量与水力坡度成正比，选项 C 正确。

答案：C

29. 解　本部分知识点来源于教程第 14 章第 6 节明渠非均匀流。根据临界水深计算公式，当断面形状和尺寸一定时，临界水深h_k应只是流量的函数，即流量一定时，临界水深不变，与底坡无关。

答案：A

30. 解　本部分知识点来源于教程第 14 章第 7 节堰流。可将水流流过小桥的流动现象看成右侧宽顶堰流过程，当为淹没出流时，桥孔内水深大于临界水深，为缓流，此时桥孔内水深近似等于桥下游水深。当为自由出流时，桥下水深小于临界水深。

答案：A

31. 解　本部分知识点来源于教程第 15 章第 1 节叶片式水泵。离心泵启动时要求水泵腔体灌满水，出水管阀门要求关闭。启动后，当水泵压水管路上的压力表显示值为水泵零流量空转扬程时，表示泵已上压，可逐渐打开压水管上的阀门，此时，真空表读数逐渐增加，压力表数值逐渐下降。

答案：B

32. 解　本部分知识点来源于教程第 15 章第 1 节叶片式水泵。水泵效率是指水泵的有效功率与轴功率之比的百分数，它标志着水泵能量转换的有效程度，是水泵的重要技术经济指标，用η表示。水泵轴功率不可能全部传递给输出的液体，其中必有一部分能量损失。水泵内能量损失可分为三部分，即水力损失、容积损失和机械损失，可分别用水力效率、容积效率和机械效率来度量。

答案：D

33. 解　本部分知识点来源于教程第 15 章第 1 节叶片式水泵。比转数计算公式为：

$$n_s = \frac{3.65n\sqrt{Q}}{H^{\frac{3}{4}}}$$

式中，Q、H分别为水泵效率最高时的单吸流量和单级扬程。

当水泵为多级水泵时，H应为每级叶轮的扬程，即三级泵在计算比转数时采用的扬程为总扬程的1/3。

答案：A

34. 解　本部分知识点来源于教程第 15 章第 1 节叶片式水泵。两台水泵并联后，由并联的特性曲线可知，并联后的总流量大于单台泵的流量，但小于两台泵单独运行时的流量之和。

答案：D

35. 解　本部分知识点来源于教程第 15 章第 1 节叶片式水泵。气蚀对不同类型泵的影响是不同的。对于比转数较低的泵（如$n_s < 100$），因泵叶片流槽狭长，很容易被气泡所阻塞，出现气蚀后，Q-H、Q-η曲线迅速下落；对比转数较高的泵（如$n_s > 150$），因泵叶片流槽宽，不易被气泡阻塞，所以Q-H、Q-η

曲线先是逐渐下降，过了一段时间后才开始脱落。

答案： C

36. 解 本部分知识点来源于教程第 15 章第 1 节叶片式水泵。H_{ss}为吸水地形高度，又称为水泵安装高度。

答案： B

37. 解 本部分知识点来源于教程第 15 章第 1 节叶片式水泵。混流泵的性能介于离心泵和轴流泵之间，混流泵的作用为离心力和升力。

答案： C

38. 解 本部分知识点来源于教程第 15 章第 2 节给水泵站。水泵机组纵向排列时，管道之间的距离应大于 0.7m，以保证工作人员能较为方便地通过。

答案： B

39. 解 本部分知识点来源于教程第 15 章第 2 节给水泵站。消声器是安装在空气动力设备（如鼓风机、空压机）的气流通道上或进、排气系统中的降低噪声的装置。消声器能够阻挡声波的传播，允许气流通过，是控制噪声的有效工具。

答案： B

40. 解 本部分知识点来源于教程第 15 章第 3 节排水泵站。在管道系统中，往往需要把低处的污水向上提升，这就需设置泵站。设在管道系统中途的泵站称为中途泵站，设在管道系统终点的泵站称为终点泵站。

当重力流排水管道埋深过大，施工运行困难时，需要提升污水，使下流的管道埋深减小，就需要设立中途泵站。

终点泵站就是将整个城镇污水或工业企业的污水抽送到污水处理厂或将处理后的污水进行农田灌溉或直接排入水体。

答案： A

41. 解 本部分知识点来源于教程第 15 章第 3 节排水泵站。污水泵吸水管道的设计流速一般采用 1.0～1.5m/s，并不得低于 0.7m/s，以免管道内产生沉淀。当吸水管道很短时，设计流速可提高到 2.0～2.5m/s。

答案： B

42. 解 本部分知识点来源于教程第 15 章第 3 节排水泵站。雨水泵站的出流设施一般包括出流井、出流管、超越管（溢流管）、排水口四个部分。出流井中设有各泵出口的拍门，雨水经出流井、出流管和排水口排入天然水体。拍门可以防止水流倒灌进入泵站。

答案： B

43. 解 本部分知识点来源于教程第 16 章第 1 节水分析化学过程的质量保证。误差分为绝对误差和相对误差，绝对误差是测量值和真实值之差，相对误差是绝对误差在真值中所占的百分率，选项 A 正确。

绝对偏差指个别测定值与多次测定平均值之差，简称偏差，选项 B 正确。

相对标准偏差又叫标准偏差系数、变异系数、变动系数等，由标准偏差除以相应的平均值乘 100% 所得值，可在检验检测工作中分析结果的精密度，选项 D 正确。

总体均值又叫做总体的数学期望，或简称期望，是描述随机变量取值平均状况的数字特征，认为其接近真值，但不是真值，故选项 C 错误。

答案： C

44. 解 本部分知识点来源于教程第 16 章第 1 节水分析化学过程的质量保证。有效数字是在分析工作中实际测量到的数字，除最后一位是可疑的外，其余的数字都是确定的。它反映了数量的大小，也反映了测量的精密程度。

pH 及对数值计算，有效数字按小数点后的位数保留，故选项 A 正确。

在数学中，有效数字位数是指在一个数中，从第一位非零的数字开始，到最后一位数字为止，在数字中间和最后的零都算在内。

选项 B，0.001 的有效数字位数是 1 位，1.000 的有效数字位数是 4 位，0.010 的有效数字位数是 2 位。

选项 C，百分号只代表单位，不是有效数字，因此 0.75%的有效数字位数是 2 位，6.73%的有效数字位数是 3 位，53.56%的有效数字位数是 4 位。

选项 D，乘号后的幂次不是有效数字，只是单位值，故 1.00×10^3 的有效数字位数是 3 位，10.0×10^2 的有效数字位数是 3 位，0.10×10^4 的有效数字位数是 2 位。

答案： A

45. 解 本部分知识点来源于教程第 16 章第 2 节酸碱滴定法。酸（HB）给出一个质子（H^+）而形成碱（B^-），碱（B^-）接受一个质子（H^+）便成为酸（HB）；此时碱（B^-）称为酸（HB）的共轭碱，酸（HB）称为碱（B^-）的共轭酸。这种因质子得失而互相转变的一对酸碱称为共轭酸碱对。酸、碱既可是中性分子，也可是正、负离子，酸较其共轭碱多一个质子（H^+）。选项 A、B、D 的酸均比碱多一个 H^+，为共轭酸碱对；而选项 C 中 $H_2PO_4^-$ 比 PO_4^- 多两个 H^+，故不是共轭酸碱对。

答案： C

46. 解 本部分知识点来源于教程第 16 章第 2 节酸碱滴定法。酸碱滴定时一般只需要指示剂的变色范围全部或者部分落入滴定的突越范围内即可，不需要理论变色点与等当点完全符合。指示剂的变色范围与K_{HIn}的关系是：$pH = pK_{min} \pm 1$，而酸碱滴定反应的突越范围与K_a的关系却与指示剂的变色范围不同。

答案： D

47. 解 本部分知识点来源于教程第 16 章第 3 节络合滴定法。在络合滴定中，ΔpM表示终点观测的不确定性，至少取ΔpM为 0.2；用 TE%表示允许滴定的终点误差，当$TE\% = \pm 0.1$时，有以下规律：$\lg(c_{M,sp}K'_{MY}) \geqslant 6$，即$c_{M,sp}K'_{MY} \geqslant 10^6$，其中$c_{M,sp}$为计量点时金属离子的浓度，$K'_{MY}$是络合物的条件稳定常数。

答案： D

48. 解 本部分知识点来源于教程第 16 章第 4 节沉淀滴定法。莫尔法测 Cl^-，以 K_2CrO_4 为指示剂，用 $AgNO_3$ 标准溶液滴定，根据分步沉淀原理，首先生成 AgCl 白色沉淀，当达到计量点时，水中 Cl^-已被全部滴定完毕，稍过量的 Ag^+便与 CrO_4^{2-}生成砖红色 Ag_2CrO_2 沉淀，而指示滴定终点。根据 $AgNO_3$ 标准溶液的浓度和用量，便可求得水中 Cl^-的含量。

在中性或弱碱性溶液中，pH = 6.5 ~ 10.5。

$$2CrO_4^{\ -} + 2H^+ = Cr_2O_7^{\ 2-} + H_2O$$

当 pH 值偏低，呈酸性时，平衡向右移动，[CrO_4^{2-}] 减少，导致滴定终点拖后而引起滴定误差较大（正误差）。当 pH 值增大，呈碱性时，Ag^+将生成 Ag_2O 沉淀。

答案： C

49. 解 本部分知识点来源于教程第 16 章第 5 节氧化还原滴定法。间接碘量法利用 $Na_2S_2O_3$ 标准溶液间接滴定 KI 被氧化并定量析出的 I_2，求出氧化性物质含量的方法。

间接碘量法以淀粉作为指示剂，当蓝色消失时为滴定终点。

碘量法必须在中性或者弱酸性溶液中进行，在酸性、碱性溶液中，均会发生副反应。

I_2 的挥发和 I^-被空气中的 O_2 氧化成 I_2 是碘量法产生误差的主要原因。所以，溶液中含 4%KI，I_2 与 I^-生成 I_3^-，可减少 I_2 的挥发。

在酸性溶液中 I^-缓慢地被空气中的 O_2 氧化成 I_2，反应速度随 [H^+] 的增加而加快，且日光照射、微量 NO_2^-、Cu^{2+}等都能催化此氧化反应，所以滴定前不可以预热。

答案： C

50. 解 本部分知识点来源于教程第 16 章第 5 节氧化还原滴定法。化学需氧量指在一定条件下，一定体积水样中有机物（还原性物质）被 $K_2Cr_2O_7$ 氧化，所消耗 $K_2Cr_2O_7$ 的量，以mgO_2/L表示。COD 是水体中有机物污染的综合指标之一。

答案： C

51. 解　本部分知识点来源于教程第 16 章第 6 节吸收光谱法。摩尔吸光系数ε是吸收物质在一定波长和溶剂条件下的特征常数。当温度和波长等条件一定时，ε仅与吸收物质的本性有关，而与其浓度c和光程长度b无关；可作为定性鉴定的参数；同一吸收物质在不同波长下的ε值是不同的，ε越大，表明该物质对某波长的光的吸收能力越强，用光度法测定该物质的灵敏度就越高，ε代表测定方法的灵敏度。

答案： C

52. 解　本部分知识点来源于教程第 16 章第 7 节电化学分析法。由弱酸及其共轭碱或弱碱及其共轭酸［即弱酸和它的盐（如 HAc-NaAc）、弱碱和它的盐（如 $NH_3 \cdot H_2O$-NH_4Cl）、多元弱酸的酸式盐及其对应的次级盐（如 NaH_2PO_4-Na_2HPO_4）］所组成的溶液，能抵抗外加少量强酸、强碱而使本身溶液 pH 值基本保持不变，这种对酸和碱具有缓冲作用的溶液称为缓冲溶液。

答案： A

53. 解　本部分知识点来源于教程第 17 章第 1 节测量误差基本知识。在相同的观测条件下，对某量进行n次观测，如果误差出现的大小和符号均不一定，则称这种误差为偶然误差，又称为随机误差或不定误差。其产生的原因是分析过程中种种不稳定随机因素的影响，如室温、相对湿度和气压等环境条件的不稳定，分析人员操作的微小差异以及仪器的不稳定等。例如，用经纬仪测角时的照准误差，钢尺量距时的读数误差等，都属于偶然误差。

测量实践证明，偶然误差具有以下特性：

①在一定观测条件下，偶然误差的绝对值不会超过一定的限值；

②绝对值小的误差比绝对值大的误差出现的机会多；

③绝对值相等的正、负误差出现的机会相同：

④偶然误差的算术平均值，随着观测次数的无限增加而趋向于零。

答案： C

54. 解　本部分知识点来源于教程第 17 章第 1 节测量误差基本知识。不同等级导线的角度闭合差公式不同，但无论哪一级别的导线闭合差公式中，闭合差的大小都与折角的个数有关，且都与$\sqrt{n}$成正比，所以折角越多，容许闭合差越大。

答案： D

55. 解　本部分知识点来源于教程第 17 章第 1 节测量误差基本知识。由不在同一条直线上的三点确定一个圆可知，对于圆形储水池，应至少观测其圆周上的 3 个点位。

答案： C

56. 解　本部分知识点来源于教程第 17 章第 3 节地形图测绘。设地面两点的水平距离为D，高差是h，则高差与水平距离之比称为坡度，用i表示，代入数据得：

$$i=\frac{h}{dM}=\frac{6.4}{0.2134\times1000}=0.03=3\%$$

式中，d为两点间图上长度（m），M为地形图比例尺分母。

答案：A

57. 解　本部分知识点来源于教程第17章第5节建筑工程测量。

$$H_{\mathrm{i}}=H_{\mathrm{A}}+a=25.245+1.526=26.771\mathrm{m}$$

$$b=H_{\mathrm{i}}-H_{\mathrm{B}}=26.771-26.164=0.607\mathrm{m}$$

答案：D

58. 解　本部分知识点来源于教程第18章第1节我国有关基本建设、建筑、城市规划、环保、房地产方面的法律规范。依据《建设工程安全生产管理条例》，建设工程实行施工总承包的，由总承包单位对施工现场的安全生产负总责。总承包单位应当自行完成建设工程主体结构的施工。总承包单位依法将建设工程分包给其他单位的，分包合同中应当明确各自的安全生产方面的权利、义务。总承包单位和分包单位对分包工程的安全生产承担连带责任。分包单位应当服从总承包单位的安全生产管理，分包单位不服从管理导致生产安全事故的，由分包单位承担主要责任。

答案：D

59. 解　本部分知识点来源于教程第18章第1节我国有关基本建设、建筑、城市规划、环保、房地产方面的法律规范。依据《中华人民共和国环境保护法》（自2015年1月1日起施行）第六十条，企业事业单位和其他生产经营者超过污染物排放标准或者超过重点污染物排放总量控制指标排放污染物的，县级以上人民政府环境保护主管部门可以责令其采取限制生产、停产整治等措施；情节严重的，报经有批准权的人民政府批准，责令停业、关闭。

答案：C

60. 解　本部分知识点来源于教程第18章第1节我国有关基本建设、建筑、城市规划、环保、房地产方面的法律规范。《中华人民共和国城乡规划法》第一条规定，为了加强城乡规划管理，协调城乡空间布局，改善人居环境，促进城乡经济社会全面协调可持续发展，制定本法。第四条规定，制定和实施城乡规划，应当遵循城乡统筹、合理布局、节约土地、集约发展和先规划后建设的原则，改善生态环境，促进资源、能源节约和综合利用，保护耕地等自然资源和历史文化遗产，保持地方特色、民族特色和传统风貌，防止污染和其他公害，并符合区域人口发展、国防建设、防灾减灾和公共卫生、公共安全的需要。

答案：B

2016年度全国勘察设计注册公用设备工程师（给水排水）执业资格考试基础考试（下）试题解析及参考答案

1. 解 本部分知识点来源于教程第12章第2节洪、枯径流。大洪水出现的次数小，但其偏差系数大，导致频率密度曲线正偏。因此答案C正确，A、B、D错误。

答案： C

2. 解 本部分知识点来源于教程第12章第1节水文学概念。全球每年约有577000km^3的水参加水文循环。因此答案A正确，B、C、D错误。

答案： A

3. 解 本部分知识点来源于教程第12章第3节降水资料收集。变差系数C_v对频率曲线的影响：

（1）当$C_v=0$时，随机变量的取值都等于均值，频率曲线为$K=1$的一条水平线；

（2）C_v越大，随机变量相对于均值越离散，频率曲线越偏离水平线；

（3）随着C_v的增大，频率曲线的偏离程度也随之增大。

答案： A

4. 解 本部分知识点来源于教程第12章第2节洪、枯径流。防洪设计标准，是指当发生小于或等于该标准洪水时，应保证防护对象的安全或防洪设施的正常运行。

防洪校核标准，是指遇该标准相应的洪水时，需采取非常运用措施，在保障主要防护对象和主要建筑物安全的前提下，允许次要建筑物局部或不同程度的损坏，次要防护对象受到一定的损失。

一般来说，校核标准必然大于设计标准。故答案B正确，A、C、D错误。

答案： B

5. 解 本部分知识点来源于教程第12章第2节洪、枯径流。暴水降落地面后，因土壤入渗、洼地填蓄、植物截留及蒸发等因素，损失了一部分雨量，而未损失的部分即为净雨量。净雨量＝暴雨量－损失量，即地表径流因此答案C正确，A、B、D错误。

答案： C

6. 解 本部分知识点来源于教程第12章第3节降水资料收集。按等流时线原理，当净雨历时大于流域汇流时间时，洪峰流量是由全部流域面积上的部分净雨所形成。当净雨历时小于流域汇流时间时，洪峰流量是由部分流域面积上的全部净雨所形成。因此答案A正确，B、C、D错误。

答案： A

7. 解 本部分知识点来源于教程第12章第1节水文学概念。根据水文现象的统计规律，对水文观测资料统计分析，进行水文情势预测、预报的方法。水文统计的任务就是研究和分析水文随机现象的统

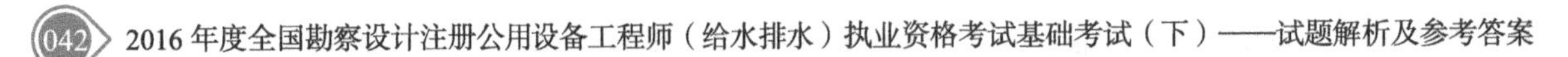

计变化特性，并以此为基础对水文现象未来可能的长期变化作出在概率意义下的定量预估，以满足工程规划、设计、施工以及运营期间的需要。因此答案C正确，A、B、D错误。

答案：C

8. 解 本部分知识点来源于教程第12章第1节水文学概念。岩溶地区地下径流流入补给量：$Q' = M \times F$

其中，地下水径流模数$M = \frac{\text{地下暗河总出口流量}}{\text{地下河系总补给面积}} \text{m}^3/(\text{s} \cdot \text{km}^2)$

将题中所给数据代入可得该地段地下径流量为$0.24\text{m}^3/\text{s}$。因此答案C正确，A、B、D错误。

答案：C

9. 解 本部分知识点来源于教程第12章第4节地下水储存。潜水自透水性较弱的岩层流入透水性强的岩层时，潜水面坡度由陡变缓，等水位线由密变疏；相反，潜水面坡度便由缓变陡，等水位线由疏变密。潜水含水层岩性均匀，当流量一定时，含水层薄的地方水面坡度变陡，含水层厚的地方水面坡度变缓，相应的等水位线便密集或稀疏。故答案B正确，A、C、D错误。

答案：B

10. 解 本部分知识点来源于教程第12章第6节地下水分布特征。沙漠中地下水的分布为山前倾斜平原边缘沙漠中的地下水、古河道中的地下水、沙漠腹地的沙丘潜水、沙丘下伏承压水。

山前倾斜平原边缘沙漠中的地下水特征：气候干旱，对地表水形成不利。冰雪融化补给地表水，没有冰雪时，雨季洪流渗入补给地下水；水位埋藏较深受蒸发影响不大，水量一般相对丰富，水质较好。

古河道中的地下水特征：古河道中岩性较粗，径流交替条件较好，常有较丰富的淡水；地下水埋藏较浅，水质好，为主要供水水源。

大沙漠腹地的沙丘潜水特征：补给主要依靠地下水径流或者凝结水；潜水埋藏随沙丘的大小和形状而异，高大沙丘下的潜水埋藏深，小沙丘下埋藏较浅；水质不好，大多是具有苦咸味的高矿化水。

沙丘下伏承压水特征：分布于新生界内陆盆地的古冲积平原和古河湖平原；水量丰富，水质基本满足供水要求。故答案B正确，A、C、D错误。

答案：B

11. 解 本部分知识点来源于教程第12章第5节地下水运动。根据地下水向井的非稳定流运动，由泰斯公式$S = \frac{Q}{4\pi T} W\left(\frac{r^2\mu}{4Tt}\right)$，可得：

$$\text{降深}S = \frac{1256}{4\pi \times 100} W\left(\frac{40^2 \times 6.94 \times 10^{-4}}{4 \times 100 \times \frac{100}{\frac{24}{60}}}\right) = W(0.03997)\text{m}$$

因此，答案B正确，A、C、D错误。

答案：B

12. 解　本部分知识点来源于教程第12章第7节地下水资源评价。由水量均衡法：

允许开采量＝含水层侧向流入量－含水层侧向流出量＋垂直方向上含水层的补给量＋地下水储存量的变化量

也即：

$$Q_K = (Q_t - Q_c) + W + \mu F \frac{\Delta h}{\Delta t}$$

$$12.7 \times 10^6 = (1 - 0.8) \times 10^6 + 0.5 \times 10^6 + 0.1 \times 20 \times 10^6 \times \frac{\Delta h}{1}$$

得$\Delta h = 6$

因此，答案D正确，A、B、C错误。

答案：D

13. 解　本部分知识点来源于教程第13章第1节细菌的形态和结构。细菌的形态大致上可分为球状、杆状和螺旋状三种，少数为丝状。

（1）球状：包括单球菌、双球菌、四联球菌、八叠球菌、葡萄球菌、链球菌等。

（2）杆状：包括短杆状、棒杆状、梭状、月亮状、分枝状等。

（3）螺旋状：可分为弧菌（螺旋不满一环）和螺菌（螺旋满2～6环，小的坚硬的螺旋状细菌）。

三角状不属于细菌的基本形态，故答案选D。

答案：D

14. 解　本部分知识点来源于教程第13章第1节细菌的形态和结构。细菌的命名依据“国际细菌命名法规”的规定，学名用拉丁文，遵循“双名法”，即每一种细菌的拉丁文名称由属名和种名两部分构成。因此，答案B正确，A、C、D错误。

答案：B

15. 解　本部分知识点来源于教程第13章第2节细菌生理特征。碳源的功能：提供细胞骨架和代谢中碳素的来源，生命活动能量的主要来源。因此，答案D正确，A、B、C错误。

答案：D

16. 解　本部分知识点来源于教程第13章第2节细菌生理特征。脱氢酶的辅酶有TPP、FMN、FAD、NAD和NADP。其中TPP（焦磷酸硫胺素）是α-酮酸氧化脱氢酶系的辅酶；FMN（黄素单核苷酸）和FAD（黄素腺嘌呤二核苷酸）是黄酶（黄素蛋白）的辅酶，作为呼吸链的组成成分，与糖、脂和氨基酸的代谢密切有关；NAD（烟酰胺腺嘌呤二核苷酸）和NADP（烟酰胺腺嘌呤二核苷酸磷酸）是脱氢酶的主要构成辅基，由VB_3即维生素PP（烟酸）转化来的。故能在脱氢酶中发现NAD，答案D正确，A、B、C错误。

答案：D

17. 解　本部分知识点来源于教程第 13 章第 2 节细菌生理特征。日光中有杀菌作用的紫外线，会使细胞的核酸发生变化而死亡。紫外线以波长 265～266nm 杀菌力最强。故 260nm 具有杀菌作用，答案 D 正确，A、B、C 错误。

答案：D

18. 解　本部分知识点来源于教程第 13 章第 2 节细菌生理特征。转化是指来自于供体菌游离的 DNA 片段直接进入并整合入受体菌基因组中，使受体菌获得部分新的遗传性状的过程。因此答案 A 正确，B、C、D 错误。

答案：A

19. 解　本部分知识点来源于教程第 13 章第 3 节其他微生物。所有藻类在功能上都能进行光合作用、释放氧气；藻类中的蓝藻门及原绿藻门为原核藻类，绿藻门、裸藻门、硅藻门等为真核藻类；红藻类的细胞壁分为内外两层，内层为纤维类物质，外层为藻胶质，隐藻、裸藻和大多数金藻则没有细胞壁；绿藻门中有单细胞绿藻，也有多细胞绿藻。因此答案 A 正确，B、C、D 错误。

答案：A

20. 解　本部分知识点来源于教程第 13 章第 3 节其他微生物。病毒的结构非常简单，没有细胞结构，由蛋白质的外壳和内部的遗传物质组成。因此答案 C 正确，A、B、D 错误。

答案：C

21. 解　本部分知识点来源于教程第 13 章第 4 节水的卫生细菌学。大肠杆菌是正常的肠道细菌。其他三个选项细菌都是可以通过水体传染的病原细菌。故大肠杆菌不属于水中常见病原微生物。因此答案 A 正确，B、C、D 错误。

答案：A

22. 解　本部分知识点来源于教程第 13 章第 5 节废水生物处理。反硝化是指细菌将硝酸盐中的氮通过一系列中间产物还原为氮气的生物化学过程。反硝化菌在无氧条件下，以将硝酸盐为电子受体完成呼吸作用以获得能量。这一过程是硝酸盐呼吸的两种途径之一，另一种途径是硝酸异化还原成铵盐（DNRA）。反硝化细菌大多属于异养细菌，在其生长过程中需要外加碳源。因此，答案 B 正确，A、C、D 错误。

答案：B

23. 解　本部分知识点来源于教程第 14 章第 1 节水静力学。液体静止时不能承受拉力和剪切力，但却能承受压力。因此，答案 B 正确，A、C、D 错误。

答案：B

24. 解　本部分知识点来源于教程第 14 章第 1 节水静力学。总压力：$P_Z = A \cdot p = 4\rho g \times 3 \times 3 = 353\text{kN}$

$$\begin{aligned}\text{支座反力：} R &= W_{\text{水}} + W_{\text{水箱}} = W_{\text{水箱}} + \rho g A \\ &= W_{\text{水箱}} + \rho g(1 \times 1 \times 1 + 3 \times 3 \times 3) \\ &= 274.6 + W_{\text{水箱}}\end{aligned}$$

答案：B

25. 解　本部分知识点来源于教程第 14 章第 2 节水动力学理论。已知流体的总水头公式：$z + \frac{p}{\gamma} + \frac{v^2}{2g}$，可分别列出$A$断面与$B$断面的总水头　A 点：$z_A + \frac{p_A}{\gamma} + \frac{v_A^2}{2g} = 9.2$，　B 点：$z_B + \frac{p_B}{\gamma} + \frac{v_B^2}{2g} = 10.9$

得：$z_A + \frac{p_A}{\gamma} + \frac{v_A^2}{2g} < z_B + \frac{p_B}{\gamma} + \frac{v_B^2}{2g}$，可知$A$断面的总水头小于$B$断面的总水头，即流体由$B$流向$A$。选 D。

答案：D

26. 解　由毕托管原理：

轴线流速$v_1 = \sqrt{\frac{2g\rho H_g - \rho}{\rho}} \cdot h = 2.35\text{m/s}$

轴线处的雷诺数$\text{Re} = \frac{v_1 d}{v} = 1959 < 2000$，流态为层流

断面平均流速$v_2 = \frac{v_1}{2} = 1.175\text{m/s}$

流量$Q = \frac{\pi}{4}d^2 v_2 = 5.19 \times 10^{-3}\text{m}^3/\text{s}$

答案：B

27. 解　本部分知识点来源于教程第 14 章第 4 节孔口、管嘴出流和有压管路。长管是指水头损失以沿程损失为主，局部损失和流速水头都可忽略不计的管道。

答案：D

28. 解　本部分知识点来源于教程第 14 章第 5 节明渠均匀流。由明渠均匀流公式$Q = AC\sqrt{Ri} = \frac{1}{n}AR^{\frac{2}{3}}i^{\frac{1}{2}}$知，当$A$、$n$、$i$一定时，水力半径最小，即湿周最小时流量最大。

矩形明渠的湿周计算公式为：$\chi = b + 2h$，其中b为渠底宽度，h为有效水深；

将题中所给数据代入可得：$\chi_1 = 7\text{m}$，$\chi_2 = 8\text{m}$，$\chi_3 = 7\text{m}$；$\chi_1 = \chi_3 < \chi_2$

所以$Q_1 = Q_3 > Q_2$。

答案：D

29. 解　本部分知识点来源于教程第 14 章第 6 节临界水深。根据渠道临界水深计算公式：

$$\frac{A^3}{B} = \frac{\alpha Q^2}{g} \quad ①$$

式中$\alpha \approx 1$，$\frac{(h_{cr}B)^3}{B} = \frac{Q^2}{g}$，$h_{cr} = \sqrt[3]{\frac{Q^2}{B^2 g}}$随流量增加临界水深是增加的。

根据谢才公式：

$$Q = AC\sqrt{Ri} = \frac{1}{n}\left(\frac{A}{\chi}\right)^{1/6} A\sqrt{\frac{A}{\chi}i} \qquad ②$$

②式与①式联立，消掉Q，临界底坡公式为：

$$i_{cr} = \frac{g}{B} \times \frac{\chi}{C^2} = \frac{gn^2}{B} \frac{2h_{cr} + B}{[h_{cr}B/(2h_{cr} + B)]^{1/3}}$$

宽浅渠道，认为$B \gg h_{cr}$，$2h_{cr} + B \approx B$，上式简化为$i_{cr} = \frac{g}{B} \times \frac{\chi}{C^2} = \frac{gn^2}{h_{cr}^{1/3}}$，临界底坡随流量增加而减小。故，选项 B 正确。

答案： B

30. 解 本部分知识点来源于教程第 14 章第 7 节宽顶堰。当堰下游水位升高到影响宽顶堰的溢流能力时，就成为淹没出流。试验表明：当$h_s > 0.8H_0$时，即可形成淹没出流。故选项 B 正确。

答案： B

31. 解 本部分知识点来源于教程第 15 章第 1 节离心泵效率。在泵站的工艺设计中，泵的扬程为$H = H_{ST} + \sum h$，即高位水池与吸水池测压管自由水面之间的高差值。其中，H_{ST}为水泵的静扬程（mH_2O）；$\sum h$为水泵装置管路中水头损失之总和（mH_2O）。故选项 B 正确。

答案： C

32. 解 本部分知识点来源于教程第 15 章第 1 节离心泵效率。通常情况下，离心泵内的容积损失η_v、水力损失η_h和机械损失η_m是构成水泵效率的主要因素，即水泵的总效率η为 3 个局部效率的乘积：

$$\eta = \eta_v \cdot \eta_h \cdot \eta_m$$

答案： A

33. 解 本部分知识点来源于教程第 15 章第 1 节比转数。双吸式泵，则公式中的Q值，应采用泵设计流量的一半，若是多级泵，H应采用每级叶轮的扬程（如为五级泵，则扬程用该泵总扬程的1/5代入。由于是双吸式水泵，流量应取$Q/2 = 110\text{L/s}$，代入公式得$n = 129$。

答案： C

34. 解 本部分知识点来源于教程第 15 章第 1 节相似定律的特例——比例律部分。把相似定律应用到不同转速运行的同一台叶片泵，流量、扬程、功率与转速之间的比例关系为：

$$Q_1/Q_2 = n_1/n_2$$

$$H_1/H_2 = (n_1/n_2)^2$$

$$N_1/N_2 = (n_1/n_2)^3$$

答案： B

35. 解 本部分知识点来源于教程第 15 章第 1 节吸水管中压力变化。

$$\frac{p_a}{\rho g}-\frac{p_k}{\rho g}=\left(H_{ss}+\frac{v_1^2}{2g}+\sum h_s\right)+\frac{C_0^2-v_1^2}{2g}+\lambda\frac{W_0^2}{2g}$$

该式左侧表示水泵吸水管中能量余裕值，右侧$\left(H_{ss}+\frac{v_1^2}{2g}+\sum h_s\right)$表示泵壳进口外部的压力下降值，$\frac{C_0^2-v_1^2}{2g}+\lambda\frac{W_0^2}{2g}$为泵壳进口内部的压力下降值，其中$H_{ss}$代表液体提升高度，$\sum h_s$为吸水管中的水头损失，流速水头及产生流速水头的差值分别为$\frac{v_1^2}{2g}$与$\frac{C_0^2-v_1^2}{2g}$，叶片背面足点压力下降值$\lambda\frac{W_0^2}{2g}$。故答案 D 正确。

答案： D

36. 解 本部分知识点来源于教程第 15 章第 1 节气蚀余量。$H_{SV}=h_a-h_{va}-\sum h_s\pm|H_{ss}|$中：

$h_a=p_a/\gamma$为吸水井表面的大气压力（mH_2O）；

$h_{va}=p_{va}/\gamma$为该水温下的汽化压力（mH_2O）；

$\sum h_s$为吸水管水头损失之和（mH_2O）；

H_{ss}为水泵吸水地形高度，即安装高度（m）。

水泵的安装高度H_{ss}是吸水井水面的测压管高度与泵轴的高差。当水面的测压管高度低于泵轴时，水泵为抽吸式工作情况，$|H_{ss}|$值前取“−”号；当水面的测压管高度高于泵轴时，水泵为自灌式工作情况，$|H_{ss}|$值前取“+”号。

因此，$H_{SV}=h_a-h_{va}-\sum h_s\pm|H_{ss}|=10-0.75-2.1+2=9.15\text{m}$ 故答案 D 正确。

答案： D

37. 解 本部分知识点来源于教程第 15 章第 2 节泵站供配电。根据对用电可靠性的要求，大中城市中自来水厂的泵站电力负荷等级应按一级负荷考虑。故 A 为正确选项。

答案： A

38. 解 本部分知识点来源于教程第 15 章第 2 节吸水管路和压水管路的布置。给水泵站设有三台或三台以上自灌充水水泵时，如采用合并吸水管，其数目不得小于两条。故 B 为正确选项。

答案： B

39. 解 本部分知识点来源于教程第 15 章第 2 节泵站噪声。机械噪声按声源的不同可分为三类。

（1）空气动力性噪声：由气体振动产生，如通风机、压缩机、发动机、喷气式飞机和火箭等产生的噪声。

（2）机械性噪声：由固体振动产生，如齿轮、轴承和壳体等振动产生的噪声。

（3）电磁性噪声：由电磁振动产生，如电动机、发电机和变压器等产生的噪声。

答案： C

40. 解 本部分知识点来源于教程第 15 章第 2 节水泵机组布置。给水泵房需根据供水对象对供水可靠性的要求选用一定数量的备用泵，以满足事故情况下的用水要求。在不允许减少供水量（如冶金工厂的高炉与平炉车间的供水）的情况下应有两套备用机组；允许短时间内减少供水量的情况下备用泵只保证供应事故用水量；允许短时间内中断供水时可只设一台备用泵。城市给水系统中的泵站一般也只设一台备用泵。通常备用泵的型号和泵站中间最大的工作泵相同，称为“以大备小”。当泵站内机组较多时，也可以增设一台备用泵，对增设备用泵而言，其型号允许和最常运行的工作泵相同。故答案 D 正确。

答案： D

41. 解 本部分知识点来源于教程第 15 章第 3 节污水泵站。污水泵房集水池的冲洗设施需考虑污水水质，焦油等的积聚还需要加热清除。故选项 B 正确。

答案： B

42. 解 本部分知识点来源于教程第 15 章第 1 节调速运行。沿外径切削离心泵或混流泵的叶轮，从而调整了水泵的工作点，改变了水泵的性能曲线，称为切削调节。水泵叶轮外径切削以后，其流量、扬程、功率都要发生变化，这些变化规律与外径的关系，称为切削相似定律。为保证叶轮切削后水泵仍处于高效范围，应将叶轮的切削量控制在一定的范围内，则切削后水泵的效率可视为不变，即仅显示于流量、扬程、功率与叶轮直径的关系。故答案 D 为正确选项。

答案： D

43. 解 本部分知识点来源于教程第 16 章第 1 节水样的保存和预处理。微量的铜、铅、锌、镉、锰、铁、钴、镍、铬（三价铬和六价铬）、钒、钨、锶、钡、铍、银、铷、铬、汞、硒等元素，它们在水体中以各种复杂的形态存在。当水样保存在容器中时，由于容器器壁的吸附等因素，而引起这些离子的损失，是严重的。为此，需要检测这些离子时，应用聚乙烯塑料瓶或硬质玻璃瓶采集水样 1~2L，立即加入 1：1 硝酸 5~10mL（若需测定镭、铀、钍时，可增取水样 1L 和补加 5mL 的 1：1 硝酸），若水样混浊，应先过滤后，再酸化，以石蜡密封瓶口，速送实验室分析，最多不得超过 10 天，实验室收到样品后，必须在 10 天内分析完毕。故答案 A 为正确选项。

答案： A

44. 解 本部分知识点来源于教程第 16 章第 1 节数据处理。绝对误差是测定值与真实值之差；偏差是测定值与平均值之差；标准偏差反映数值相对于平均值的离散程度，选项 C 表达有误；相对标准偏差又称为变异系数，常用相对标准偏差表示分析结果的精密度，即多次重复测定结果之间的离散程度。

答案： C

45. 解 本部分知识点来源于教程第 16 章第 2 节酸碱平衡。①③④均为一元弱酸的一级电离，②为二元弱酸的二级电离。根据公式$K_a g K_b = [H^+][OH^-] = K_W = 1.0 \times 10^{-14}(25°C)$，计算$K_b$进行比较。对于$S_2^-$：$HS^- = H^- + S^{2-}$（二元弱酸$H_2S$的二级电离），其共轭酸为$HS^-$，计算$K_{b_2}$比较，$K_{a_2} g K_{b_2} =$

$K_{a_2} g K_{b_1} = K_W$。各种水溶液中 OH^- 离子浓度的大小，也即比较 H^+ 浓度的大小。

①：$C_{CN^-}(H^+) = \sqrt{K_{HCN}} = \sqrt{6.2 \times 10^{-10}} = 2.49 \times 10^{-5} mol/L$

②：$C_{S^-}(H^+) = \sqrt[3]{K_{KS^-} \times \sqrt{K_{H_2S}}} = \sqrt[3]{7.1 \times 10^{-15} \times \sqrt{1.3 \times 10^{-7}}}$
$= 2.9 \times 10^{-6} mol/L$

③：$C_{F^-}(H^+) = \sqrt{K_{HF}} = \sqrt{3.5 \times 10^{-4}} = 1.87 \times 10^{-2} mol/L$

④：$C_{AC^-}(H^+) = \sqrt{K_{HAC}} = \sqrt{1.8 \times 10^{-5}} = 4.42 \times 10^{-2} mol/L$

综上，$C(H^+)$越大，碱性越弱。$C_{S^-}(H^+)$最小，碱性最强，故本题选 B。

答案：B

46. 解 本部分知识点来源于教程第 16 章第 2 节酸碱滴定。在化学计量点前后$\pm 0.1\%$（滴定分析允许误差）范围内，溶液参数将发生急剧变化，这种参数（如酸碱滴定中的 pH）的突然改变就是滴定突跃，突跃所在的范围称为突跃范围。突跃的大小受滴定剂浓度（c）和酸（或碱）的解离常数影响。c越大，突跃越大；解离常数越大，突跃越大。故选项 A 浓度最大，可供选择的指示剂最多。

答案：A

47. 解 本部分知识点来源于教程第 16 章第 3 节络合滴定。络合物的稳定性是以络合物的稳定常数来表示的，不同的络合物有其一定的稳定常数。络合物的稳定常数是络合滴定中分析问题的主要依据，从络合物的稳定常数大小可以判断络合反应完成的程度和它是否可以用于滴定分析。一般来说，络合物的稳定常数$\lg K_a > 8$的情况下才可用于络合滴定。选项 D 为正确选项。

答案：D

48. 解 本部分知识点来源于教程第 16 章第 5 节碘量法滴定。Mohr 法不能用于碘化物中碘的测定，主要因为 AgI 的吸附能力太强。

答案：C

49. 解 本部分知识点来源于教程第 16 章第 5 节碘量法滴定。碘量法分为直接碘量法及间接碘量法。直接碘量法即待测液和碘反应，当碘稍过量时，淀粉和碘反应显蓝色，这就是反应终点。间接碘量法即加入定量的碘化钾、溴试剂等，生成碘单质，加淀粉显蓝色，然后加入硫代硫酸钠与碘反应，滴定终点为蓝色消失。该题不能确定是直接碘量法还是间接碘量法，但间接碘量法中要避免 I_2 挥发，碘量法一般加入盐酸来保持酸度，C、D 项错误；A 项是直接碘量法的基本步骤，B 项则是间接碘量法的基本步骤。

答案：无

50. 解 本部分知识点来源于教程第 16 章第 5 节高锰酸盐指数。用 $Na_2C_2O_4$ 标定 $KMnO_4$ 时，酸度控制在 0.5～1mol/L。酸度过低，$KMnO_4$ 易分解为 MnO_2；酸度过高，$Na_2C_2O_4$ 易分解。加 H_2SO_4 调节

酸生成 Mn^{2+}，反应快，无色，颜色变化明显，容易确定终点。

答案： D

51. 解 本部分知识点来源于教程第 16 章第 6 节吸收光谱原理。朗伯-比尔定律即当一束平行单色光垂直通过某一均匀非散射的吸光物质时，其吸光度A与吸光物质的浓度c及吸收层厚度d成正比。

$$A = \lg\left(\frac{I_0}{I}\right) = \lg\left(\frac{1}{T}\right) = kcd$$

式中：I_0，I——分别为入射光及通过样品后的透射光强度；

A——吸光度；

c——样品浓度；

d——光程，即盛放溶液的液槽的透光厚度；

k——光被吸收的比例系数；

T——透射比，即透射光强度与入射光强度之比。

当浓度采用摩尔浓度时，k为摩尔吸收系数。它与吸收物质的性质及入射光的波长λ有关。

由上式可得：

（1）在最大吸收波长处，有色化合物的浓度减小，吸光度测定值也减小；

（2）有色化合物的浓度改变，吸光度也改变，但最大吸收波长不变；

（3）有色化合物的浓度不变，不在最大吸收波长处要比在最大吸收波长处的吸光度测定值减小。故选项 A 正确。

答案： A

52. 解 本部分知识点来源于教程第 16 章第 7 节离子活度的测定。TISAB 是测定水样中氟离子含量所用的总离子强度缓冲液，通常有两类：一是 TISAB I 液，主要成分是柠檬酸三钠，适用于干扰物质浓度高的水样；二是 TISAB II 液，由氯化钠、柠檬酸三钠、冰乙酸组成，pH 在 5.0～5.5 之间，适用于干扰物质少、清洁的水样。其中，氯化钠是为了提高离子强度；柠檬酸钠是为了掩蔽一些干扰离子；冰乙酸和氢氧化钠形成缓冲溶液，维持体系 pH 值稳定。故氯化钠的作用是使溶液离子强度保持一定值。B 选项正确。

答案： B

53. 解 本部分知识点来源于教程第 17 章第 2 节高程控制测量。水准尺倾斜（不论是前倾还是后倾），都会导致水平视线读数变大。

答案： A

54. 解 本部分知识点来源于教程第 17 章第 2 节高程控制测量。高差闭合差：$f_{\mathrm{h}} = \sum h - (H_{始} - H_{终})$

在平坦地区，$f_{h容} = \pm 40\sqrt{L}$，L为以 km 为单位的水准路线长度；

在山地，1km 水准测量的站数超过 16 站时，$f_{h容} = \pm 12\sqrt{n}$。

答案：C

55. 解 本部分知识点来源于教程第 17 章第 2 节导线测量。测绘选点原则：

（1）相邻导线点之间通视良好，便于角度和距离测量；

（2）点位选于适于安置仪器、视野宽广和便于保存之处；

（3）点位分布均匀，便于控制整个测区和进行细部测量。

故观测仪器架设的点位是导线点，选项 D 正确。

答案：D

56. 解 本部分知识点来源于教程第 17 章第 3 节等高线。汇水面积的边界是由一系列的山脊线和道路、堤坝连接而成的。故选项 C 正确。

答案：C

57. 解 本部分知识点来源于教程第 17 章第 2 节高程控制测量。由$H_A = 3.545$m，A 尺上读数为 2.817m 可知视线高为：$3.545 + 2.817 = 6.362$m。已知 B 点高程为$H_B = 6.000$m，则 B 点水准尺读数为：$6.362 - 6 = 0.362$m。

答案：D

58. 解 本部分知识点来源于教程第 18 章第 1 节。见《建设工程质量管理条例》。

第二十二条　设计单位在设计文件中选用的建筑材料、建筑构配件和设备，应当注明其规格、型号、性能等技术指标，其质量要求必须符合国家规定的标准。

除有特殊要求的建筑材料、专用设备、工艺生产线等外，设计单位不得指定生产厂、供应商。

见《中华人民共和国建筑法》。

第六十二条　建筑工程实行质量保修制度。

建筑工程的保修范围应当包括地基基础工程、主体结构工程、屋面防水工程和其他土建工程，以及电气管线、上下水管线的安装工程，供热、供冷系统工程等项目；保修的期限应当按照保证建筑物合理寿命年限内正常使用，维护使用者合法权益的原则确定。具体的保修范围和最低保修期限由国务院规定。

设计单位不得指定生产厂、供应商，故 A 选项错误；建筑工程的保修范围应当包括上下水管线的安装工程和供热、供冷系统工程等项目，故 C、D 选项错误。

答案：B

59. 解 本部分知识点来源于教程第 18 章第 1 节中华人民共和国环境保护法。依据旧版《中华人民共和国环境保护法》：建设项目中防治污染的设施，必须经原审批环境影响评价文件的环境保护行政主管部门验收合格后，该建设项目方可投入生产或者使用。（注：2015 年 1 月 1 日起施行的新环境保护法中取消了该条款）

答案：D

60. 解 本部分知识点来源于教程第 18 章第 1 节中华人民共和国城乡规划法。根据我国城市总体规划的相关要求，城市总体规划的期限一般为 20 年，其中近期建设规划期限一般为 5 年。而建制镇总体规划的期限可以为 10～20 年，近期建设规划可以为 3～5 年。

答案：B

2017年度全国勘察设计注册公用设备工程师（给水排水）执业资格考试基础考试（下）试题解析及参考答案

1. 解 本部分知识点来源于教程第12章第2节设计洪水流量。因皮尔逊Ⅲ型曲线能与我国大多数地区水文变量的频率分布配合良好，所以我国一般选配皮尔逊Ⅲ型曲线进行水文频率计算。故选项D为正确答案。

答案：D

2. 解 本部分知识点来源于教程第12章第2节设计枯水流量和水位。不稳定的水位流量关系曲线的处理方法常用的有临时曲线法和连时序法。当测流次数较多时，能控制水位流量关系变化的转折点时，多采用连时序法。故选项C为正确答案。

答案：C

3. 解 本部分知识点来源于教程第12章第1节河川径流。径流深度公式$R=\frac{W}{1000F}$

已知$W=QT$（其中$T=365\times24\times3600\text{s}$），$M=\frac{1000Q}{F}$

可得$R=\frac{QT}{1000F}=\frac{MF\times10^{-3}}{1000F}=630.7\text{mm}$

答案：B

4. 解 本部分知识点来源于教程第12章第2节设计洪水流量。我国采用年最大值法选样，即从资料中逐年选取一个最大流量和固定时段的最大洪水总量，组成洪峰流量和洪量系列，故C选项表述有误；对于洪峰选样，选取年最大值；对于洪量选样，选取固定时段年最大值。

答案：C

5. 解 本部分知识点来源于教程第12章第3节暴雨公式。水文频率分析中常用的统计参数包括：①均值，代表整个随机变量的水平。当离势系数C_v和偏态系数C_s值固定时，均值大的频率曲线位于均值小的频率曲线之上；②离势系数C_v用于衡量分布的相对离散程度。当均值和偏态系数固定时，变差系数越大，频率曲线越陡；③偏态系数C_s用于衡量系列在均值的两侧分布的对称程度。当均值和变差系数固定时，偏态系数越大，频率曲线的中部愈向左偏，且上段愈陡、下段愈平缓。根据题意，理论频率曲线斜率偏小，可以通过增大离势系数C_v以增大曲线斜率，故选项A正确。

答案：A

6. 解 本部分知识点来源于教程第12章第3节暴雨公式。经查ϕ值表，当$C_v=0.32$，$C_s=0.64$时，$\phi_{90\%}=-1.19$

$$\begin{aligned}\overline{x}_p&=\overline{x}(1+\phi_{90\%}C_v)\\&=667\times[1+(-1.19)\times0.32]=413\text{mm}\end{aligned}$$

答案：B

7. 解 本部分知识点来源于教程第12章第1节河川径流。当前我国人均水资源占有量约为2300m^3。

答案：B

8. 解 本部分知识点来源于教程第12章第3节暴雨公式。利用算术平均法可得：

$$\overline{P}=\frac{\sum_{i=1}^{5}F_i\cdot P_i}{\sum_{i=1}^{5}F_i}=\frac{78\times35+92\times42+95\times23+80\times19+85\times29}{78+92+95+80+85}=29.68\text{mm}$$

答案：B

9. 解 本部分知识点来源于教程第12章第4节岩石的水理性质。粗颗粒松散岩土和具有大裂隙的坚硬岩石，岩土空隙中的结合水与毛细水很少，其持水性差，持水度小，给水度几乎等于容水度，故选项C为正确答案。

答案：C

10. 解 本部分知识点来源于教程第12章第6节山区丘陵区地下水。单斜岩层地区富水程度的影响因素有岩性组合关系、含水层在补给区应有较大的出露面积、倾角较缓的含水层富水性较好。

背斜构造地区的一个重要的富水部位是倾没端。

答案：D

11. 解 本部分知识点来源于教程第12章第5节承压井的裘布依公式。将数据代入承压完整井的出水量公式计算得：

$$Q=2.73K\frac{Ms}{\lg\frac{R}{r_0}}=2.73\times10\times\frac{100\times(125-120)}{\lg\frac{100}{1}}=6825\text{m}^3$$

答案：C

12. 解 本部分知识点来源于教程第12章第7节开采量评价。越流补给法为地下水补给来源的一种方式，其他选项为评价地下水允许开采量的方法。

答案：A

13. 解 本部分知识点来源于教程第13章第1节细胞结构和功能。细胞（质）膜的主要成分有蛋白质、脂类、糖类，主要成分为蛋白质。

答案：B

14. 解 本部分知识点来源于教程第13章第1节细胞结构和功能。常见细菌的内含物颗粒有异染颗粒、硫粒、淀粉粒、聚-β羟基丁酸盐等。

答案：C

15. 解　本部分知识点来源于教程第 13 章第 2 节营养类型划分。化能自养型微生物，利用氧化无机物获得能量，并利用 CO_2 作为碳源来合成有机物质，供细胞所用，故选项 D 正确；光能自养型微生物，以光为能源，CO_2 为唯一或主要碳源，通过光合作用来合成细胞所需的有机物质，如蓝藻；光能异养型微生物，不能以 CO_2 作为主要或唯一碳源，而需以有机物作为供氢体，利用光能来合成细胞物质，如红螺菌；化能异养型微生物，利用有机物作为生长所需的碳源和能源，来合成自身物质。大部分细菌都是这种营养方式，如原生动物、后生动物、放线菌等。

答案：D

16. 解　本部分知识点来源于教程第 13 章第 2 节酶的概念与特性。酶的催化作用的本质是降低化学反应的活化能。

答案：A

17. 解　本部分知识点来源于教程第 13 章第 2 节细菌的生长。低温下，细菌代谢活动减弱，处于休眠状态，维持生命而不繁殖。

答案：C

18. 解　本部分知识点来源于教程第 13 章第 2 节细菌的生长。在低渗透压溶液中，细胞吸收水分，容易膨胀，甚至胀裂，故选项 D 表述正确。

答案：C

19. 解　本部分知识点来源于教程第 13 章第 2 节细菌的遗传变异。DNA 也称为脱氧核糖核酸，RNA 也称为核糖核酸。核酸是生物的遗传物质，分为 DNA 和 RNA。

答案：D

20. 解　本部分知识点来源于教程第 13 章第 3 节原生动物在污水处理中的应用。在水处理初期，水中主要以鞭毛虫和肉足虫为主。

答案：C

21. 解　本部分知识点来源于教程第 13 章第 3 节微生物之间的关系。两种不同种的生物，不能单独生活并形成一定的分工，只能相互依赖彼此取得一定的利益，这种关系叫作共生关系，地衣是藻类与真菌所形成的一种共生体，藻类利用光合作用合成有机物，为自身和真菌提供营养，真菌同时从基质中吸收水分和无机盐为二者提供营养，故选项 A 正确。

答案：A

22. 解　本部分知识点来源于教程第 13 章第 5 节有机物降解。脂肪在水解酶的作用下，被水解为甘油和脂肪酸，甘油和脂肪酸在有氧条件下，被彻底分解或合成微生物细胞物质，在厌氧条件下，脂肪

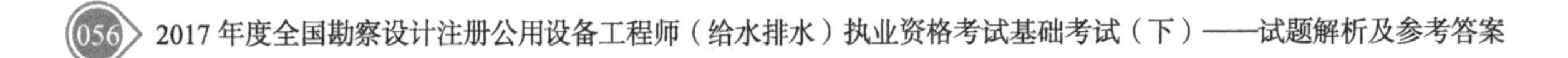

酸被分解为简单的酸。

答案：D

23. 解 本部分知识点来源于教程第14章第1节水静力学。A-A面为同一介质，其他面不是同一介质。

答案：A

24. 解 本部分知识点来源于教程第14章第1节水静力学。由等压面1-1可得：

左侧：$p_1 = p_A + \gamma_{水} z_A + \gamma_{水} h_2$

右侧：$p_2 = p_B + \gamma_{水} z_B + \gamma_{水银} h_2$

且$p_1 = p_2$，故$p_A - p_B = \gamma_{水}(z_B - z_A) + h_2(\gamma_{水银} - \gamma_{水})$

$$= 1000 \times 9.8 \times (-0.4) + 0.2 \times 9.8 \times (13600 - 1000)$$

$$= 20776\text{Pa} = 20.776\text{kPa}$$

答案：A

25. 解 本部分知识点来源于教程第14章第1节静水压力。均匀流过水断面上的动水压强分布规律与静水压强分布规律相同，即在同一过水断面上各点的测压管水头为一常数。图中过水断面$A-A$上的点1、2的测压管水头相等，即$z_1 + \frac{p_1}{\rho g} = z_2 + \frac{p_2}{\rho g}$。

答案：C

26. 解 本部分知识点来源于教程第14章第3节沿程阻力系数变化。对于非圆管的运动，雷诺数$\text{Re} = \frac{vR}{\nu}$，其中$v$是流速，$R$是水力半径，$\nu$是运动黏性系数（即题目中的“运动黏度”）。

其中：$R = \frac{A}{\chi} = \frac{ab}{a+2b} = \frac{0.1\times0.05}{0.1+2\times0.05} = \frac{1}{40}\text{m}$

$v = \frac{Q}{ab} = \frac{8\times10^{-3}}{0.1\times0.05} = 1.6\text{m/s}$（$a$、$b$分别为矩形管道的长和宽）

雷诺数$\text{Re} = \frac{vR}{\nu} = \frac{1.6\times1/40}{1.57\times10^{-6}} = 25477 > 575$，故为紊流。

答案：D

27. 解 本部分知识点来源于教程第14章第4节孔口（或管嘴）的变水头出流。圆柱形外伸管嘴的正常工作条件：①作用水头$H_0 \leqslant 9\text{m}$；②管嘴长度$l = (3 \sim 4)d$。

答案：B

28. 解 本部分知识点来源于教程第14章第5节明渠均匀流。根据明渠均匀流的公式，$v = C\sqrt{RJ} = C\sqrt{Ri}$，$R = \frac{A}{\chi}$。其中，$C$为谢才系数，$R$为水力半径，$i$为渠道底坡，$\chi$为湿周，$A$为过水断面面积。当$A$一定时，湿周$\chi$越小，其平均流速$v$越大，面积一定时半圆形渠道湿周最小，故选A。

答案：A

29. 解 本部分知识点来源于教程第14章第6节三种流态。矩形断面明渠中，发生临界流时断面比能是临界水深的 1.5 倍。

答案：C

30. 解　本部分知识点来源于教程第 14 章第 7 节实用断面堰。实用堰的比值范围是：$0.67 < \frac{\delta}{H} \leqslant 2.5$。

答案：B

31. 解　本部分知识点来源于教程第 15 章第 1 节离心泵的基本方程式。水泵总扬程可以用管路中的总水头损失和扬升液体高度（静扬程）来计算。

答案：C

32. 解　本部分知识点来源于教程第 15 章第 2 节水泵机组布置。Sh 型泵为单级双吸离心泵。

答案：D

33. 解　本部分知识点来源于教程第 15 章第 1 节比转数，比转数为：

$$n_s = \frac{3.65n\sqrt{Q}}{H^{\frac{3}{4}}} = \frac{3.65 \times 2900 \times \sqrt{45 \times \frac{1}{3600}}}{33.5^{\frac{3}{4}}} \approx 85$$

答案：C

34. 解　本部分知识点来源于教程第 15 章第 1 节调速运行。比例律应用于不同转速运行的同一台叶片泵。

$$\frac{Q_1}{Q_2} = \frac{n_1}{n_2};\ \frac{H_1}{H_2} = \left(\frac{n_1}{n_2}\right)^2;\ \frac{N_1}{N_2} = \left(\frac{n_1}{n_2}\right)^3$$

答案：A

35. 解　本部分知识点来源于教程第 15 章第 1 节吸水管中压力变化。

$$\frac{p_a}{\rho g} - \frac{p_k}{\rho g} = \left(H_{ss} + \frac{v_1^2}{2g} + \sum h_s\right) + \frac{C_0^2 - v_1^2}{2g} + \lambda\frac{W_0^2}{2g}$$

该式的含义为吸水池水面上的压头$\frac{p_a}{\rho g}$和泵壳内最低压头$\frac{p_k}{\rho g}$之差来支付：把液体提升H_{ss}高度，克服吸水管中水头损失（$\sum h_s$）；产生流速水头（$\frac{v_1^2}{2g}$）、流速水头差（$\frac{C_0^2-v_1^2}{2g}$）和供应叶片背面K点压力下降值（$\lambda\frac{W_0^2}{2g}$）。而$H_{ss} + \frac{v_1^2}{2g} + \sum h_s$反映了泵壳进口外部的压力下降值，反映了真空表安装点的实际压头下降值。

备注：参考《泵与泵站》（第五版）P79。

答案：A

36. 解　本部分知识点来源于教程第 15 章第 1 节气蚀余量。$H_{sv} = h_a - h_{va} - \sum h_s \pm |H_{ss}| = 10 - 0.75 - 2.1 - 2.5 = 4.65\text{m}$

答案：A

37. 解　本部分知识点来源于教程第 15 章第 2 节泵站供配电。有两个独立电源供电，按生产需要与允许停电时间，采用双电源自动或手动切换的接线成双电源对多台一级用电设备分组同时供电的属于一级负荷的供电方式。

答案：A

38. 解　本部分知识点来源于教程第 15 章第 2 节吸水管路与压水管路。水泵压水管的设计流速，当$D < 250\text{mm}$时，为 1.5～2.0m/s；当$D \geqslant 250\text{mm}$时，为 2.0～2.5m/s。

答案：C

39. 解　本部分知识点来源于教程第 15 章第 2 节泵站噪声。电磁性噪声是由于电机的空气隙中交变力相互作用而产生的，由电磁振动产生，如电动机、发电机和变压器等产生的噪声。

答案：A

40. 解　本部分知识点来源于教程第 15 章第 3 节排水泵站分类。排水泵站按其在排水系统中的作用，可分为终点泵站（总泵站）和中途泵站（区域泵站）。

答案：C

41. 解　本部分知识点来源于教程第 15 章第 3 节集水池容积。集水池进水口流速要尽可能地缓慢，一般不超过0.7m/s。

答案：B

42. 解　本部分知识点来源于教程第 15 章第 3 节螺旋泵。螺旋泵的转速n一般在 20～90r/min之间。

答案：A

43. 解　本部分知识点来源于教程第 16 章第 1 节水分析结果误差。系统误差包括方法误差、仪器和试剂误差、操作误差，其中砝码未经校正属于仪器本身不够精确。

答案：D

44. 解　本部分知识点来源于教程第 16 章第 1 节数据处理。在乘除法中，它们的积或商的有效数字位数，应与参加运算的数字中有效数字位数最少的那个数字相同；同时采用四舍六入五成双的原则，式中 1.25 的有效数字位数最少（三位），因此结果取三位有效数字。

答案：B

45. 解　本部分知识点来源于教程第 16 章第 2 节酸碱平衡。H_3PO_4和$H_2PO_4^-$互为共轭关系，$H_3PO_4 = H^+ + H_2PO_4^-$。

答案：A

46. 解　本部分知识点来源于教程第 16 章第 2 节酸碱滴定。滴定突跃的范围大小受滴定剂浓度和酸（碱）的解离常数影响，K_b越大，滴定突跃范围越大。

答案： D

47. 解 本部分知识点来源于教程第16章第3节络合滴定。指示剂络合物MIn的稳定性小于EDTA络合物MY的稳定性，即$K'_{\mathrm{MIn}} < K'_{\mathrm{MY}}$。

答案： C

48. 解 本部分知识点来源于教程第16章第5节碘量法滴定。在碘量法中，先以$Na_2S_2O_3$标准溶液滴定至浅黄色（大部分I_2已作用），再加入淀粉指示剂，然后继续滴定至蓝色刚好消失。

答案： B

49. 解 本部分知识点来源于教程第16章第5节高锰酸盐指数。$KMnO_4$溶液常用$H_2C_2O_4$、$Na_2C_2O_4$来标定。

答案： D

50. 解 本部分知识点来源于教程第16章第3节硬度测定。水的总硬度的测定，目前常采用EDTA配位滴定法。

答案： C

51. 解 本部分知识点来源于教程第16章第6节吸收光谱原理。摩尔吸收系数与入射光波长、溶液的性质有关。

比尔定律是一个有限的定律，它只适用于浓度小于0.01mol/L的稀溶液。因为浓度高时，吸光粒子间的平均距离减小，受粒子间电荷分布相互作用的影响，它们的摩尔吸收系数发生改变，导致偏离比尔定律。因此，待测溶液的浓度应该控制在0.01mol/L以下。因此，从严格意义上来说，只有满足比尔定律的前置条件，也即试样浓度在0.01mol/L以下，摩尔吸收系数才与试样浓度无关，选项B错误。这道题的选项B很绕，需要注意。

答案： B

52. 解 本部分知识点来源于教程第16章第7节直接电位分析法。测定水中F^-的含量时，加入总离子强度调节缓冲溶液的主要作用有：①调节溶液中离子的强度；②控制溶液的pH值在一定范围内；③隐蔽Fe^{3+}、Al^{3+}等干扰离子。

答案： D

53. 解 本部分知识点来源于教程第17章第1节观测值精度评定。算术平均值的中误差为$\pm\frac{m_x}{\sqrt{n}}$，故选项A为正确答案。

答案： A

54. 解 本部分知识点来源于教程第17章第5节施工放样测量。$H_\mathrm{B} = H_\mathrm{A} + a - b = 3.228 +$

$1.518 - 1.310 = 3.436m$

答案：A

55. 解 本部分知识点来源于教程第17章第2节导线测量。测地形图时，首先要布设导线网，然后根据导线点施测碎部点数据，因此，仪器后视定向目标应该是上一个导线点。

答案：D

56. 解 本部分知识点来源于教程第17章第3节地形图基本知识。大比例尺地形图上一般采用$10cm \times 10cm$正方形组成的坐标格网。

答案：A

57. 解 本部分知识点来源于教程第17章第5节建筑工程变形观测。可采用经纬仪投测的方法进行高烟囱倾斜检测。

答案：D

58. 解 本部分知识点来源于教程第18章第1节中华人民共和国城乡规划法。国有土地使用权出让，就是土地使用权从所有权分离的过程。国有土地使用权的出让方只能是市、县人民政府的土地管理部门，其他任何单位、个人不能实施土地出让行为。

通过出让方式取得土地使用权，必须签订土地使用权出让合同，在支付全部的土地使用权出让金以后，依照有关规定办理土地登记，领取土地使用权证书，方可取得土地使用权；而以划拨方式取得的土地使用权总的来说是无偿的，即使是通过征收程序所支付的征地拆迁补偿费用，也是对被征地单位在土地上的原始投入及其生活安置的补偿，并未支付土地使用权的购买费用。

招标出让土地使用权的合同中是出让国有土地使用权，而不是国有土地所有权。

答案：A

59. 解 本部分知识点来源于教程第18章第1节中华人民共和国环境保护法。见《中华人民共和国环境保护法》（2015年1月1日起施行）。

第三十五条 违反本法规定，有下列行为之一的，环境保护行政主管部门或者其他依照法律规定行使环境监督管理权的部门可以根据不同情节，给予警告或者处以罚款：

（1）拒绝环境保护行政主管部门或者其他依照法律规定行使环境监督管理权的部门现场检查或者在被检查时弄虚作假的；

（2）拒报或者谎报国务院环境保护行政主管部门规定的有关污染物排放申请事项的；

（3）不按国家规定缴纳超标准排污费的；

（4）引进不符合我国环境保护规定要求的技术和设备的；

（5）将产生严重污染的生产设备转移给没有污染防治能力的单位使用的。

答案：B

60. 解　本部分知识点来源于教程第 18 章第 1 节中华人民共和国城乡规划法。见《中华人民共和国城镇国有土地使用权出让和转让暂行条例》。

第五十八条　土地使用者需要改变土地使用权出让合同规定的土地用途时，应征得出让方同意，并经过土地管理部门和城市规划部门批准，依照本章的有关规定重新签订土地使用权出让合同，调整土地使用权出让金，并办理登记。

根据《城市房地产管理法》第 15 条第二款的规定，土地使用权出让合同由市、县人民政府土地管理部门与土地使用者签订。

土地用途是土地使用权出让合同的重要内容，在土地用途的认定和填写上，必须要明确：

（1）出让合同的土地用途并不是由出让方和受让方签订合同时临时约定的内容，而是在土地出让前由城市规划管理部门出具的规划条件确定的；

（2）合同中的土地用途虽不是双方当事人约定，但双方当事人必须共同遵守。

答案：D

注：48、50～52、59 原题缺失，此为模拟题。

2018年度全国勘察设计注册公用设备工程师（给水排水）执业资格考试基础考试（下）试题解析及参考答案

1. 解 本部分知识点来源于教程第12章第1节河川径流。径流模数单是指位流域面积上平均产生的流量。

答案： A

2. 解 本部分知识点来源于教程第12章第1节河川径流。流域面积大时，地面和地下径流的调蓄作用都强，地下水补给量大，流域内部各部分径流状况不易同步，使得大流域径流年际和年内差别较小，径流变化平缓。

答案： B

3. 解 本部分知识点来源于教程第12章第2节设计枯水流量和水位。枯水流量常用小于或等于设计流量的频率表示。频率$p = 1 - P = 20\%$，$n \approx m/p = 1/0.2 = 5$，即小于或等于这样的枯水平均5年（20%）可能出现一次。

答案： D

4. 解 本部分知识点来源于教程第12章第2节设计洪水流量和水位。一般特大洪水流量Q_{N}与n年实测系列平均流量Q_{n}之比大于3时，Q_{N}可以考虑作为特大洪水处理。

答案： B

5. 解 本部分知识点来源于教程第12章第3节洪峰流量。当净雨历时大于流域汇流时间时，洪峰流量是由全部流域面积上的部分净雨所组成的。

答案： B

6. 解 本部分知识点来源于教程第12章第2节设计洪水流量和水位。抽样误差是指由于抽样的随机性而带来的偶然的代表性误差，常通过增大样本容量来减小。

答案： A

7. 解 本部分知识点来源于教程第12章第2节设计洪水流量和水位。对于某一重现期的洪水流量，常以大于或等于该径流量的频率表示。

答案： B

8. 解 本部分知识点来源于教程第12章第7节储量计算。本题考查容积储存量的计算。

$$W_{容} = \mu F h_0 = 0.3 \times 10 \times 10^6 \times 20 = 6 \times 10^7 \mathrm{m}^3$$

答案： B

9. 解 本部分知识点来源于教程第 12 章第 4 节地下水储存。承压水的分布区和补给区不一致。因为承压水具有隔水顶板，因而大气降水及地表水不能处处补给它，故补给区常小于分布区。补给区往往处于承压区一侧，且位于地形较高的含水层出露的位置，排泄区位于地形较补给区低的位置。

答案：C

10. 解 本部分知识点来源于教程第 12 章第 6 节河谷冲积层地下水。河谷冲积层构成了河谷地区地下水的主要孔隙含水层。河谷冲积物孔隙水的一般特征表现为：含水层沿整个河谷呈条带状分布，宽广河谷则形成河谷平原，由于沉积的冲积物分选性较好，磨圆度高，孔隙度较大，透水性强，常形成相对均质的含水层，沿河流纵向延伸，而横向则受阶地或谷边限制。

答案：C

11. 解 本部分知识点来源于教程第 12 章第 5 节地下水流向井稳定运动。代入潜水裘布依公式计算得：

$$Q = 1.36K\frac{H^2 - h^2}{\lg\frac{R}{r}} = 1.36 \times 5 \times \frac{125^2 - 120^2}{\lg\frac{100}{1}} = 4165\text{m}^3/\text{d}$$

答案：B

12. 解 本部分知识点来源于教程第 12 章第 7 节开采量评价。在区域水量均衡法中，对地下水允许开采量进行评价时，可以将总补给量作为允许开采量，因此安全抽水量一般不应超过年平均补给量。

答案：A

13. 解 本部分知识点来源于教程第 13 章第 1 节生长繁殖。细菌繁殖的主要方式是裂殖，常见的是二分裂，即一个细胞分裂成两个细胞。除裂殖外，少数细菌进行出芽繁殖，另有少数进行有性繁殖。

答案：A

14. 解 本部分知识点来源于教程第 13 章第 2 节营养类型划分。琼脂的化学成分为聚半乳糖的硫酸脂，没有营养价值，在培养基中起凝固剂的作用。

答案：C

15. 解 本部分知识点来源于教程第 13 章第 2 节影响酶活力因素。根据酶促反应的性质来分，一共分为六大类：水解酶、氧化还原酶、转移酶、同分异构酶、裂解酶、合成酶。

根据酶存在的部分（即细胞内外的不同），分为胞外酶和胞内酶两类。

答案：C

16. 解 本部分知识点来源于教程第 13 章第 2 节影响酶活力因素。酶促反应速率与反应底物浓度之间的关系用米门氏公式来表示，是研究酶促反应动力学的一个基本公式。

答案：A

17. 解 本部分知识点来源于教程第 13 章第 2 节细菌的呼吸类型。1mol 葡萄糖被完全氧化分解，可产生 38 个 ATP。即第一阶段产生 2 个，第二阶段产生 2 个，第三阶段产生 34 个，所以共产生 38 个 ATP。

$$C_6H_{12}O_6 + 6H_2O + 6O_2 \xrightarrow{酶} 6CO_2 + 12H_2O + 大量\ ATP(38ATP)$$

答案：C

18. 解 本部分知识点来源于教程第 13 章第 4 节水中微生物的控制方法。紫外线的穿透能力很差，特别是 300nm 以下波长者，远不及可见光。在空气中，紫外线的穿透力受尘粒与温度的影响。

答案：B

19. 解 本部分知识点来源于教程第 13 章第 2 节细菌的生长。DNA 和 RNA 组成成分的区别在于，一是它们所含的戊糖不同，DNA 含有脱氧核糖，RNA 则含有核糖；二是嘧啶碱基，DNA 的嘧啶碱是胸腺嘧啶和胞嘧啶，RNA 是尿嘧啶和胞嘧啶。

答案：D

20. 解 本部分知识点来源于教程第 13 章第 3 节真菌。放线菌的菌体由纤细的、长短不一的菌丝组成，菌丝分枝，为单细胞，在菌丝生长过程中，核物质不断复制分裂，然而细胞不形成横膈膜，也不分裂，而是无数分枝的菌丝组成细密的菌丝体。

菌丝体可分为三类：营养菌丝、气生菌丝、孢子丝。

答案：A

21. 解 本部分知识点来源于教程第 13 章第 3 节藻类，蓝细菌即蓝藻。蓝细菌是光合细菌中细胞最大的一类。蓝细菌的光合作用是依靠叶绿素 a、藻胆素和藻蓝素吸收光，将能量传递给光合系统，通过卡尔文循环固定二氧化碳，同时吸收水和无机盐合成有机物供自身营养，并放出氧气。

答案：D

22. 解 本部分知识点来源于教程第 13 章第 2 节营养类型划分。水中的有机物增多，即水中的有机碳源增多，异养菌必须利用有机碳源作为主要碳源来进行新陈代谢，成为优势菌种；而自养菌以无机碳源作为主要碳源，水中缺乏无机碳源，自养菌成为劣势菌种。

答案：A

23. 解 本部分知识点来源于教程第 14 章第 2 节水动力学理论。基础知识。单位质量所受到的质量力称为单位质量力。

答案：C

24. 解 本部分知识点来源于教程第 14 章第 1 节静水压力。本题考查静水总压力的计算方法：

$$P = bS = \frac{1}{2}\rho g h^2 b = \frac{1}{2} \times 1 \times 9.8 \times 2^2 \times 1 = 19.6\text{kN}$$

答案： A

25. 解　本部分知识点来源于教程第 14 章第 2 节伯努利方程。在忽略水头损失的条件下，根据能量方程$z_1 + \frac{p_1}{\rho g} + \frac{u_1^2}{2g} = z_2 + \frac{p_2}{\rho g} + \frac{u_2^2}{2g}$可知，流速小的地方测压管水头大，在水平管中测压管水头大的断面压强大，即$p_1 < p_2$。

答案： C

26. 解　本部分知识点来源于教程第 14 章第 3 节沿程阻力系数变化。根据圆管沿程水头损失的计算公式：$h_\mathrm{f} = \lambda \frac{l}{d} \frac{v^2}{2g}$

水力坡度：$J = \frac{h_\mathrm{f}}{l} = 0.46$

两式联立：$0.46l = \lambda \frac{l}{d} \frac{v^2}{2g}$

其中$d = 200\text{mm} = 0.2\text{m}$，$v = \frac{Q}{A} = \frac{Q}{\pi\left(\frac{d}{2}\right)^2} = \frac{0.09}{0.0314} = 2.87\text{m/s}$

解得$\lambda = 0.219$

答案： C

27. 解　本部分知识点来源于教程第 14 章第 4 节长管水力计算。并联管道是指在两点之间并接两根以上管段的管道。其总流量是各分管段流量之和，各个分管段的首端和末端是相同的，那么这几个管段的水头损失都相等。

答案： A

28. 解　本部分知识点来源于教程第 14 章第 5 节水力计算。无压管道的均匀流具有这样的特性，即流量和流速达到最大值时，水流并没有充满整个过水断面，而是发生在满流之前。

当无压圆管的充满度$\alpha = \frac{h}{d} = 0.95$时，管道通过的流量$Q_{\max}$是满流时流量$Q_0$的 1.087 倍，其输水性能最优；当无压圆管的充满度$\alpha = \frac{h}{d} = 0.81$时，管中流速$v$是满流时流速$v_0$的 1.16 倍，其过水断面平均流速最大。

答案： C

29. 解　本部分知识点来源于教程第 14 章第 6 节渐变流微分方程。明渠恒定非均匀渐变流的基本微分方程，表示的是水深沿程的变化关系，即水深h对流动距离s的微分方程。

答案： A

30. 解　本部分知识点来源于教程第 14 章第 7 节小桥孔径水力计算。小桥孔过流与宽顶堰溢流相似，可看作是有侧收缩的宽顶堰溢流。

答案： C

31. 解 本部分知识点来源于教程第 15 章第 1 节离心泵工作原理。根据叶轮出水的水流方向，可将叶片泵分为离心泵（径向流）、轴流泵（轴向流）、混流泵（斜向流）三种。

答案： B

32. 解 本部分知识点来源于教程第 15 章第 1 节离心泵效率。水泵的总效率是水力效率、机械效率和容积效率这 3 个局部效率的乘积。

答案： D

33. 解 本部分知识点来源于教程第 15 章第 1 节比转数。150S100 型离心泵是双吸式离心泵，比转数n_s计算如下：

$$n_s = \frac{3.65n\sqrt{Q}}{H^{\frac{3}{4}}} = \frac{3.65 \times 2950 \times \sqrt{\frac{\frac{170}{2}}{3600}}}{100^{\frac{3}{4}}} = 52$$

答案： A

34. 解 本部分知识点来源于教程第 15 章第 1 节并联运行。同型号的两台（或多台）泵并联的总和流量，等于同一扬程下各台泵流量之和。

答案： A

35. 解 本部分知识点来源于教程第 15 章第 1 节气穴和气蚀。水泵气蚀的第一阶段表现在泵外部的轻微噪声、振动（频率可达 600～25000次/s）和泵扬程、功率开始有些下降。如果外界条件促使气蚀更加严重，气蚀区就会突然扩大，泵的H、N、η将到达临界值而急剧下降，最终停止出水。

答案： C

36. 解 本部分知识点来源于教程第 15 章第 1 节安装高度。水泵厂一般常用H_s（允许吸上真空高度）来反映离心泵的吸水性能。

答案： C

37. 解 本部分知识点来源于教程第 15 章第 1 节安装高度。根据公式计算如下：

$$H_{ss} = H_v - \frac{v_0^2}{2g} - \sum h_s，\ v_0 = \frac{Q}{A} = \frac{\frac{116.5}{1000}}{\pi \times \left(\frac{0.25}{2}\right)^2} \approx 2.38\text{m/s}$$

解得$H_{ss} \approx 4.91\text{m}$

答案： A

38. 解 本部分知识点来源于教程第 15 章第 1 节比转数。离心泵的比转数n_s在 50～350 之间，混流泵的比转数n_s在 350～500 之间，轴流泵的比转数n_s在 500～1200 之间。

答案： C

39. 解 本部分知识点来源于教程第15章第2节吸水管路与压水管路。$A = \frac{Q}{v} = \frac{\frac{100}{1000}}{1} = 0.1\mathrm{m}^2$，$D = 2\sqrt{\frac{\frac{A}{2}}{\pi}} = 0.25\mathrm{m} = 250\mathrm{mm}$

答案： B

40. 解 本部分知识点来源于教程第15章第1节比转数。最大反转数 $n = 1450 \times 136\% = 1972\mathrm{r/min}$

答案： D

41. 解 本部分知识点来源于教程第15章第2节吸水管路与压水管路。泵站内管道的布置不得妨碍泵站内的交通和检修工作，不允许把管道装设在电气设备的上空。

答案： A

42. 解 本部分知识点来源于教程第15章第3节螺旋泵。螺旋泵的安装倾角为30°～38°，故选项A为正确答案。**答案：** A

43. 解 本部分知识点来源于教程第16章第1节水分析结果误差。待测组分含量越高，相对误差越小，故选项B表达有误。

答案： B

44. 解 本部分知识点来源于教程第16章第1节数据处理。移液管能准确测量溶液体积到0.01mL，当用25mL移液管移取溶液时，应记录为25.00mL。

答案： C

45. 解 本部分知识点来源于教程第16章第2节酸碱平衡。共轭酸碱对K_a与K_b的关系为

$$K_\mathrm{a} \cdot K_\mathrm{b} = [\mathrm{H}^+][\mathrm{OH}^-] = K_\mathrm{w} = 1.0 \times 10^{-14}(25°\mathrm{C})$$

答案： D

46. 解 本部分知识点来源于教程第16章第2节酸碱滴定。甲酸的$\mathrm{p}K_\mathrm{a} = 3.74$，属于一元有机弱酸。甲酸和NaOH反应产生的甲酸钠呈碱性，所以终点的指示剂须选择在碱性条件下变色的酚酞。如果选用选项A、B、C中的指示剂，则滴定终点会过早到达。

答案： D

47. 解 本部分知识点来源于教程第16章第3节络合平衡。本题考查条件稳定常数的计算公式：$\lg K'_\mathrm{MY} = \lg K_\mathrm{MY} - \lg \alpha_\mathrm{Y(H)}$

代入到题目中为$\lg K'_\mathrm{CaY} = \lg K_\mathrm{CaY} - \lg \alpha_\mathrm{Y(H)}$，计算得$K'_\mathrm{CaY} = 10^{9.40}$

答案： A

48. 解 本部分知识点来源于教程第16章第4节沉淀滴定原理。本题考查莫尔法中溶液的pH值：

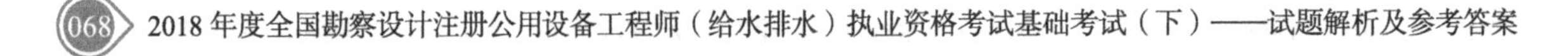

在中性和弱碱性溶液中，pH = 6.5 ~ 10.5。

答案： B

49. 解 本部分知识点来源于教程第 16 章第 5 节氧化还原反应原理。本题考查氧化还原反应中的氧化剂及还原剂的判断。判断反应中元素的化合价，如果元素化合价升高，则对应的物质为还原剂；如果元素的化合价降低，则对应的物质为氧化剂。

答案： A

50. 解 本部分知识点来源于教程第 16 章第 5 节高锰酸钾法滴定。$KMnO_4$标准溶液的标定，$KMnO_4$可作为自身的指示剂，但当 $KMnO_4$ 的浓度为0.002mol/L时，应加入二苯胺磺酸钠等指示剂。

答案： B

51. 解 本部分知识点来源于教程第 16 章第 6 节吸收光谱原理。摩尔吸光系数与待测物、溶剂的性质及光的波长有关，选项 A 错误。

当温度和波长等条件一定时，摩尔吸光系数仅与吸收物质本身特性有关，选项 B 错误。

摩尔吸光系数是通过测量吸光度值后计算而来，在最小吸收波长处，摩尔吸光系数值最小，测试灵敏度较低，选项 C 错误。在最大吸收波长处，摩尔吸光系数值最大，测试灵敏度较高，选项 D 正确。

答案： D

52. 解 本部分知识点来源于教程第 16 章第 7 节直接电位分析法。离子选择电极法具有选择性好、灵敏度高等特点，适用于水中微量氟的测定。

答案： C

53. 解 本部分知识点来源于教程第 17 章第 2 节导线测量。钢尺量距时，需要进行修正的是尺长、温度、倾斜。

答案： B

54. 解 本部分知识点来源于教程第 17 章第 2 节平面控制网定位与定向。本题考查坐标方位角的正反算。

设B点的坐标为(X,Y)，$\alpha_{AB} = 225°00'00''$，$\alpha_{BA} = \alpha_{AB} - 180° = 45°00'00''$，则

$$518 = X + S_{AB} \times \sin\alpha_{BA} = X + 168 \times \sin 45°$$

$$228 = Y + S_{AB} \times \cos\alpha_{BA} = Y + 168 \times \cos 45°$$

整理得：$X = 399.206\text{m}$，$Y = 109.206\text{m}$

答案： B

55. 解 本部分知识点来源于教程第 17 章第 3 节等高线地形图测绘。山区等高线测绘时必须采集的地貌特征包括山脊线、山谷线、山脚线、山头及鞍部处。

答案：D

56. 解 本部分知识点来源于教程第 17 章第 3 节地形图基本知识。地形图上常用 4 种类型的等高线为首曲线、计曲线、间曲线、助曲线。

答案：C

57. 解 本部分知识点来源于教程第 17 章第 5 节建筑工程控制测量。由正方形或矩形格网组成的施工控制网称为建筑方格网，或称矩形网。矩形网是建筑场地常用的控制网形式之一，适用于按正方形或矩形布置的建筑群或大型、高层建筑的场地。

答案：C

58. 解 本部分知识点来源于教程第 18 章第 1 节中华人民共和国城乡规划法。《中华人民共和国城市房地产管理法》第十五条规定，土地使用权出让，应当签订书面出让合同。土地使用权出让合同由市、县人民政府土地管理部门与土地使用者签订。

答案：A

59. 解 本部分知识点来源于教程第 18 章第 1 节中华人民共和国环境保护法。根据《中华人民共和国环境保护法》第五章第四十三条：违反本法规定，造成重大环境污染事故，导致公私财产重大损失或者人身伤亡的严重后果的，对直接责任人员依法追究刑事责任。

答案：C

60. 解 本部分知识点来源于教程第 18 章第 1 节中华人民共和国城乡规划法。根据《中华人民共和国城乡规划法》第四十条，对符合控制性详细规划和规划条件的，由城市、县人民政府城乡规划主管部门或者省、自治区、直辖市人民政府确定的镇人民政府核发建设工程规划许可证。城市、县人民政府城乡规划主管部门或者省、自治区、直辖市人民政府确定的镇人民政府应当依法将经审定的修建性详细规划、建设工程设计方案的总平面图予以公布。

答案：B

2019年度全国勘察设计注册公用设备工程师（给水排水）执业资格考试基础考试（下）试题解析及参考答案

1. 解 本部分知识点来源于教程第12章第3节暴雨公式。本题指出大洪水出现的机会多，说明偏态系数较大，故曲线将负偏。

答案： A

2. 解 本部分知识点来源于教程第12章第2节设计枯水流量和水位。高水滴水延长方法通常是采用断流水位法。

答案： A

3. 解 本部分知识点来源于教程第12章第2节设计枯水流量和水位。由表可看出甲系列数据波动小，更接近于平均值，代表性较乙系列好。

答案： D

4. 解 本部分知识点来源于教程第12章第2节设计洪水流量和水位。资料的审查包括审查资料的可靠性、一致性和代表性。无“必然性”审查。

答案： C

5. 解 本部分知识点来源于教程第12章第3节暴雨公式。当均值$\overline{X}$、偏态系数C_{s}不变时，加大离差系数C_{v}，随机变量相对于均值越离散，频率曲线越陡。

答案： D

6. 解 本部分知识点来源于教程第12章第1节河川径流。河流（或某一河段）水面沿河流方向的高程差与相应的河流长度相比，称为纵比降。

答案： C

7. 解 本部分知识点来源于教程第12章第2节设计枯水流量和水位。枯水流量常用小于或等于径流流量的频率表示。

答案： D

8. 解 本部分知识点来源于教程第12章第3节暴雨公式。泰森多边形法，气候学家A H Thiessen提出了一种根据离散分布的气象站的降雨量，来计算平均降雨量的方法，即将所有相邻气象站连成三角形，作这些三角形各边的垂直平分线，将每个三角形的三条边的垂直平分线的交点（也就是外接圆的圆心）连接起来得到一个多边形。用这个多边形内所包含的一个唯一气象站的降雨强度来表示这个多边形区域内的降雨强度，并称这个多边形为泰森多边形。

采用泰森多边形法计算流域的平均降雨量，是以各雨量站之间连线的垂直平分线，将流域划分为若干多边形，然后以各个多边形的面积为权数，计算各站雨量的加权平均值，并将其作为流域的平均降雨量。具体计算如下：

$$P=\frac{\sum F_i-\sum P_i}{\sum F_i}=\frac{78\times35+92\times42+95\times23+80\times19+85\times29}{78+92+95+80+85}=29.68\text{mm}$$

答案： B

9. 解 本部分知识点来源于教程第 12 章第 4 节地下水形成。含水层厚度增大使水力坡度减小，即水位线变疏，间距加大。

答案： A

10. 解 本部分知识点来源于教程第 12 章第 6 节沙漠地区地下水。沙漠地区山前倾斜平原水位埋层较深，故排除选项 A；古河道中的地下水水量丰富且水质较好但水位埋藏较浅，故排除选项 C 和选项 D。

答案： B

11. 解 本部分知识点来源于教程第 12 章第 5 节地下水流向井不稳定运动。根据地下水向井的非稳定流运动的泰斯公式，有降深$S(r,t)=\frac{Q}{4\pi T}W(u)$

其中

$$u=\frac{\mu r^2}{4Tt}=\frac{6.94\times10^{-4}\times400^2}{4\times100\times\left(\frac{100}{\frac{24}{60}}\right)}=3.99$$

$$\frac{Q}{4\pi T}=\frac{1256}{4\times3.14\times100}=1$$

故$S(r,t)=W(3.99)\text{m}$

答案： B

12. 解 本部分知识点来源于教程第 12 章第 7 节开采量评价。对于调节型水源地，评价这类水源地的允许开采量的最佳方法是补偿疏干法；对于部分面积不大而厚度较大的含水层，可采用资源平衡法、开采试验法和降落漏斗法。

答案： B

13. 解 本部分知识点来源于教程第 13 章第 1 节细胞结构和功能。革兰氏染色法，是细菌学中广泛使用的一种重要的鉴别染色法，属于复染法。革兰氏染色法一般包括初染、媒染、脱色、复染等四个步骤。经染色后，阳性菌呈紫色，阴性菌呈红色，可以清楚地观察到细菌的形态、排列及某些结构特征，从而用以分类鉴定。

答案： A

14. 解 本部分知识点来源于教程第 13 章第 1 节细胞结构和功能。鞭毛是指长在某些细菌菌体上

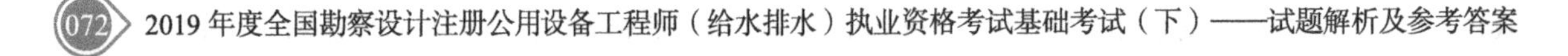

细长而弯曲的具有运动功能的蛋白质附属丝状物，属于细菌的运动结构。

答案：D

15. 解 本部分知识点来源于教程第13章第2节营养类型划分。化能无机营养型微生物是以无机物质作为能源，二氧化碳或碳酸盐作为碳源。硝化细菌以氨或亚硝酸盐作为能源，属于化能无机营养型微生物。

答案：C

16. 解 本部分知识点来源于教程第13章第2节影响酶活力因素。米门氏学说常用来解释酶促反应动力学，酶促反应速率与反应底物浓度之间的关系用米门公式来表示。

答案：B

17. 解 本部分知识点来源于教程第13章第2节细菌的呼吸类型。有氧呼吸的能量转换效率大约是40.45%，1mol的葡萄糖彻底氧化分解共释放能量2870kJ，其中可使1161kJ的能量储存在ATP（38mol）中。无氧呼吸的能量转换效率大约是2.128%，1mol的葡萄糖彻底氧化分解共释放能量2870kJ，其中可使61.08kJ的能量储存在ATP（2mol）中。发酵属于无氧呼吸。

答案：B

18. 解 本部分知识点来源于教程第13章第4节水中微生物控制方法。紫外线的波长为200～275nm，穿透力较差。

答案：C

19. 解 本部分知识点来源于教程第13章第3节藻类。水华是指由水体富营养化引起的水体中藻类大量繁殖引起的水面变色的现象。蓝藻是引起水华的主要微生物。

答案：C

20. 解 本部分知识点来源于教程第13章第4节水中微生物控制方法。臭氧有很强的消毒杀菌作用，消毒效果好，无异味，不会产生有毒有害物质；但由于臭氧会很快分解为氧，所以对消毒后的物质无保护性余量。

答案：B

21. 解 本部分知识点来源于教程第13章第4节水的卫生学检验。大肠杆菌与水致传染病菌和病毒的生长环境相似，且大肠杆菌具有较易检出的特点，因此常用大肠杆菌群数作为判断水致传染病菌和病毒的间接检测指标。如果水中的大肠菌群数超过规定的指标，那么就可以认为这些水中可能含有水致传染病菌和病毒，不能饮用。

答案：C

22. 解 本部分知识点来源于教程第 13 章第 5 节废水生物处理方法。活性污泥法中的微生物呈悬浮状态，生物膜法中的微生物呈附着生长状态。两者的主要区别即为微生物存在状态不同。

答案： C

23. 解 本部分知识点来源于教程第 14 章第 1 节静水压力。在平衡条件下的流体不能承受剪切力和拉力，只能承受压力。

答案： B

24. 解 本部分知识点来源于教程第 14 章第 1 节阿基米德原理。该球体密度大于水的密度，所以将该球放入水中其所受到的浮力等于该球所排开水体的重力。

$$F=\rho_{水}gV=1000\times 9.8\times\frac{4}{3}\times\pi\times\left(\frac{2}{2}\right)^3\approx 41.03\text{kN}$$

答案： A

25. 解 本部分知识点来源于教程第 14 章第 2 节水动力学理论。已知流体的总水头公式为：$z+\frac{p}{\gamma}+\frac{v^2}{2g}$，可分别列出$A$断面与$B$断面的总水头，得：$z_{\text{A}}+\frac{p_{\text{A}}}{\gamma}+\frac{v_{\text{A}}^2}{2g}<z_{\text{B}}+\frac{p_{\text{B}}}{\gamma}+\frac{v_{\text{B}}^2}{2g}$，可知$A$断面的总水头小于$B$断面的总水头，即流体由$B$流向$A$。

答案： D

26. 解 本部分知识点来源于教程第 14 章第 2 节伯努利方程。阀门所在断面的伯努利方程为

$$\frac{\rho_{\text{Hg}}-\rho}{\rho}\Delta h=\xi\frac{v^2}{2g}$$

其中，$v=\frac{Q}{\frac{\pi}{4}d^2}=\frac{3.34\times 10^{-3}}{\frac{\pi}{4}\times 0.05^2}=1.7\text{m/s}$，代入上式：

$$\frac{13600-1000}{1000}\times 0.15=\xi\frac{1.7^2}{2\times 9.8}$$

可得：$\xi=12.82$

答案： A

27. 解 本部分知识点来源于教程第 14 章第 4 节孔口（或管嘴）的变水头出流。因为船的内外压差不变，整个过程为孔口恒定淹没出流，所以船的沉速不变。

答案： C

28. 解 本部分知识点来源于教程第 14 章第 5 节最优断面和允许流速。梯形断面按水力最优断面设计时，水力半径等于水深的一半，即$R=h/2$。梯形断面的水力半径$R=\frac{h(b+mh)}{b+2h\sqrt{1+m^2}}$，则$\frac{h}{2}=\frac{h(b+mh)}{b+2h\sqrt{1+m^2}}$。本题没有给出边坡系数$m$，设$m=1.5$，解得$h=2.48\text{m}$。

答案： B

29. 解 本部分知识点来源于教程第 14 章第 6 节三种流态（缓流、急流、临界流）。已知弗劳德数$\text{Fr}=\frac{v}{\sqrt{gh}}$，断面流速$v=\frac{Q}{A}$，代入数据可得$\text{Fr}<1$，所以渠中的水流状态为缓流。

答案： B

30. 解 本部分知识点来源于教程第 14 章第 7 节堰流。按$\frac{\delta}{H}$的比值范围分为：薄壁堰（$\frac{\delta}{H} \leqslant 0.67$）、实用堰（$0.67 < \frac{\delta}{H} \leqslant 2.5$）、宽顶堰（$2.5 < \frac{\delta}{H} \leqslant 10$）；明渠的$\frac{\delta}{H} > 10$。

答案： D

31. 解 本部分知识点来源于教程第 15 章第 1 节离心泵效率。水泵铭牌上标出的流量、扬程、轴功率及允许吸上真空高度是指水泵特性曲线上水泵效率最高时的值。

答案： D

32. 解 本部分知识点来源于教程第 15 章第 1 节定速运行工况。某水泵在运行过程中，实际的出水量Q、扬程H等数值或其在该水泵性能曲线上的对应位置，称为该水泵装置的工况点。如果水泵装置在工作时，管道上的所有闸阀是全开着的，则该点就称为该装置的极限工况点。

答案： A

33. 解 本部分知识点来源于教程第 15 章第 1 节调速运行。根据切削律，叶轮外径越大，转速越快，其扬程越大。

答案： B

34. 解 本部分知识点来源于教程第 15 章第 1 节并联运行。两台同型号水泵在同水位的条件下并联后其流量和扬程都会增加，但不会成倍增加。

答案： A

35. 解 本部分知识点来源于教程第 15 章第 1 节调速运行。第二相似定律反映在相似工况下运行的两台水泵扬程之间的关系。其公式为：

$$\frac{H}{H_{\mathrm{m}}} = \lambda^2 \left(\frac{n}{n_{\mathrm{m}}}\right)^2$$

答案： B

36. 解 本部分知识点来源于教程第 15 章第 1 节气蚀余量。由气蚀余量公式：$H_{\mathrm{sv}} = h_{\mathrm{a}} - h_{\mathrm{va}} - \sum h_3 \pm |H_{\mathrm{s3}}|$，知$H_{\mathrm{sv}}$表示总气蚀余量。

答案： C

37. 解 本部分知识点来源于教程第 15 章第 1 节安装高度。v_1为水管中流速0.5m/s，$\sum h$为吸水管的水头损失 0.75m，H为水泵最大安装高度 2m，H_{v}为水泵允许吸上真空高度，将数据代入公式，可得H_{v}为 2.76m。

答案： C

38. 解 本部分知识点来源于教程第 15 章第 2 节泵站配电。电压等级有 380V、6kV、10kV、35kV

等几种。小型水厂（总功率小于100kW）供电电压一般为380V，中小型水厂供电电压一般为10kV，大型水厂供电电压一般为35kV。

答案： C

39. 解 本部分知识点来源于教程第15章第2节泵站噪声。为了防止水泵振动传递到其他结构，通常采用隔振的办法。

答案： D

40. 解 本部分知识点来源于教程第15章第1节叶片式水泵。在给水排水过程中，大量使用的水泵是叶片式水泵，其中又以离心泵最为常用。

答案： C

41. 解 本部分知识点来源于教程第15章第3节集水池容积。对于污水泵站，集水池容积一般采用不小于泵站中最大一台泵5min出水量的体积。因此，集水池容积为$63 \times 10^{-3} \times 60 \times 5\text{m}^3 = 18.9\text{m}^3$。

答案： B

42. 解 本部分知识点来源于教程第15章第3节雨水泵站。雨水泵站集水池的容积，不应小于最大一台水泵30s的出水量。

答案： A

43. 解 本部分知识点来源于教程第16章第1节水分析结果误差。偶然误差也称为随机误差和不定误差，是由于在测定过程中一系列有关因素微小的随机波动而形成的具有相互抵偿性的误差。其产生的原因是分析过程中种种不稳定随机因素的影响，如室温、相对湿度和气压等环境条件的不稳定，分析人员操作的微小差异以及仪器的不稳定等。随机误差的大小和正负都不固定，但多次测量就会发现，绝对值相同的正负随机误差出现的概率大致相等，因此它们之间常能互相抵消，所以可以通过增加平行测定的次数取平均值的办法减小随机误差。

答案： D

44. 解 本部分知识点来源于教程第16章第1节数据处理。题中取样10.0mL的有效数字为3位，所以合理的测量结果也应为3位有效数字，即选项C正确。

答案： C

45. 解 本部分知识点来源于教程第16章第2节酸碱平衡。根据酸碱质子理论，酸给出质子变成其共轭碱，而碱得到质子变成其相应的共轭酸，即共轭碱比共轭酸少一个H^-。

答案： B

46. 解 本部分知识点来源于教程第16章第2节酸碱滴定。HCl为强酸，强酸滴定弱碱时，滴定条件为$c \times K_b \geqslant 10^{-8}$，$K_b$越大，滴定突跃就越长。选项 A 的$K_b = 10^{-2}$（最大），所以滴定突跃最长。

答案： A

47. 解 本部分知识点来源于教程第 16 章第 3 节硬度测定。测定水硬度用 EDTA 标准溶液滴定。碘量法用来测定水中的溶解氧量，$K_2Cr_2O_7$法用来测定水样的化学需氧量，酸碱滴定法用于测定水的碱度。

答案： C

48. 解 本部分知识点来源于教程第 16 章第 4 节沉淀滴定原理。最适用于测定海水中Cl^-的方法是$AgNO_3$沉淀电位滴定法，该法以氯电极为指示电极，用硝酸银标准溶液滴定。选项 B 可用来测定还原性物质，选项 C 可用来测定水硬度，选项 D 是用眼睛比较溶液颜色的深浅以测定物质含量的方法。

答案： A

49. 解 本部分知识点来源于教程第 16 章第 5 节高锰酸盐指数。酸性高锰酸钾法控制［H^+］时宜用硫酸。硝酸有氧化性，干扰滴定。盐酸中的氯离子有还原性，并且氯离子在酸性条件下也会被高锰酸根氧化。磷酸是弱酸，不利于对［H^+］的控制。

答案： B

50. 解 本部分知识点来源于教程第 16 章第 5 节 COD。测定 COD 的方法属于反滴定法。

答案： B

51. 解 本部分知识点来源于教程第 16 章第 6 节吸收光谱原理。吸光度$A = \varepsilon bc$，其中c为溶液浓度，ε为摩尔吸光系数，b为液层厚度。在A一定的情况下，ε相等，b与c成反比。

答案： D

52. 解 本部分知识点来源于教程第 16 章第 7 节直接电位分析法。25℃时，$\varphi_{膜} = 0.059\lg a_{H^+} = -0.059pH$。因此在一定温度下，玻璃膜电极的膜电位与溶液 pH 值呈直线关系。

答案： A

53. 解 本部分知识点来源于教程第 17 章第 1 节评定精度。观测值中误差为$m_1 = \pm\sqrt{\frac{[vv]}{n-1}}$，而平均值中误差为观测值中误差的$\frac{1}{\sqrt{n}}$，即$m = \pm\sqrt{\frac{[vv]}{n \times (n-1)}}$。

答案： B

54. 解 本部分知识点来源于教程第 17 章第 2 节平面控制网定位与定向。先求出正切值$\tan\alpha = \frac{Y_A - Y_B}{X_A - X_B} = \frac{500-800}{500-200} = -1$

这个值就是经过A、B两点的直线与X轴正方向（水平向右）的夹角正切值，由此求得该直线与X轴正方向夹角为$135°00'00''$。

答案： C

55. 解 本部分知识点来源于教程第 17 章第 3 节地形图基本知识。地物的长度可按比例尺缩绘，而宽度按规定尺寸绘出，这种符号称为半比例符号。用半比例符号表示的地物都是一些带状地物，如小路、通信线、管道、围墙、篱笆、铁丝网等。

答案：D

56. 解 本部分知识点来源于教程第 17 章第 3 节地形图基本知识。等高线即地面上高程相等的相邻点所连成的闭合曲线。在同一条等高线上各点的高程相等。

答案：C

57. 解 本部分知识点来源于教程第 17 章第 5 节建筑工程变形观测。沉降观测就是测高差，高程测量使用的测量方法是水准测量。

答案：D

58. 解 本部分知识点来源于教程第 18 章第 1 节中华人民共和国建筑法。《中华人民共和国建筑法》第三十五条规定，工程监理单位不按照委托监理合同的约定履行监理义务，对应当监督检查的项目不检查或者不按照规定检查，给建设单位造成损失的，应当承担相应的赔偿责任。工程监理单位与承包单位串通，为承包单位谋取非法利益，给建设单位造成损失的，应当与承包单位承担连带赔偿责任。

答案：B

59. 解 本部分知识点来源于教程第 18 章第 1 节中华人民共和国环境保护法。见《中华人民共和国环境保护法》第四十一条：建设项目中防治污染的措施，应当与主体工程同时设计、同时施工、同时投产使用。

答案：A

60. 解 本部分知识点来源于教程第 18 章第 1 节中华人民共和国城乡规划法。根据《中华人民共和国城乡规划法》：

第三十六条 按照国家规定需要有关部门批准或者核准的建设项目，以划拨方式提供国有土地使用权的，建设单位在报送有关部门批准或者核准前，应当向城乡规划主管部门申请核发选址意见书。前款规定以外的建设项目不需要申请核发选址意见书。

第三十七条 在城市、镇规划区内以划拨方式提供国有土地使用权的建设项目，经有关部门批准、核准、备案后，建设单位应当向城市、县人民政府城乡规划主管部门提出建设用地规划许可申请，由城市、县人民政府城乡规划主管部门依据控制性详细规划核定建设用地的位置、面积、允许建设的范围，核发建设用地规划许可证。建设单位在取得建设用地规划许可证后，方可向县级以上地方人民政府土地主管部门申请用地，经县级以上人民政府审批后，由土地主管部门划拨土地。

答案：B

2020年度全国勘察设计注册公用设备工程师（给水排水）执业资格考试基础考试（下）试题解析及参考答案

1. 解 根据受洪水涨落影响的水位流量Z-Q曲线（如解图所示），在受洪水涨落影响时，水位流量关系曲线呈逆时针绳套状。

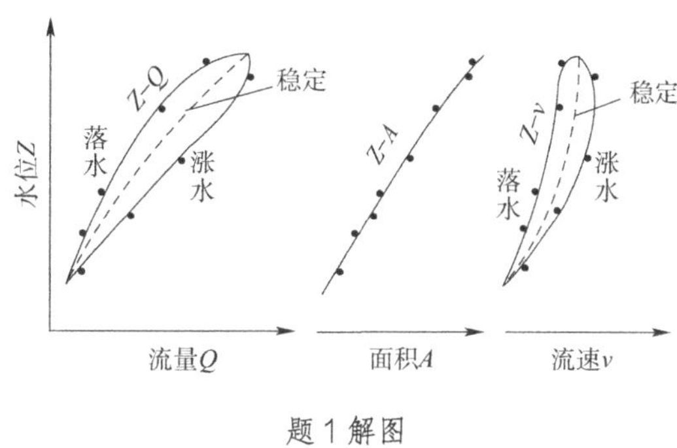

题1解图

答案：D

2. 解 本部分知识点来源于教程第12章第1节河川径流的特征值。流域出口断面流量与流域面积之比值称为径流模数，记为M，以$\mathrm{L/(s \cdot km^2)}$计。即单位流域面积上平均产生的流量，平均流量是指某时段内流量的平均值。按公式$M=\frac{1000Q}{F}$计算。

答案：B

3. 解 本部分知识点来源于教程第12章第2节设计枯水流量和水位。所谓百年一遇，不是恰好每隔100年就一定会遇上一次，而是指在相当长的时间内平均100年出现一次。概率统计中没有绝对的概念。枯水流量常采用不足概率q，即以小于或等于该径流的概率来表示。

答案：D

4. 解 本部分知识点来源于教程第12章第2节设计洪水流量和水位。特大洪水重现期N的确定，一般是根据历史洪水发生的年代来大致推估。若该特大洪水为从发生年代至今的最大洪水，则$N=$设计年份$-$发生年份$+1$。若该特大洪水为从调查考证的最远年份至今的最大洪水，则$N=$设计年份$-$调查考证期最远年份$+1$。

答案：B

5. 解 本部分知识点来源于教程第12章第2节设计洪水流量和水位。重现期是指等于及大于（或等于及小于）一定量级的水文要素值出现一次的平均间隔年数。

对于洪峰流量：$T=\frac{1}{P}$；

对于枯水流量：$T=\frac{1}{1-P}$，即$T=\frac{1}{1-0.9}=10$年。

答案：A

6. 解 本部分知识点来源于教程第12章第1节水文学概念。对于多年平均情况，闭合流域水量平衡方程为：降水量 = 径流量 + 蒸发量。

答案： B

7. 解 本部分知识点来源于教程第12章第3节暴雨公式。暴雨强度公式：

$$q=\frac{167A_1(1+C\lg T)}{(t+b)^n}$$

式中：q——设计暴雨强度；

T——设计重现期；

t——降雨历时；

A_1,C,b,n——地方参数。

可知，在某一降雨重现期下，随着降雨历时t的增大，暴雨强度q将会减少。

答案： A

8. 解 本部分知识点来源于教程第12章第4节地下水储存（地质构造）。将岩土中的空隙作为地下水储存场所与运动通道来研究时，可将空隙分为三大类，即松散岩土中的孔隙、坚硬岩石中的裂隙及可溶性岩石中的溶隙（溶穴）。

答案： D

9. 解 本部分知识点来源于教程第12章第4节地下水储存（地质构造）。岩土孔隙度的大小主要取决于松散岩土颗粒的均匀性。自然条件下，松散岩土的颗粒分选性越差，即颗粒大小越悬殊，孔隙度越小。所以当松散岩土颗粒越均匀时，孔隙度越大。

答案： A

10. 解 本部分知识点来源于教程第12章第7节地下水资源评价。可变储存量：

$$W_{调}=\mu F\Delta H$$

式中：$W_{调}$——可变储存量（m^3）；

μ——含水层变幅内平均给水度；

F——含水层分布面积（m^2）；

ΔH——地下水位变幅（m）。

代入数据，即$Q_{调}=0.3\times6000\times2=3600m^3$

答案： A

11. 解 本部分知识点来源于教程第12章第4节地下水储存。地下水泛指存在于地表面以下的水体，储存形式可分为液态水（重力水）、气态水、固态水、结合水、毛细管水和矿物水等。

答案： C

12. 解 本部分知识点来源于教程第 12 章第 4 节地下水储存。承压水的基本特点包括：

（1）承压性。有稳定的隔水顶板存在，没有自由水面，水体承受静水压力，与管道中的水流相似。

（2）分布区与补给区不一致。承压水由于有稳定的隔水顶板，含水层分布范围内能明显区分出补给区、承压区和排泄区三个部分。所以它的分布区与补给区是不一致的。

（3）受水文气象因素、人为因素及季节变化的影响较小。

（4）水质类型多样。承压水的水质从淡水到矿化度极高的卤水都有，可以说具备了地下水各种水质类型。

答案：B

13. 解 本部分知识点来源于教程第 13 章第 1 节细菌的形态和结构。细菌革兰氏染色的四个步骤分别为：结晶紫初染→碘液媒染→酒精脱色→番红或沙皇复染。

答案：B

14. 解 本部分知识点来源于教程第 13 章第 2 节细菌生理特征。细菌营养类型通常以主要营养元素即碳源和能源的不同进行划分，可以分为光能自养型、化能自养型、光能异养型和化能异养型。紫色无硫细菌以光为能源，以有机物为碳源进行有机大分子合成。

答案：B

15. 解 本部分知识点来源于教程第 13 章第 2 节细菌生理特征。酶的催化特性包括：

（1）只加快反应速度，而不改变反应平衡点，反应前后质量不变。

（2）反应的高度专一性，主要表现在一种酶只能催化某一种或某一类底物进行反应。

（3）反应条件温和。一般化学催化剂需要高温、高压、强酸或强碱等异常条件，而酶反应只需常温、常压和近中性的水溶液就可催化反应的进行。

（4）对环境极为敏感。许多因素都能够影响酶的活性，使其失去活性或调节其活力。

（5）催化效率极高，比无机催化剂的催化效率高几千倍或几亿倍。

答案：B

16. 解 本部分知识点来源于教程第 13 章第 2 节细菌生理特征（细菌的呼吸类型）。细菌呼吸作用的本质是氧化和还原的统一过程，在这个过程中伴随能量的产生。

答案：B

17. 解 本部分知识点来源于教程第 13 章第 2 节细菌生理特征（细菌的生长）。任何两种浓度的溶液被半透膜隔开，均会产生渗透压。微生物细胞的细胞膜就是一层半透膜，故在其两边（细胞质与外环境）会产生渗透压。在等渗溶液中微生物细胞维持平衡；在低渗溶液中微生物细胞会吸收水分细胞，发生胀裂；在高渗溶液中微生物细胞会失去水分，发生质壁分离。

答案：B

18. 解 本部分知识点来源于教程第13章第2节细菌生理特征（细菌的生长）。经紫外线照射过的微生物暴露于可见光下时，可以明显地降低其死亡率，导致修复作用发生。

答案：B

19. 解 本部分知识点来源于教程第13章第3节其他微生物。病毒必须到宿主细胞中，才能够进行繁殖，繁殖过程有四步：

（1）吸附（病毒识别宿主细胞的特异受体，并吸附于细胞表面）；

（2）侵入与脱壳（病毒将核酸注入宿主细胞内，衣壳留在外面）；

（3）复制与合成（病毒利用宿主细胞的合成机构，合成自己的核酸和衣壳蛋白）；

（4）装配与释放（新合成的衣壳和核酸组装为成熟的病毒）。

答案：B

20. 解 本部分知识点来源于教程第13章第3节其他微生物。原生动物的数量在废水处理中仅次于菌胶团中的细菌，具有重要作用：

（1）净化作用。原生动物可以无选择地吞食有机物颗粒和细菌、真菌等，因此直接或间接地去除了废水中有机物。

（2）促进絮凝作用。细菌形成的菌胶团是活性污泥絮凝的主要原因，但有些原生动物如钟虫，可以分泌黏性物质，与细菌凝聚在一起，促进絮凝，更加完善了二沉池的泥水分离作用。

（3）指示作用。①依据原生动物类群演替，判断水处理程度；②根据原生动物的种类，判断水处理的好坏；③根据形态变化，判断进水水质变化及运行中的问题。

答案：D

21. 解 本部分知识点来源于教程第13章第4节水的卫生细菌学。《生活饮用水卫生标准》（GB 5747—2006）规定生活饮用水中菌落总数不超过100CFU/mL，总大肠菌、耐热大肠菌、大肠埃希氏菌均不得检出。

答案：A

22. 解 本部分知识点来源于教程第13章第5节废水生物处理。厌氧消化过程中，水解和发酵性细菌有专性厌氧的，也有兼性厌氧的。甲烷（CH_4）的生成有两种主要途径：①将乙酸直接转变为CH_4和CO_2；②将H_2和CO_2转化为CH_4和H_2O。其中①为主要途径。产甲烷菌为专性厌氧菌（即严格厌氧菌）。

答案：A

23. 解 本部分知识点来源于教程第14章第1节水静力学。作用在静止流体单位面积上的表面力（应力）永远沿着作用面的内法线方向，因此流体在静止状态时不会产生切应力，选项A错误、选项B

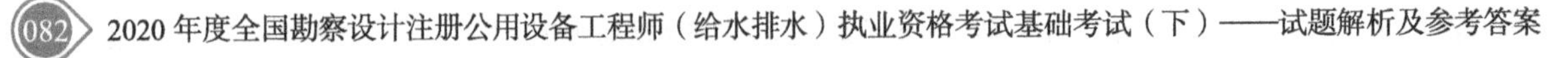

正确；根据牛顿内摩擦定律$\tau=\mu\frac{\mathrm{d}u}{\mathrm{d}y}$，流体的切应力与流体的动力黏滞系数和流体的速度梯度有关，因此选项C、D错误。

答案：B

24. 解 本部分知识点来源于教程第14章第1节水静力学。

（1）解析法

矩形竖直平面所受流体静压力$p=p_{\mathrm{c}}A=\rho g h_{\mathrm{c}}A$。其中，$p_{\mathrm{c}}$为受压平面形心处压强；$h_{\mathrm{c}}$为形心高度，$h_{\mathrm{c}}=\frac{1}{2}h=1.5\mathrm{m}$；$A$为受压平面面积。

代入数据，$p=1000\times9.8\times1.5\times3=44.1\mathrm{kN}$

（2）图算法

绘出压强分布图，如解图所示，$p_0=\rho gh=1000\times9.8\times3=29.4\mathrm{kPa}$。

总压力$p=bS=1\times\frac{1}{2}\times29.4\times3=44.1\mathrm{kN}$，其中$S$为压强分布图面积，$b$为受压面宽度。

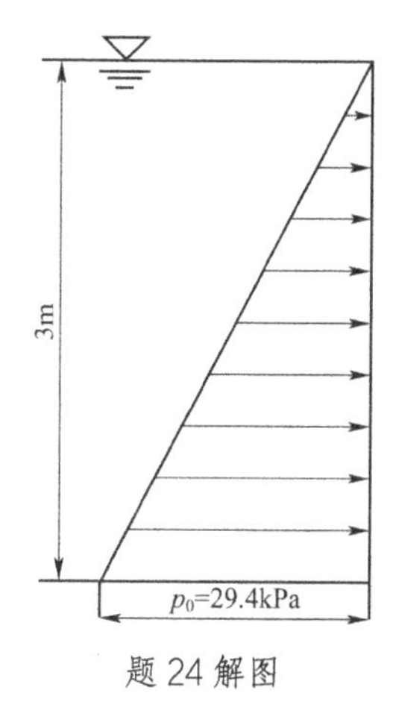

题24解图

答案：C

25. 解 本部分知识点来源于教程第14章第2节水动力学理论。根据不可压缩恒定总流连续性方程，可知$Q_{\mathrm{A}}=Q_{\mathrm{B}}=Q_{\mathrm{C}}$；又因为题中为等直径弯管，即$A_{\mathrm{A}}=A_{\mathrm{B}}=A_{\mathrm{C}}$。因此，$v_{\mathrm{A}}=v_{\mathrm{B}}=v_{\mathrm{C}}$。

答案：B

26. 解 本部分知识点来源于教程第14章第5节明渠均匀流。圆管内均匀层流断面流速分布为以管中心为轴的旋转抛物面，断面平均流速为最大流速的$\frac{1}{2}$，即$1\mathrm{m/s}$。

答案：B

27. 解 本部分知识点来源于教程第14章第4节孔口、管嘴出流和有压管路。孔口出流的流量系数约为0.62，流速系数约为0.97，收缩系数约为0.64。

答案：D

28. 解 本部分知识点来源于教程第14章第5节明渠均匀流。矩形断面宽深比为2时，水力最优。梯形水力最优断面的水力半径为水深的一半。

答案：C

29. 解 本部分知识点来源于教程第14章第6节明渠非均匀流。断面单位能量是单位重力液体相对于通过该断面最低点的基准面的机械能，由断面单位势能h和断面单位动能$\frac{aQ^2}{2gA}$组成。单位重力流体的机械能是相对于沿程同一基准面的机械能，其值沿程减少。

答案：A

30. 解　本部分知识点来源于教程第14章第7节堰流。如解图所示，堰上水头比值δ超过2.5时，由于堰顶上过流断面小于来流的过流断面，势能转化为动能，流速增加，并产生局部的水头损失。水面最大跌落处形成收缩断面水深$h_c = (0.8 \sim 0.92)h_k$，故$h_c < h_k$。

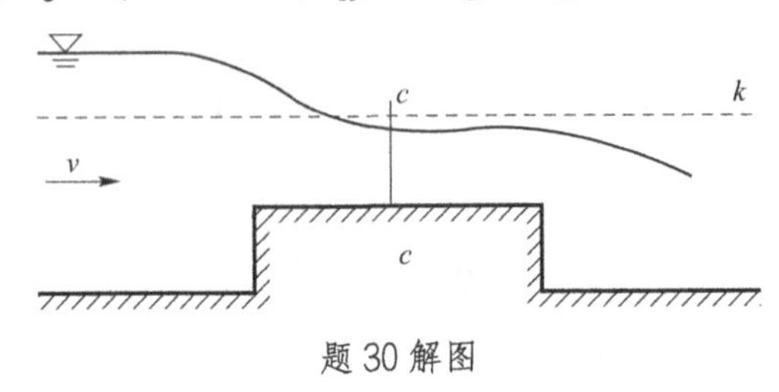

题30解图

答案：C

31. 解　本部分知识点来源于教程第15章第1节叶片式水泵。水泵是输送和提升液体的机器，可将原动机的机械能转化为被输送液体的能量，使液体获得动能或势能。

答案：B

32. 解　本部分知识点来源于教程第15章第1节叶片式水泵。应用动量矩定理来推导叶片式水泵的基本方程式时，做了以下三点假设：

（1）液流是恒定流；

（2）叶槽中液流均匀一致，叶轮同半径处液流的同名速度相等；

（3）液流为理想液体。

答案：C

33. 解　本部分知识点来源于教程第15章第1节叶片式水泵。扬程低、流量大的泵为高比转数泵。要产生大流量，需加大叶轮进口直径及出口宽度，但因扬程低，则需要缩小叶轮的外径。

答案：A

34. 解　本部分知识点来源于教程第15章第1节叶片式水泵。水头损失特性曲线：$\sum h = SQ^2$。

注意：管道系统特性曲线方程为$H = H_{ST} + SQ^2$，与管路特性曲线不同。

答案：B

35. 解　本部分知识点来源于教程第15章第1节叶片式水泵。直接应用比例律，可以通过$\frac{Q_1}{Q_2} = \frac{n_1}{n_2}$或$\frac{H_1}{H_2} = \left(\frac{n_1}{n_2}\right)^2$计算，如应用流量比例关系$\frac{Q_1}{Q_2} = \frac{n_1}{n_2}$，即$\frac{42}{31.5} = \frac{960}{n_2}$，得$n_2 = 720\text{r/min}$。

答案：B

36. 解　本部分知识点来源于教程第15章第1节叶片式水泵。

$$\frac{P_a}{\gamma} - \frac{P_K}{\gamma} = \left(H_{ss} + \sum h_s + \frac{v_1^2}{2g}\right) + \frac{C_0^2}{2g} - \frac{v_1^2}{2g} + \lambda \frac{W_0^2}{2g}$$

式中：$\frac{P_a}{\gamma}$、$\frac{P_K}{\gamma}$——吸水池水面大气压和K点绝对压力；

H_{ss}——吸水地形高度，即安装高度；

v_1、C_0——水泵进口和叶轮进口O点流速；

λ——气穴系数，$\lambda=\frac{W_K^2}{W_0^2}-1$；

W_0、W_K——叶轮进口O点和K点液体的相对流速。

答案：B

37. 解 本部分知识点来源于教程第15章第1节叶片式水泵。水泵的安装高度也称为水泵的吸水地形高度，即自泵吸水井水面的测压管水面至泵站之间的垂直距离，如果吸水井是敞开的，则安装高度即为吸水泵与泵站之间的高差。

答案：B

38. 解 本部分知识点来源于教程第15章第2节给水泵站。给水工程中，按泵站在给水系统中的作用可分为取水泵站（一级泵站）、送水泵站（二级泵站）、加压泵站及循环泵站四种。

答案：C

39. 解 本部分知识点来源于教程第15章第2节给水泵站。一级负荷是指突然停电将造成人身伤亡危险或重大设备损坏且长期难以修复，因而给国民经济带来重大损失的电力负荷。

二级负荷是指突然停电产生大量废品、大量原材料报废或将发生主要设备破坏事故，但采用适当措施后能够避免的电力负荷。

三级负荷指所有不属一级及二级负荷的电力负荷。

答案：A

40. 解 本部分知识点来源于教程第15章第2节给水泵站。根据《室外给水设计标准》（GB 50013—2018），在布置机组时，应遵照以下规定：相邻机组的基础之间应有一定宽度的过道，以便工作人员通行。相邻两个机组及机组至墙壁间的净距为：电动机容量不大于55kW时，净距应不小于1.0m；电动机容量大于55kW时，净距不小于1.2m。

答案：C

41. 解 本部分知识点来源于教程第15章第3节排水泵站。排水泵站按其排水的性质，一般可分为污水（生活污水、生产污水）泵站、雨水泵站、合流泵站和污泥泵站。按其在排水系统中的作用，可分为中途泵站（或叫区域泵站）和终点泵站（又叫总泵站）。

答案：B

42. 解 本部分知识点来源于教程第15章第3节排水泵站。合建式圆形排水泵站的优点：圆形结构，受力条件好，便于沉井法施工；易于水泵的启动，运行可靠性高；根据吸水井水位，易于实现自动控制。

缺点：机器间内机组布置较困难；站内交通不便；自然通风和采光不好；当泵房较深时，工人上、下不方便，且电机容易受潮。

答案：B

43. 解 本部分知识点来源于教程第16章第1节水分析化学过程的质量保证。准确度是指测定结果与真实值接近的程度。分析方法的准确度由系统误差和随机误差决定，可用绝对误差或相对误差表示。

答案：A

44. 解 本部分知识点来源于教程第16章第1节水分析化学过程的质量保证。精度是表示真实值与观测值的接近程度。滴定管的精度指的是滴定管的绝对误差。由相对误差定义可知，相对误差$=\frac{绝对误差}{真实值}$，代入数据，得滴定剂体积$>\frac{0.01}{0.05\%}=20\text{mL}$。

答案：C

45. 解 本部分知识点来源于教程第16章第2节酸碱滴定法。本题同2007-45，亦可分析如下：共轭酸碱与K_b的关系为：K_b越大，碱性越强；反之，K_b越小，酸性越强。S^{2-}的一级电离常数远大于二级电离常数，忽略S^{2-}二级电离的影响，主要对比K_{b1}与其他物质K_b的关系。所以共轭酸最强的是①，其K_b最小。

答案：A

46. 解 本部分知识点来源于教程第16章第2节酸碱滴定法。本题考查考生对碱度的理解。采用连续滴定法对水样碱度进行测定时，当$V_1>0$，$V_2=0$时，水样中只有OH^-碱度；当$V_1>V_2$时，水样中有OH^-和CO_3^{2-}碱度；当$V_1=V_2$时，水样中只有CO_3^{2-}碱度；当$V_1<V_2$时，水样中有CO_3^{2-}和HCO_3^-碱度；当$V_1=0$，$V_2>0$时，水样中只有HCO_3^-碱度。

答案：D

47. 解 本部分知识点来源于教程第16章第3节络合滴定法。EDTA配位滴定反应pH值越高，酸效应越不明显。酸效应是指络合物参与主体反应能力降低的现象，与配位滴定反应的进行程度无关，所以选项A不正确。在滴定的pH值范围内，游离指示剂与其金属配合物之间有明显的颜色差别，应注意金属指示剂的适用pH值范围，可知选项C不正确。在测定水样总硬度和Ca^{2+}时，都需要控制pH值，即加入一定量缓冲溶液调节pH值分别至10和12，所以选项D也不正确。

答案：B

48. 解 本部分知识点来源于教程第16章第4节沉淀滴定法。莫尔法测定水中Cl^-时，在pH为6.5~10.5的中性或弱碱性溶液中，加入K_2CrO_4为指示剂，用$AgNO_3$标准溶液滴定。

答案：C

49. 解 本部分知识点来源于教程第 16 章第 5 节氧化还原滴定法。高锰酸钾滴定反应需要在 75～85℃下进行，以提高反应速度。

答案： B

50. 解 本部分知识点来源于教程第 16 章第 5 节氧化还原滴定法。本题考查氧化还原反应中转移电子数目。在第一个反应中，Cr 元素由+6 价降为+3 价，I 元素由−1 价升到 0 价，每消耗 1 个 $K_2Cr_2O_7$ 就转移 6 个电子；在第二个反应中，S 元素由+2 价升到+2.5 价，I 元素由 0 价降到−1 价，每消耗 1 个 $Na_2S_4O_6$ 就转移 2 个电子。两方程电子转移数相同，因此每消耗 1 个 $K_2Cr_2O_7$ 相当于消耗 3 个 $Na_2S_4O_6$。

答案： A

51. 解 本部分知识点来源于教程第 16 章第 6 节吸收光谱法。吸光度$A = kbc$，透光率$T = \frac{I_t}{I_0}$

A与T的关系：

$$A = \lg\frac{1}{T} = -\lg T$$

式中：k——吸光系数；

c——溶液浓度。

当溶液浓度c增大一倍时，吸光度A增大一倍。原本$A = -\lg T_0$，现在$2A = -\lg T_1$，得$A = -\frac{1}{2}\lg T_1$，所以$T_1 = T_0^2$。

答案： C

52. 解 本部分知识点来源于教程第 16 章第 7 节电化学分析法。K_{ij}为离子选择性系数，通常$K_{ij} < 1$，表示i离子选择电极对干扰离子j的响应的相对大小，用于估计干扰离子给测定带来的误差。K_{ij}越小，表明电极的选择性越高。

答案： C

53. 解 本部分知识点来源于教程第 17 章第 1 节测量误差基本知识。系统误差：在相同观测条件下，对某量进行一系列的观测，若误差在符号、大小上表现出一致的倾向，即按一定规律变化或保持为常数，这种误差称为系统误差。钢尺的尺长不准、水准仪i角误差的影响等均属于系统误差。

偶然误差：在相同观测条件下，对某量进行一系列的观测，若误差出现的符号和大小均不一定，且从表面看没有任何规律性，这种误差称为偶然误差。读数误差、照准误差、对中误差等均属于偶然误差。

答案： A

54. 解 本部分知识点来源于教程第 17 章第 2 节控制测量。坐标方位角是平面直角坐标系中某一直线与坐标主轴（X轴）之间的夹角，从主轴起算，顺时针方向$0° \sim 360°$，方位角$90° < \alpha_{AB} < 180°$，故该方向指向东南方向。

答案： C

55. 解 本部分知识点来源于教程第 17 章第 3 节地形图测绘。地形图比例尺精度：在各种比例尺的地形图上 0.1mm 所代表的实地水平距离称为地形图比例尺精度。

答案： B

56. 解 本部分知识点来源于教程第 17 章第 3 节地形图测绘。汇水线是集水线。山谷最低点的连线称为“山谷线”或“集水线”。山脊线为流域的分水线，山谷线为河流的集水线。

答案： C

57. 解 为了精确地测量角度，当经纬仪整平后，望远镜视准轴绕水平轴上下转动时，其视线应能扫出一个竖直面（即铅垂面）。

答案： B

58. 解 本部分知识点来源于教程第 18 章第 1 节中华人民共和国建筑法。《中华人民共和国建筑法》第七条规定，建筑工程开工前，建设单位应当按照国家有关规定向工程所在地县级以上人民政府建设行政主管部门申请领取施工许可证。

第九条规定，建设单位应当自领取施工许可证之日起三个月内开工。因故不能按期开工的，应当向发证机关申请延期；延期以两次为限，每次不超过三个月。既不开工又不申请延期或者超过延期时限的，施工许可证自行废止。

答案： D

59. 解 本部分知识点来源于教程第 18 章第 1 节中华人民共和国城乡规划法。国务院环境保护行政主管部门制定国家环境质量标准，并根据此标准和国家经济技术条件制定国家污染物排放标准。

答案： B

60. 解 本部分知识点来源于教程第 18 章第 1 节中华人民共和国城乡规划法。《中华人民共和国城乡规划法》第十六条规定，城市、县人民政府组织编制的总体规划，在报上一级人民政府审批前，应当先经本级人民代表大会常务委员会审议，常务委员会组成人员的审议意见交由本级人民政府研究处理。

答案：B

2021 年度全国勘察设计注册公用设备工程师（给水排水）执业资格考试基础考试（下）试题解析及参考答案

1. 解 本部分知识点来源于教程第 12 章第 1 节河川径流的特征值。在流域中从降水到水流汇集于流域出口断面的整个物理过程称为径流形成过程。主要有四个阶段，即降雨阶段、流域蓄渗阶段、坡面漫流阶段、河槽集流阶段。其中，由于降雨强度超过下渗强度而产生地表径流称为超渗产流。

答案：C

2. 解 本部分知识点来源于教程第 12 章第 1 节河川径流的特征值。描述河流中悬移质的情况，常用的两个定量指标是输沙量和含沙量。单位时间流过河流某断面的干沙质量，称为输沙量，用Q_s表示，单位为kg/s。单位体积内所含干沙的质量，称为含沙量，用C_s表示，单位为kg/m^3。断面输沙量是通过断面上含沙量测验配合断面流量测量来推求的，即$Q_s = QC_s$（Q为断面流量）。

答案：A

3. 解 本部分知识点来源于教程第 12 章第 1 节河川径流的特征值。径流深计算公式为：

$$R = \frac{W}{1000F} = \frac{QT}{1000F}$$

其中，$T = 365 \times 24 \times 3600s$，$Q$可由径流模数公式计算：$M = 1000Q/F$

代入可得：

$$R = \frac{QT}{1000F} = \frac{MFT}{1000 \times 1000F} = \frac{MT}{10^6} = \frac{10 \times 365 \times 24 \times 3600}{10^6} = 315.4mm$$

答案：A

4. 解 本部分知识点来源于教程第 12 章第 2 节设计枯水流量和水位。对于水位，我国统一采用青岛附近的黄海海平面为标准基面。由于历史原因，各地仍有沿用以往的大沽基面、吴淞基面等。

答案：D

5. 解 本部分知识点来源于教程第 12 章第 3 节洪峰流量。净雨历时t_c（产流历时）为大于或等于入渗强度的降雨强度所对应的降雨历时。流域汇流时间τ_m为流域最远一点流至出口断面所经历的时间。

按等流时线原理，净雨历时、汇流时间与洪峰流量存在以下关系：

当$t_c < \tau_m$时，洪峰流量是由部分流域面积上的全部净雨所组成；

当$t_c = \tau_m$时，洪峰流量是由全部流域面积上的全部净雨所组成；

当$t_c > \tau_m$时，洪峰流量是由全部流域面积上的部分净雨所组成。

答案：B

6. 解 本部分知识点来源于教程第 12 章第 4 节地下水储存。根据地下水的埋藏条件，地下水可分为包气带水、潜水、承压水。在包气带中储存的水称为包气带水，饱水带中的水分为潜水和承压水。

答案：A

7. 解 本部分知识点来源于教程第 12 章第 4 节地下水储存。地下水的运动和聚集，必须具有一定的岩性和构造条件。储存有地下水的透水岩层，称为含水层。空隙少而小的致密岩层是相对不透水岩层（渗透系数小于 0.001m/d），称为隔水层。对于含水层而言：①岩层必须具有能容纳重力水的空隙。岩石的空隙越大，数量越多，连通性越好，储存和通过的重力水就越多，就越有利于形成含水层，如砂砾层等。②必须具有储存和聚集地下水的地质条件。一个含水层的形成必须要有透水层和不透水层组合在一起，才能形成含水地质结构。③必须具有补给水源。若缺乏补给水源，即使该岩层具有很好的空隙空间和储水结构，也不能形成良好的含水层。

答案：D

8. 解 本部分知识点来源于教程第 12 章第 4 节地下水储存。潜水指地面以下，第一个稳定隔水层以上具有自由水面的水。潜水在重力作用下总是由潜水位高的地方向潜水位低的地方径流（见解图）。在地形低洼处以泉的形式排泄出地表或泄流到地表水体中，在潜水面埋藏深度较小时也可能通过蒸发的形式排泄到大气中。

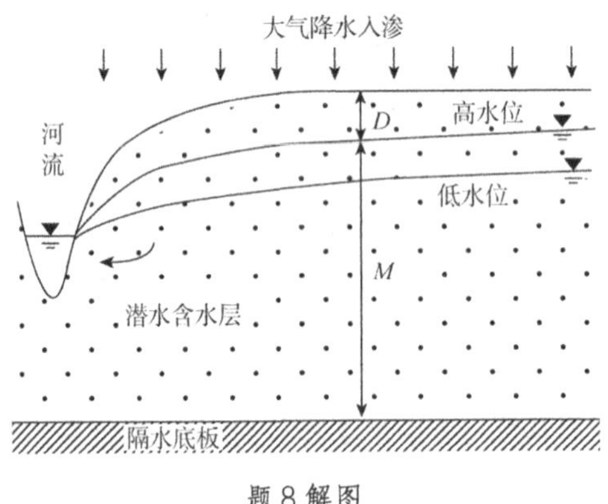

题 8 解图

答案：C

9. 解 本部分知识点来源于教程第 12 章第 5 节地下水运动。裘布依（Dupuit）公式：

$$Q = 1.366\frac{k(2H_0 - S_w)S_w}{\lg\dfrac{R}{r_w}}$$

其可应用于完整井的稳定运动。

裘布依（Dupuit）公式是地下水流向井内的平面流稳定运动公式。该公式是法国水利学家裘布依（Jules Dupuit，1804～1866）在达西定律的基础上导出的。

裘布依推导公式时的假定条件是：

① 含水层是均质、各向同性、等厚、水平的。

② 地下水为层流，符合达西定律，地下水运动处于稳定状态。

③ 静水位是水平的，抽水井具有圆柱形定水头补给边界。

④ 对于承压水，顶底板是完全隔水的；对于潜水，井边水力坡度不大于1/4，底板完全隔水。

完整井是指贯穿整个含水层，在全部含水层厚度上都安装有过滤器并能全断面进水的井。

非完整井是井筒没有穿透最下含水层的整个厚度，井底坐落在含水层上。井筒坐落在潜水层上的叫潜水非完整井，坐落在承压水层上的叫承压非完整井。

一般对深层取水，或者含水层厚度较大的采用非完整井。

答案：B

10. 解 本部分知识点来源于教程第12章第5节地下水运动。根据泰斯公式可得：

$$S=\frac{Q}{4\pi T}\mathrm{W}(u)，u=\frac{\mu_{\mathrm{e}}r^2}{4Tt}$$

将泰勒公式简化后其近似表达式：

$$S\approx\frac{Q}{4\pi T}\ln\frac{2.25Tt}{r^2\mu_{\mathrm{e}}}，\quad \propto=\frac{T}{\mu_{\mathrm{e}}}$$

代入数据可得：

$$S=\frac{1256}{4\times3.14\times100}\ln\frac{2.25\times100\times60\times24\times1.5/24}{3^2}=7.72\mathrm{m}$$

答案：A

11. 解 本部分知识点来源于教程第12章第6节地下水分布特征。河流对地下水的补给，主要取决于河流水位与地下水位的相对关系。雨季河流水补给地下水，旱季地下水补给河流水。

答案：C

12. 解 本部分知识点来源于教程第12章第4节地下水储存。地下水是埋藏在地表以下岩石（包括土层）的空隙（包括孔隙、裂隙和空洞等）中的各种状态的水。通过四大地下水储量的概念来表示某一个地区的地下水量的丰富程度，即静储量、调节储量、动储量和开采储量。

动储量为通过含水层某一横断面上的地下水天然流量。

静储量为一般指储存于地下水最低水位以下含水层中的重力水的体积。

可采储量为地下水技术可能、经济合理的可开采量。

调节储量为地下水年变动带以内地下水的体积，指储存于潜水水位变动带（即年最高水位与最低水位之间或多年变动带）中重力水的体积，亦即全部疏干该带后所能获得的地下水的数量。它与水文、气象因素密切相关，其数值等于潜水位变动带的含水层体积乘以给水度。

答案：B

13. 解 本部分知识点来源于教程第13章第1节细菌的形态和结构。在革兰氏染色过程中，经过结晶紫液初染和碘液媒染后，在细胞的细胞壁内可形成不溶于水的结晶紫与碘的复合物CVI。G^-细菌中，乙醇很容易穿透富脂的外膜，且细胞壁内层肽聚糖含量低，无法阻止溶剂通过，因此细胞褪成无色。

此时，经沙黄等红色染料复染，使G^-细菌呈现红色。

答案：D

14. 解　本部分知识点来源于教程第13章第1节细菌的形态和结构。细胞的基本结构是所有细菌均具有的结构。由细胞外向细胞内分别为细胞壁、原生质体（由细胞膜、细胞质、核质、内含物组成）构成。

答案：D

15. 解　本部分知识点来源于教程第13章第1节细菌的形态和结构。细胞膜是一层紧贴细胞壁内侧，包围着细胞质的半透性薄膜。其组成包括蛋白质、脂质、糖类，其主要成分是蛋白质（约占70%）。

答案：B

16. 解　本部分知识点来源于教程第13章第2节细菌生理特征。细菌吸收营养物质最主要的方式是主动运输。主动运输最大的特点是存在能量消耗并且需要载体蛋白的参与，因此可逆浓度梯度进行。绝大部分的营养物质都是通过主动运输被细胞吸收进而进入细胞内部。

答案：C

17. 解　本部分知识点来源于教程第13章第2节细菌生理特征。好氧呼吸是一种最普遍又最重要的生物氧化产能方式。基质脱氢后，脱下的氢经过完整的电子呼吸链传递，最后与电子受体氧气反应，产生水和能量。其中，整个过程可简化为电子供体通过载体（电子呼吸链）将电子传递给电子受体（O_2）。

答案：D

18. 解　本部分知识点来源于教程第13章第2节细菌生理特征。根据微生物需要的主要营养元素，即能源和碳源的不同而划分的类型，包括光能自养、化能自养、光能异养和化能异养四种营养类型。

（1）光能自养型：以光为能源，CO_2为唯一或主要碳源，通过光合作用来合成细胞所需的有机物质，如蓝藻。

（2）化能自养型：利用氧化无机物的化学能作为能源，并利用CO_2等来合成有机物质，供细胞所用，如硝化细菌、硫细菌、铁细菌等。

（3）光能异养型：不能以CO_2作为主要或唯一碳源，而需以有机物作为供氢体，利用光能来合成细胞物质，如红螺菌。

（4）化能异养型：利用有机物作为生长所需的碳源和能源，来合成自身物质，大部分细菌都是这种营养方式，如原生动物、后生动物、放线菌等。

答案：C

19. 解　本部分知识点来源于教程第13章第3节其他微生物。噬菌体是以原核生物为宿主的病毒，其特点为：一般只由核酸（DNA或RNA）和蛋白质外壳构成；具有大分子的属性，在细胞外不表现生命特征；不具备独立代谢的能力，没有完整的酶系统和独立代谢系统，必须寄生在活细胞内；体积较小，必须用电子显微镜观察。

答案：D

20. 解 本部分知识点来源于教程第 13 章第 4 节水的卫生细菌学。能引起疾病的微生物称致病性微生物（或病原微生物），包括细菌、病毒和原生动物等。水中细菌有很多，但大部分不是病原菌。常见的病原菌有伤寒杆菌、痢疾杆菌、霍乱弧菌、军团菌等。

答案：B

21. 解 本部分知识点来源于教程第 13 章第 4 节水的卫生细菌学。菌落总数的测定，即将一定量水样接种到营养琼脂培养基中，在 37℃培养 24h 后，数出菌落数，再根据接种的水样数量算出每毫升所含菌数。菌落总数能反映水被污染的程度。

答案：D

22. 解 本部分知识点来源于教程第 13 章第 5 节废水生物处理。附着生长的生物膜内食物链比悬浮生长的活性污泥法的食物链长。在生物膜处理系统中：①相对安静稳定的环境；②SRT 相对较长；③线虫类、轮虫类等微型生物出现的频率较高；④藻类甚至昆虫类也会出现；⑤生物膜上的生物类型广泛、种属繁多、食物链长且复杂。

答案：C

23. 解 本部分知识点来源于教程第 14 章第 1 节水静力学。金属压力表的读数值是相对压强。相对压强：以当时当地大气压强为基准点计算的压强，又称为计示压强。

答案：B

24. 解 本部分知识点来源于教程第 14 章第 2 节水动力学理论。根据欧拉法：

$$\vec{u}=\vec{u}(x,y,z,t) \qquad \vec{a}=\frac{\mathrm{d}\vec{u}}{\mathrm{d}t}=\frac{\partial\vec{u}}{\partial t}+u_x\frac{\partial\vec{u}}{\partial x}+u_y\frac{\partial\vec{u}}{\partial y}+u_z\frac{\partial\vec{u}}{\partial z}$$

$$u_x=u_x(x,y,z,t) \qquad a_x=\frac{\mathrm{d}u_x}{\mathrm{d}t}=\frac{\partial u_x}{\partial t}+u_x\frac{\partial u_x}{\partial x}+u_y\frac{\partial u_x}{\partial y}+u_z\frac{\partial u_x}{\partial z}$$

$$u_y=u_y(x,y,z,t) \qquad a_y=\frac{\mathrm{d}u_y}{\mathrm{d}t}=\frac{\partial u_y}{\partial t}+u_x\frac{\partial u_y}{\partial x}+u_y\frac{\partial u_y}{\partial y}+u_z\frac{\partial u_y}{\partial z}$$

$$u_z=u_z(x,y,z,t) \qquad a_z=\frac{\mathrm{d}u_z}{\mathrm{d}t}=\frac{\partial u_z}{\partial t}+u_x\frac{\partial u_z}{\partial x}+u_y\frac{\partial u_z}{\partial y}+u_z\frac{\partial u_z}{\partial z}$$

$\vec{a}$，a_x，a_y，a_z称为总加速度；

$\frac{\partial\vec{u}}{\partial t}$，$\frac{\partial u_x}{\partial t}$，$\frac{\partial u_y}{\partial t}$，$\frac{\partial u_z}{\partial t}$称为时变加速度，也叫当地加速度；

$u_x\frac{\partial\vec{u}}{\partial x}+u_y\frac{\partial\vec{u}}{\partial y}+u_z\frac{\partial\vec{u}}{\partial z}$，$u_x\frac{\partial u_x}{\partial x}+u_y\frac{\partial u_x}{\partial y}+u_z\frac{\partial u_x}{\partial z}$，$u_x\frac{\partial u_y}{\partial x}+u_y\frac{\partial u_y}{\partial y}+u_z\frac{\partial u_y}{\partial z}$，$u_x\frac{\partial u_z}{\partial x}+u_y\frac{\partial u_z}{\partial y}+$

$u_z\dfrac{\partial u_z}{\partial z}$称为位变加速度，也叫迁移加速度。

总加速度 = 时变加速度（当地加速度）+ 位变加速度（迁移加速度）

流线是相互平行直线的流动称为均匀流，流速值是常数。假设流向为x方向，则$u_y = 0$，$u_z = 0$。又根据均匀流的性质，$\frac{\partial u_x}{\partial x} = 0$。则各方向的位变加速度均为零，即总的位变加速度为零。故选项B（位变加速度为零）是正确的。

“流线是相互平行直线的流动”和“位变加速度为零的流动”两种描述是等价的。也常把“位变加速度为零的流动”直接作为均匀流的定义。

由于当地加速度（时变）不一定为零，所以总加速度不一定为零。

答案： B

25. 解　本部分知识点来源于教程第14章第7节堰流。薄壁堰的堰顶厚度与堰上水头的比值范围：$\frac{\delta}{H} \leqslant 0.67$；实用堰的堰顶厚度与堰上水头的比值范围：$0.67 \leqslant \frac{\delta}{H} \leqslant 2.5$；宽顶堰的堰顶厚度与堰上水头的比值范围：$2.5 \leqslant \frac{\delta}{H} \leqslant 10$。

答案： C

26. 解　根据圆管层流时运动方程，可得：

$$u = -\frac{\Delta P}{4\mu L}(R^2 - r^2)$$

当$r = 0$时有最大流速$u_{\max}$，且$u_{\max} = \frac{\Delta P}{4\mu L}R^2$，则平均流速为：

$$\overline{u} = \frac{Q}{A} = \frac{\Delta P d^2}{32\mu L} = \frac{\Delta P}{8\mu L}R^2 = \frac{1}{2}u_{\max} = \frac{1}{2} \times 0.4 = 0.2\text{m/s}$$

答案： C

27. 解　本部分知识点来源于教程第14章第2节水动力学理论。根据两断面列出伯努利方程。

$$z_1 + \frac{p_1}{\rho g} + \frac{{v_1}^2}{2g} = z_2 + \frac{p_2}{\rho g} + \frac{{v_2}^2}{2g} + h_{\text{f}}$$

$$h_{\text{f}} = z_1 - z_2 + \frac{p_1 - p_2}{\rho g} = h$$

答案： A

28. 解　本部分知识点来源于教程第14章第5节明渠均匀流。明渠均匀流对应的水深称为正常水深，以h_0表示。根据明渠均匀流的基本公式$Q_{\text{v}} = AC\sqrt{Ri}$，在断面形状、尺寸和壁面粗糙一定，流量也一定的棱柱形渠道中，正常水深h_0的大小只取决于渠道的底坡i。不同的底坡i对应的正常水深h_0，i越大，h_0越小，反之亦然。

若正常水深正好等于该流量下的临界水深，相应的渠道底坡称为临界底坡。临界底坡用i_{c}表示，$i = i_{\text{c}}$时，$h_0 = h_{\text{c}}$。

按上述定义，渠道底坡为临界底坡时，明渠中的水深同时满足均匀流基本公式和临界水深公式，即

$$Q_{\mathrm{v}}=A_{\mathrm{c}}C_{\mathrm{c}}\sqrt{R_{\mathrm{c}}i_{\mathrm{c}}}$$

$$\frac{\alpha Q_{\mathrm{v}}^{2}}{g}=\frac{A_{\mathrm{c}}^{3}}{B_{\mathrm{c}}}$$

联立解得

$$i_{\mathrm{c}}=\frac{Q_{\mathrm{v}}^{2}}{A_{\mathrm{c}}^{2}C_{\mathrm{c}}^{2}R_{\mathrm{c}}}=\frac{gA_{\mathrm{c}}}{\alpha C_{\mathrm{c}}^{2}R_{\mathrm{c}}B_{\mathrm{c}}}=\frac{g}{\alpha C_{\mathrm{c}}^{2}}\frac{\chi_{\mathrm{c}}}{B_{\mathrm{c}}}$$

将$C=\frac{1}{n}R^{\frac{1}{6}}$，代入上述公式，得

$$i_{\mathrm{c}}=\frac{n^{2}g}{\alpha B_{\mathrm{c}}}\sqrt[3]{\frac{\chi_{\mathrm{c}}^{4}}{A_{\mathrm{c}}}}=\frac{n^{2}g}{\alpha B_{\mathrm{c}}}\sqrt[3]{\frac{(b+2h)^{4}}{bh}}$$

由$h_{\mathrm{c}}=\sqrt[3]{\frac{\alpha Q^{3}}{gB^{2}}}$可知，当$Q$增大时矩形断面临界水深增大，故分析所得$i_{\mathrm{c}}$也随之增大。

答案： A

29. 解 本部分知识点来源于教程第 14 章第 4 节孔口、管嘴出流和有压管路。由直径不同的管段连接起来的管道，称为串联管道。其满足节点流量平衡：

$$Q_{i}=Q_{i+1}+q_{i}$$

式中，q_{i}为第i段管道末尾与第$i+1$段管路连接节点处的泄流量。

所以，对于本题，各段管的流量为：

$$Q_{1}=q_{\mathrm{A}}+q_{\mathrm{B}}+q_{\mathrm{C}}=10+5+10=25\mathrm{L/s}=0.025\mathrm{m^{3}/s}$$

$$Q_{2}=q_{\mathrm{B}}+q_{\mathrm{C}}=5+10=15\mathrm{L/s}=0.015\mathrm{m^{3}/s}$$

$$Q_{3}=q_{\mathrm{C}}=10=10\mathrm{L/s}=0.01\mathrm{m^{3}/s}$$

依据水头损失计算公式：$H=alQ^{2}$，则水塔所需水头为：

$$\begin{aligned}H&=H_{1}+H_{2}+H_{3}=a_{1}l_{1}Q_{1}^{2}+al_{2}Q_{2}^{2}+a_{3}l_{3}Q_{3}^{2}\\&=9.30\times350\times0.025^{2}+43\times450\times0.015^{2}+375\times100\times0.01^{2}=10.14\mathrm{m}\end{aligned}$$

答案： C

30. 解 本部分知识点来源于教程第 14 章第 5 节明渠均匀流。根据明渠均匀流公式计算。

$$\begin{aligned}Q&=Av=AC\sqrt{Ri}=\frac{1}{n}AR^{\frac{2}{3}}i^{\frac{1}{2}}=\frac{i^{\frac{1}{2}}A^{\frac{5}{3}}}{n\chi^{\frac{2}{3}}}=\frac{[(b+mh)h]^{\frac{5}{3}}i^{\frac{1}{2}}}{n\times\left(b+2h\sqrt{1+m^{2}}\right)^{\frac{2}{3}}}\\&=\frac{[(2+1.5\times0.8)\times0.8]^{\frac{5}{3}}\times0.0006^{\frac{1}{2}}}{0.025\times\left(2+2\times0.8\times\sqrt{1+1.5^{2}}\right)^{\frac{2}{3}}}=1.63\mathrm{m^{3}/s}\end{aligned}$$

答案： A

31. 解 本部分知识点来源于教程第 15 章第 1 节叶片式水泵。泵叶轮的相似定律是基于几何相似和运动相似的，凡是两台泵能满足几何相似和运动相似的条件，称为工况相似泵。

几何相似的条件是：两叶轮主要过流部分一切相对应的尺寸成一定比例，所有的对应角相等。

运动相似的条件是：两叶轮对应点上水流的同名速度方向一致、大小互成比例，也即在相应点上水流的速度三角形相似。

叶轮相似定律有三个方面：

①第一相似定律——确定两台在相似工况下运行泵的流量之间的关系

$$\frac{Q}{Q_{\mathrm{m}}}=\lambda^3\frac{n}{n_{\mathrm{m}}}$$

②第二相似定律——确定两台在相似工况下运行泵的扬程之间的关系

$$\frac{H}{H_{\mathrm{m}}}=\lambda^2\left(\frac{n}{n_{\mathrm{m}}}\right)^2$$

③第三相似定律——确定两台在相似工况下运行泵的轴功率之间的关系

$$\frac{N}{N_{\mathrm{m}}}=\lambda^5\left(\frac{n}{n_{\mathrm{m}}}\right)^3$$

答案：D

32. 解 本部分知识点来源于教程第15章第1节叶片式水泵。叶片泵叶轮的形状、尺寸、性能和效率都随比转数而变。混流泵和轴流泵属于高比转数叶片泵，特点是扬程低、流量大。

答案：D

33. 解 本部分知识点来源于教程第15章第1节叶片式水泵。水泵允许吸上真空高度是指在标准状况下（水温20℃，表面压力为一个标准大气压）运转时，水泵所允许的最大吸上真空高度，反映离心泵的吸水性能。允许吸上真空高度越大，说明泵的吸水性能越好。

答案：C

34. 解 本部分知识点来源于教程第15章第1节叶片式水泵。气蚀是否发生，取决于NPSHa（装置气蚀余量）与NPSHr（必须气蚀余量）的关系。使NPSHa > NPSHr，防止发生气蚀的措施如下：

① 降低水泵安装高度；

② 减小吸入损失，为此可以设法增加管径，尽量减小管路长度、弯头和附件等；

③ 防止长时间在大流量下运行；

④ 在同样转速和流量下，采用双吸泵，因减小进口流速，泵不易发生气蚀；

⑤ 水泵发生气蚀时，应把流量减小或降速运行。

答案：C

35. 解 本部分知识点来源于教程第15章第1节叶片式水泵。单位时间内流过泵的液体从泵那里得到的能量叫做有效功率，以字母N_{u}表示，泵的有效功率为：$N_{\mathrm{u}}=\rho gQH$

由于泵不可能将原动机输入的功率完全传递给液体，在泵内部有损失，这个损失通常就以效率η来衡量。泵的效率为：$\eta=N_{\mathrm{u}}/N$

由此求得泵的轴功率：$N = N_u/\eta = \rho gQH/\eta$

答案：B

36. 解 本部分知识点来源于教程第 15 章第 1 节叶片式水泵。在离心泵的六个基本性能参数中，通常选定转速（n）作为常量，然后列出扬程（H）、轴功率（N）、效率（η）以及允许吸上真空高度（H_s）等随流量（Q）而变化的函数关系式，例如：

当$n = \text{const}$时，$H = f(Q)$；$N = F(Q)$；$H_s = \varphi(Q)$；$\eta = \phi(Q)$

答案：D

37. 解 本部分知识点来源于教程第 15 章第 2 节给水泵站。停泵水锤的主要防护措施包括：

（1）防止水柱分离的措施

① 主要从管路布置上考虑，即输水管线布置时尽量避免驼峰或坡度剧变；

② 如果由于地形条件所限，不能变更管路布置，则可以考虑在管路的适当地点设置调压塔，也即采取补气稳压装置。

（2）防止升压过高的措施

① 设置水锤消除器；

② 设空气缸；

③ 采用缓闭阀；

④ 取消止回阀。

答案：D

38. 解 本部分知识点来源于教程第 15 章第 1 节叶片式水泵。在水泵特性曲线Q-H上，相应于效率最高值的(Q_0, H_0)点的各参数，即为泵铭牌上所列出的各数据，它将是该泵最经济工作的一个点。

答案：C

39. 解 DN300mm 以上的阀门，因为承受高压，所以启闭都比较困难。且由于阀门需要经常启闭，所以需要采用自动控制，应采用电动、气动和液动驱动。手动驱动不能准确把握启闭时刻，且耗费人力较大。

答案：B

40. 解 本部分知识点来源于教程第 15 章第 3 节排水泵站。全昼夜运行的大型污水泵站，集水池容积是根据工作泵机组停车时启动备用机组所需的时间来计算的。一般可采用不小于泵站中最大一台泵 5min 的出水量。

对于小型污水泵站，由于夜间的流入量不大，通常在夜间停止运行。在这种情况下，必须使集水池容积能够满足储存夜间流入量的要求。

答案： B

41. 解 本部分知识点来源于教程第15章第1节叶片式水泵。将数据代入比转速计算公式，可得：

$$n_s = \frac{3.65n\sqrt{Q}}{H^{\frac{3}{4}}} = \frac{3.65 \times 2960 \times \sqrt{42 \times 10^{-3}}}{25^{\frac{3}{4}}} = 198.04$$

答案： C

42. 解 本部分知识点来源于教程第15章第1节叶片式水泵。由工况点图解法的原理可知，当水泵压水池水位下降时，静扬程加大，管道系统特性曲线上移，与水泵特性曲线的交点（即工况点）位置将向出水量减小的方向移动。

答案： A

43. 解 本部分知识点来源于教程第16章第1节水分析化学过程的质量保证。根据水样保存要求：①抑制微生物作用；②减缓化合物或配合物的水解、解离及氧化还原作用；③减少组分的挥发和吸附损失。测定总氮水样保存温度为4℃；保存剂为H_2SO_4，至$pH = 2$；可保存时间为24h。

答案： C

44. 解 本部分知识点来源于教程第16章第1节水分析化学过程的质量保证。过失误差指由于分析人员主观上责任心不强、粗心大意或违反操作规程等原因造成的误差，它是可以避免的。所以只有选项D符合要求。选项A、B、C都属于系统误差。

答案： D

45. 解 本部分知识点来源于教程第16章第2节酸碱滴定法。水溶液呈碱性主要有三类：

第一类是强碱，如$Ca(OH)_2$、NaOH等，在水中全部解离成OH^-；

第二类是弱碱，如NH_3、$C_6H_5NH_2$等，在水中部分解离成OH^-；

第三类是强碱弱酸盐，如Na_2CO_3、$NaHCO_3$等，在水中部分解离产生OH^-。

答案： A

46. 解 本部分知识点来源于教程第16章第3节络合滴定法。在络合滴定中，随着EDTA滴定剂的不断加入，被滴定金属离子的浓度不断减少，以被测金属离子浓度的负对数pM（$pM = -\lg[M]$）对加入滴定剂体积作图，可得络合滴定曲线。

影响滴定突跃的主要因素：

①络合物的条件稳定常数：K'_{MY}越大，滴定突跃越大；

②被滴定金属离子的浓度：c_M越大，滴定突跃越大。

答案： D

47. 解 本部分知识点来源于教程第16章第4节沉淀滴定法。莫尔法是以铬酸钾K_2CrO_4为指示剂的银量法。测定水中Cl^-时，加入K_2CrO_4为指示剂，以$AgNO_3$标准溶液滴定，根据分步沉淀原理，首先生成AgCl白色沉淀；当达到计量点时，水中Cl^-已被全部滴定完毕，稍过量的Ag^+便与CrO_4^+生成砖红色沉淀，而指示滴定终点。

如有NH_4^+存在，且在碱性条件下，转化为NH_3，Ag^+与NH_3反应形成配离子$Ag(NH_3)_2^+$，会使消耗的溶液过多，从而分析结果偏高。

答案：B

48. 解　本部分知识点来源于教程第16章第5节氧化还原滴定法。在氧化还原反应的任一瞬间能迅速建立平衡，其实际电势与能斯特公式计算值基本相符的电对，称之为可逆电对。不可逆电对则在氧化还原反应中不能建立真正的平衡，且实际电势与理论电势相差较大。常见的可逆电对有三价铁/二价铁、碘单质/碘负离子等。

答案：D

49. 解　本部分知识点来源于教程第16章第5节氧化还原滴定法。碘量法需要用淀粉作为指示剂，而在I_2和淀粉反应会有蓝色出现，在不清洁的水中蓝色变化不明显；水中如有氧化还原性物质，如Fe^{2+}、Fe^{3+}、S^{2-}、NO_2^-、SO_3^{2-}、Cl_2等，将影响测定结果，必须采用膜电极法或修正的碘量法；对于含NO_2^-的水样，可采用叠氮化钠修正法，即在浓硫酸溶解沉淀物之前，在水中加入数滴5%NaN_3溶液，或在配制碱性KI溶液时，把碱性KI和1%溶液同时加入，然后加入浓硫酸。

答案：D

50. 解　本部分知识点来源于教程第16章第6节吸收光谱法。根据朗伯-比耳定律，当一束平行的单色光通过均匀溶液时，溶液的吸光度与溶液浓度（c）和液层厚度（b）的乘积成正比，是吸光光度法定量分析的依据。其数学表达式为：$A = kbc$。所以，可知乙的浓度是甲的$1/2$。

答案：C

51. 解　本部分知识点来源于教程第16章第6节吸收光谱法。比色法一般分为目视比色法和光电比色法，光电比色法的优点：①仪器代替人眼，消除主观误差，提高准确度；②采用滤光片和参比溶液消除干扰，提高选择性。

分光光度法特点：①采用棱镜或光栅等分光器将复合光变为单色光，可获得纯度较高的单色光，进一步提高了准确度和灵敏度。②扩大了测量的范围，测量范围由可见光区扩展到紫外光区和红外光区。

答案：D

52. 解　本部分知识点来源于教程第16章第7节电化学分析法。玻璃电极中内参比电极的电位是恒定的，与待测溶液的pH无关。玻璃电极之所以能测定溶液的pH，是由于玻璃膜产生的膜电位与待测溶液pH有关。

玻璃电极在使用前必须在水溶液中浸泡24h，使玻璃膜的外表面形成水合硅胶层，由于内参比溶液的作用，玻璃的内表面同样也形成了水和硅胶层。

答案：B

53. 解　本部分知识点来源于教程第17章第2节控制测量。三、四等水准测量除用于国家高程控制网的加密外，在小地区用作建立首级高程控制网。三、四等水准点的高程点应从附近的一、二等水准点引测，一般用双面水准尺，为减弱仪器下沉的影响，在每一测站上应按“后—前—前—后”或“前—后—后—前”的观测顺序进行测量。

答案：A

54. 解　本部分知识点来源于教程第17章第1节测量误差基本知识。算数平均值x与测量值L之差v，称为改正数。

观测值的中误差$m=\pm\sqrt{\frac{[vv]}{n-1}}$

其中，$[vv]=v_1^2+v_2^2+\cdots+v_n^2$

算术平均值的中误差：$M=\pm\sqrt{\frac{[vv]}{n\times(n-1)}}$

所以$M=\frac{m}{\sqrt{n}}$

答案：C

55. 解　本部分知识点来源于教程第17章第3节地形图测绘。①首曲线：在同一幅地形图上，按规定的基本等高距描绘的等高线称为首曲线，也称基本等高线。首曲线用0.15mm的细实线描绘。

②计曲线：凡是高程能被5倍基本等高距整除的等高线称为计曲线，也称加粗等高线。计曲线要加粗描绘并注记高程。计曲线用0.3mm粗实线绘出。

③间曲线：为了显示首曲线不能表示出的局部地貌，按1/2基本等高距描绘的等高线称为间曲线，也称半距等高线。间曲线用0.15mm的细长虚线表示。

④助曲线：用间曲线还不能表示出的局部地貌，按1/4基本等高距描绘的等高线称为助曲线。助曲线用0.15mm的细短虚线表示。

答案：B

56. 解　本部分知识点来源于教程第17章第2节控制测量。当地形高低起伏较大，不便于进行水准测量时，可采用三角高程测量的方法。当用三角高程测量方法测定平面控制点的高程时，应组成闭合或附和的三角高程路线。每条边均要进行对向观测，以消除地球曲率和大气折光的影响。

答案：D

57. 解　本部分知识点来源于教程第17章第3节地形图测绘。比例尺精度，即相当于图上0.1mm的实地水平距离。

$$精度 = 0.1\text{mm} \times M$$

式中，M为比例尺分母。

所以本题比例尺精度为$0.1\text{mm} \times 1000 = 0.1\text{m}$。

答案：B

58. 解　本部分知识点来源于教程第 18 章第 1 节第五章中华人民共和国城市房地产管理法。注册工程师义务主要包括：

①遵守法律、法规和有关管理规定；

②保证执业活动成果的质量，并承担相应责任；

③接受继续教育，努力提高执业水准；

④不得涂改、出租、出借或者以其他形式非法转让注册证书或者执业印章；

⑤不得同时在两个或两个以上单位受聘或者执业；

⑥执行工程建设标准规范；

⑦在本人执业活动所形成的勘察、设计文件上签字，加盖执业印章；

⑧保守在执业中知悉的国家秘密和他人的商业、技术秘密；

⑨在本专业规定的执业范围和聘用单位业务范围内从事执业活动；

⑩协助注册管理机构完成相关工作。

答案：C

59. 解　本部分知识点来源于教程第 18 章第 1 节中华人民共和国招标投标法。业主聘用监理单位对工程建设进行管理，具体管理内容由监理合同确定，如单纯施工、方案设计、施工、保修阶段监理等。监理单位主要是依据国家关于项目建设和质量管理的有关规定对项目整个建设过程进行监督管理，属于事中监管。

答案：D

60. 解　本部分知识点来源于教程第 18 章第 1 节中华人民共和国招标投标法。根据《中华人民共和国招标投标法》第五章法律责任第五十条，招标代理机构违反本法规定，泄露应当保密的与招标投标活动有关的情况和资料的，或者与招标人、投标人串通损害国家利益、社会公共利益或者他人合法权益的，处五万元以上二十五万元以下的罚款，对单位直接负责的主管人员和其他直接责任人员处单位罚款数额百分之五以上百分之十以下的罚款；有违法所得的，并处没收违法所得；情节严重的，禁止其一年至二年内代理依法必须进行招标的项目并予以公告，直至由工商行政管理机关吊销营业执照；构成犯罪的，依法追究刑事责任。给他人造成损失的，依法承担赔偿责任。

答案：D

2022年度全国勘察设计注册公用设备工程师（给水排水）执业资格考试基础考试（下）试题解析及参考答案

1. 解　本部分知识点来源于教程第12章第1节河川径流的特征值。径流模数是指单位流域面积上平均产生的流量，单位为$L/(s \cdot km^2)$。径流系数是指同一时段内流域上的径流深度与降水量的比值，为无量纲。

答案： B

2. 解　本部分知识点来源于教程第12章第1节河川径流的特征值。多年平均径流量＝平均降水量－平均蒸发量$= 1050 - 576 = 474mm = 0.474m$

多年平均径流总量＝多年平均径流量×流域面积$= 0.474 \times 1000 \times 10^6 = 4.74 \times 10^8 m^3$

多年平均流量＝径流总量$/T = 4.74 \times 10^8/(365 \times 24 \times 3600) = 15m^3/s$

答案： B

3. 解　本部分知识点来源于教程第12章第2节设计枯水流量和水位。对于具有发电、防洪和灌溉等综合功能的大、中型水利水电工程，设计洪水的推求包括洪水三要素，即选项A、B、C。但给排水工程中一般的取水工程和防洪工程的设计洪水，通常只需计算洪峰流量或洪水位就可以满足设计要求。

答案： A

4. 解　本部分知识点来源于教程第12章第2节设计枯水流量和水位。分析计算枯水径流时，对调节性能强的水库，需用水库供水期数个月的枯水流量组成样本系列；对于无调节而直接从河流中取水的一级泵站，则需用每年的最小日平均流量组成样本系列。

答案： A

5. 解　本部分知识点来源于教程第12章第2节设计枯水流量和水位。暴水降落地面后，因土壤入渗、洼地填蓄、植物截留及蒸发等因素，损失了一部分雨量，而未损失的部分即为净雨量。净雨量＝暴雨量－损失量，即地表径流。

答案： A

6. 解　本部分知识点来源于教程第12章第4节地下水储存。含水层和隔水层划分的依据是岩石的透水性，一般情况下，渗透系数大于1m/d的岩层均可认为是透水层，而渗透系数小于0.001m/d的岩层则称为不透水层，渗透系数介于两者之间的为半透或弱透水层。

答案： A

7. 解　本部分知识点来源于教程第12章第4节地下水储存。承压水是充满于两个隔水层之间的含水层中承受着水压力的重力水。承压水层有上下两个稳定的隔水层，分别称为隔水顶板和隔水底板。两板之间的距离为含水层的厚度。当井穿透隔水顶板后，承压水层中的水会上升到顶板以上某一高度后稳定下来，而当火车驶过时，将使隔水顶板的压力增大，含水层厚度减小，导致出水口水位升高。

答案： A

8. 解 本部分知识点来源于教程第12章第4节地下水储存。人工补给地下水，即将地面水引入地下储水层，以便增加地下水资源，防止地面下沉，改善地下水的水质，调节地下水的温度，或者阻拦海水的地下倒灌。

答案： D

9. 解 本部分知识点来源于教程第12章第5节地下水运动。渗透速度$v = ki = (5.4 - 3)/1200 = 0.03\text{m/d}$，实际速度$u = v/n = 0.03/0.2 = 0.15\text{m/d}$。

答案： A

10. 解 本部分知识点来源于教程第12章第4节地下水储存。潜水位的埋藏深度等于地面到潜水面的垂直深度，当地下水开采量大于补给量时，潜水位下降，含水层厚度减小，水位埋藏深度变大。承压水位的埋藏深度是地面到钻孔揭露承压含水层时，井孔中水的垂直深度，当地下水开采量大于补给量时，承压水头下降，含水层厚度不变，水位埋藏深度也会变大。

答案： B

11. 解 本部分知识点来源于教程第12章第4节地下水储存。冲积物指常年性河流地质作用所形成的松散堆积物。这些冲积物具有孔隙度大、透水性强、富水性好的特点且地下水位埋藏较浅，与河水联系密切。河流中游具有二元结构的河漫滩，上部的细砂及黏性土相对为弱透水层，下部是中粗砂和砾石组成较强的透水层，均可成为理想的含水层。

答案： D

12. 解 本部分知识点来源于教程第12章第7节地下水资源评价。地下水在开采条件下水力坡度大，引起地表水渗入的增加，地下水水位下降引起越流的加剧，以及天然排泄量（蒸发、泉水溢出量）减小，都会使含水层的补给量增加。

答案： D

13. 解 本部分知识点来源于教程第13章第1节细菌的形态和结构。不同微生物均具有以下一些共同特点：个体微小、结构简单、面积大，吸收多、转化快，繁殖迅速、容易变异，分布广泛、种类繁多。

答案： C

14. 解 本部分知识点来源于教程第13章第5节废水生物处理。菌胶团是指聚合度高，以单个细菌为核心，由胶体包裹的生物絮团，是细菌及其分泌的胶质物质组成的细小颗粒，是活性污泥的主体。

污泥的吸附性能、氧化分解能力及絮凝沉降等性能均与菌胶团有关。

答案：C

15. 解 本部分知识点来源于教程第 13 章第 1 节细菌的形态和结构。水是细菌最重要的组成成分之一。细菌细胞内的水主要分为两类：在细胞内绝大部分水以游离的形式存在，可以自由流动，称为自由水；另一部分水主要与细胞中的其他物质相结合，称为结合水。其中，自由水的功能主要有以下三点：①作溶剂。水是细胞内良好的溶剂。②细菌细胞中各种化学反应的介质。③作为运输物质的载体来运送养料和代谢废物。结合水是细胞结构的重要组成成分，故选项 A、B、C 正确。维持和调节酸碱度的主要是无机盐。

答案：D

16. 解 本部分知识点来源于教程第 13 章第 2 节细菌生理特征。按照酶促反应性质及催化反应类型，可将酶分为水解酶、氧化还原酶、转移酶、同分异构酶、裂解酶和合成酶类共六大类。

答案：C

17. 解 本部分知识点来源于教程第 13 章第 1 节细菌的形态和结构。TCA 循环即三羧酸循环。三羧酸循环即在线粒体中，乙酰辅酶 A 和草酰乙酸缩合生成柠檬酸，经过一系列酶促反应重新生成草酰乙酸，而将乙酰辅酶 A 彻底氧化成H_2O和CO_2，并释放出能量的过程。

答案：D

18. 解 本部分知识点来源于教程第 13 章第 3 节其他微生物。当水体刚开始受到污染时，细菌数目开始增多，但数量还不大，这时可发现较多的鞭毛虫。在一般天然情况下，清洁的水中不可能发现数量大的鞭毛虫，新污染的水中则可发现一定数数量的肉足虫。但是，动物性鞭毛虫掠食细菌的能力又不如游泳型纤毛虫，因此游泳型纤毛虫逐渐取得优势。游泳型纤毛虫的数目随着细菌数目的变化而变化。只要细菌数目多，游泳型纤毛虫就占优势。当水体中有机物逐渐被氧化分解，细菌数目逐渐减少，这时游泳型纤毛虫也逐渐减少，而让位给固着型的纤毛虫，如各种钟虫。固着型纤毛虫只需要较低的能量，所以它们可以生存于细菌很少的环境中。水中细菌等物质愈来愈少，最后固着型纤毛虫也得不到必需的能量。这时，水中生存的微型生物主要是轮虫等后生动物，它们都是以有机残渣、死的细菌等为食料，故选项 D 正确。

答案：D

19. 解 本部分知识点来源于教程第 13 章第 4 节水的卫生细菌学。肠道正常细菌有大肠杆菌、肠球菌和产气荚膜杆菌三类，故选项 C 错误。

大肠菌群的生理习性与肠道病原菌的生理习性较为相似，在外界的生存时间也基本一致，故选项 A 正确。

大肠菌群是动物肠道中正常的寄居菌群，大量存在于粪便中，故选项 B 正确。

大肠菌群的检验技术并不复杂，包括 ATP 生物发光技术、PCR 检测技术以及平板计数法和多管发酵法等，选项 D 正确。

答案：C

20. 解　本部分知识点来源于教程第 13 章第 3 节其他微生物。病毒是一类体积微小，没有细胞结构，专门寄生在活的敏感宿主体内的微生物，选项 B 错误。

病毒个体很小，一般无法用普通光学显微镜辨认，须在电子显微镜下才能看见，选项 A 正确。

病毒没有完整的酶系统和独立的代谢系统，只能寄生在微生物、动物或植物的活细胞内生活，选项 C 正确。

病毒能以无生命的化学大分子状态长期存在环境中，并保持其感染活性，选项 D 正确。

答案：B

21. 解　本部分知识点来源于教程第 13 章第 5 节废水生物处理。通常情况下，磷酸盐一般不能被微生物还原，但在缺氧条件下以及不存在硫酸盐和硝酸盐时，磷酸盐也可在一些微生物的作用下作为电子受体被还原为PH_3。

答案：C

22. 解　本部分知识点来源于教程第 13 章第 5 节废水生物处理。厌氧消化三阶段：①水解和发酵阶段。在这一阶段中复杂的有机物在水解和发酵菌的作用下进行水解和发酵，参与这一阶段的细菌主要有水解和发酵细菌。②产氢产乙酸阶段。在产氢产乙酸菌的作用下，把除甲酸、乙酸、甲醇以外的第一阶段产生的中间产物如丙酸、丁酸和乙醇等转化为乙酸、H_2和CO_2。参与这一阶段的细菌主要是产氢产乙酸菌。③产甲烷阶段。在这一阶段产甲烷菌将第一和第二阶段产生的乙酸、水和二氧化碳等转化为甲烷。参与这一阶段的细菌主要是产甲烷菌。故选项 A、B、D 正确。同型产乙酸菌主要是将产氢产乙酸阶段产生的H_2和CO_2转化为乙酸，属于第四阶段，故选项 C 错误。

答案：C

23. 解　本部分知识点来源于教程第 14 章第 1 节水静力学。由$p = \rho_{水} gh = 1000\text{kg/m}^3 \times 9.8\text{N/kg} \times 5\text{m} = 4.9 \times 10^4\text{Pa}$

答案：B

24. 解　本部分知识点来源于教程第 14 章第 2 节水动力学理论。如解图所示，由$z_1 + \frac{p_1}{\rho g} + \frac{v_1^2}{2g} = z_2 + \frac{p_2}{\rho g} + \frac{v_2^2}{2g}$和$z_1 = z_2$，

可知
$$\frac{p_1}{\rho g} + \frac{v_1^2}{2g} = \frac{p_2}{\rho g} + \frac{v_2^2}{2g}$$

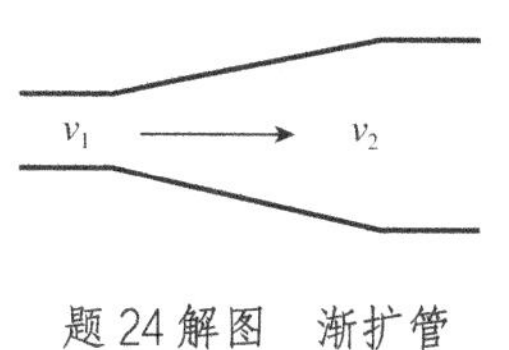

题 24 解图　渐扩管

又因$v_1 > v_2$，所以可知$p_1 < p_2$。

答案： C

25. 解 本部分知识点来源于教程第 14 章第 3 节水流阻力和水头损失。沿程阻力系数λ是雷诺数 Re 和管壁的相对粗糙度k_s/d的函数。根据λ的变化特性，将关系曲线分为 5 个阻力区。

在层流区、临界过渡区（即层流向紊流过渡区），λ均为 Re 的函数，与k_s/d无关。

在紊流光滑区，Re 较小时，λ只是 Re 的函数，随着 Re 的增大，k_s/d较大的先离开此线，k_s/d小的后离开。

在紊流过渡区，λ与 Re 和k_s/d均有关。

在紊流粗糙区，λ只与k_s/d有关，与 Re 无关。

答案： C

26. 解 本部分知识点来源于教程第 14 章第 4 节孔口、管嘴出流和有压管路。小孔口的流量系数$\mu = 0.62$，管嘴的流量系数$\mu_n = 0.82$，由孔口（恒定自由）出流公式：$Q = \mu A\sqrt{2gH_0}$和管嘴出流公式：$Q_n = vA = \varphi_n A\sqrt{2gH_0} = \mu_n A\sqrt{2gH_0}$，知$Q < Q_N$。

答案： A

27. 解 本部分知识点来源于教程第 14 章第 4 节孔口、管嘴出流和有压管路。简单管道$h_f = S_0 l Q^2$，并联管道$h_{f1} = h_{f2}$，即$S_{01} l_1 Q_1^2 = S_{02} l_2 Q_2^2$，由已知条件两管道直径相同、沿程阻力系数相同，可知阻抗$S_{01} = S_{02}$，又$l_2 = 3l_1$，可得：$Q_1^2 = 3Q_2^2$，即$Q_1 = \sqrt{3}Q_2 = 1.73Q_2$。

答案： C

28. 解 本部分知识点来源于教程第 14 章第 5 节明渠均匀流。本题主要考查明渠流动中临界水深的概念。临界水深计算公式为：

$$h_{cr} = \sqrt[3]{\frac{\alpha Q^2}{gb^2}} = \sqrt[3]{\frac{\alpha q^2}{g}}$$

当渠道断面的形状、尺寸一定时，临界水深只是流量q的函数，即流量一定时，h_{cr}不变，与底坡无关。

答案： C

29. 解 本部分知识点来源于教程第 14 章第 4 节孔口、管嘴出流和有压管路。由三个图的面积相等，即$\frac{\pi}{4}d^2 = a^2 = 2b^2$，可知$d = \frac{2a}{\sqrt{\pi}} = 1.128a$，$b = 0.707a$

$$R_1 : R_2 : R_3 = \frac{\frac{1}{4}\pi d^2}{\pi d} : \frac{a^2}{4a} : \frac{2b^2}{6b} = 0.282 : 0.25 : 0.236$$

因为$h_f = \lambda \frac{l}{4R}\frac{v^2}{2g}$，所以$J = \frac{h_f}{l} = \frac{\lambda}{4R}\frac{v^2}{2g}$，即$\frac{8RgJ}{\lambda} = v^2$，得$v = \sqrt{\frac{8RgJ}{\lambda}}$

由J、λ相等，可知$v \propto \sqrt{R}$，而A又相等，所以

$$
\begin{aligned}
Q_1:Q_2:Q_3&=\sqrt{R_1}:\sqrt{R_2}:\sqrt{R_3}\\
&=\sqrt{0.282}:\sqrt{0.25}:\sqrt{0.236}\\
&=0.531:0.5:0.486\\
&\approx 53:50:49
\end{aligned}
$$

答案：D

30. 解 本部分知识点来源于教程第14章第2节水动力学理论。在1-2断面列伯努利方程：

$$z_1+\frac{p_1}{\rho g}+\frac{a_1u_1^2}{2g}=z_2+\frac{p_2}{\rho g}+\frac{a_2u_2^2}{2g}+h_\mathrm{j}$$

已知$d_1=75\mathrm{mm}$，$P_1=0.7\mathrm{at}$，$d_2=150\mathrm{mm}$，$P_2=1.4\mathrm{at}$，$L=1.5\mathrm{m}$，$Q=56.6\mathrm{L/s}$

可得：

$$u_1=\frac{Q}{A_1}=\frac{4\times0.0566}{\pi\times0.075^2}=12.82\mathrm{m/s},\ \frac{u_1^2}{2g}=8.39\mathrm{m}$$

$$u_2=\frac{Q}{A_2}=\frac{4\times0.0566}{\pi\times0.15^2}=3.2\mathrm{m/s},\ \frac{u_2^2}{2g}=0.52\mathrm{m}$$

$$\frac{p_1}{\rho g}=\frac{0.7\times10^5}{1000\times9.8}=7.14\mathrm{m},\ \frac{p_2}{\rho g}=\frac{1.4\times10^6}{1000\times9.8}=14.29\mathrm{m}$$

故局部水头损失

$$
\begin{aligned}
h_\mathrm{j}&=z_1+\frac{p_1}{\rho g}+\frac{a_1u_1^2}{2g}-z_2-\frac{p_2}{\rho g}-\frac{a_2u_2^2}{2g}\\
&=1.5+7.14+8.39-0-14.29-0.52\\
&=2.22\mathrm{m}=4.26\frac{u_2^2}{2g}=0.26\frac{u_1^2}{2g}
\end{aligned}
$$

答案：B

31. 解 本部分知识点来源于教程第15章第1节叶片式水泵。凡两台泵能够满足几何相似和运动相似的条件，则称为工况相似的泵。

答案：D

32. 解 本部分知识点来源于教程第15章第1节叶片式水泵。叶片式水泵按工作原理的不同，可分为离心泵、混流泵和轴流泵三类。

离心泵按其基本结构、形式特征，又分为单级单吸式离心泵、单级双吸式离心泵、多级式离心泵以及自吸式离心泵。

混流泵按其结构形式分为蜗壳式和导叶式。

轴流泵按其主轴方向又可分为立式泵、卧式泵和斜式泵，按叶片可调节的角度不同分为固定式、半调节式和全调节式。

答案：A

33. 解 本部分知识点来源于教程第15章第1节叶片式水泵。水泵气蚀会产生噪声和压力振动，使叶轮损坏，缩短水泵的使用寿命，同时气泡还会堵塞叶轮槽道，致使扬程和流量降低，效率下降。

答案：A

34. 解 本部分知识点来源于教程第 15 章第 1 节叶片式水泵。允许吸上真空高度（H_s），指泵在标准状况下（即水温为 20℃、表面压力为一个标准大气压）运转时，泵所允许的最大的吸上真空高度，单位为“mH_2O”。

当水泵的吸水性能用允许吸上真空高度来衡量时，水泵的最大安装高度为

$$H_{ss} = H_s' - \frac{v_1^2}{2g} - \sum h_s$$

水泵的吸水性能用气蚀余量来衡量时，水泵的最大安装高度为

$$H_{ss} = h_a - h_{va} - H_{sv} - \sum h_s$$

根据这两个公式可以推导：$H_s' - \frac{v_1^2}{2g} - \sum h_s = h_a - h_{va} - H_{sv} - \sum h_s$

$$H_s - (10.33 - h_a) - (h_{va} - 0.24) - \frac{v_1^2}{2g} - \sum h_s = h_a - h_{va} - H_{sv} - \sum h_s$$

$$H_s - 10.09 - \frac{v_1^2}{2g} = -H_{sv}$$

该题中气蚀余量大于 10m，也即$H_{sv} = 10m$，则：

$$H_s - 10.09 - \frac{v_1^2}{2g} = -10$$

$$H_s = 0.09 + \frac{v_1^2}{2g}$$

由于真空表所在断面的流速水头$\frac{v_1^2}{2g}$必不小于 0，因此：$H_s > 0$。

答案： A

35. 解 本部分知识点来源于教程第 15 章第 1 节叶片式水泵。轴流泵的工作是以空气动力学中机翼的升力理论为基础的，其叶片截面与机翼的形状相似，称之为翼型。

答案： D

36. 解 本部分知识点来源于教程第 15 章第 3 节排水泵站。离心泵在最高效率相对应的流量即额定流量工作时最经济，因此与最高效率点对应的流量、扬程、轴功率为最佳工作点，即额定工况点。但在实际中，离心泵往往不可能正好在最佳工况下操作，因此一般规定一个工作范围，称为泵的高效区。此区通常为最高效率的 92%左右。

答案： C

37. 解 本部分知识点来源于教程第 15 章第 2 节给水泵站。停泵水锤是泵机组突然失电或其他原因造成开阀停车时，在泵及管路中水流速度发生递变而引起的压力递变现象。停泵水锤数值往往比较大，应对停泵水锤造成的升压进行认真分析并采取必要的保护措施。

管径大，所以振动效应较小。扬程较高，但没有说明扬程的变化情况。关闭水锤正常操作时不会引起过大的水锤压力。

答案： A

38. 解　本部分知识点来源于教程第 15 章第 1 节叶片式水泵。虽然水泵的性能不因是否与其他泵并联而改变，但两台同型号水泵并联工作与一台水泵单独工作相比，其扬程会增大，出水量会减小。

答案：D

39. 解　本部分知识点来源于教程第 15 章第 1 节叶片式水泵。混流泵水流为斜向流，液体质点在叶轮中流动时既受到离心力作用，又有轴向升力的作用。

答案：C

40. 解　本部分知识点来源于教程第 15 章第 1 节叶片式水泵。比转速的公式$n_s = 3.65\sqrt[n]{Q}/H^{4/3}$，计算比转速时，$n$、$Q$和$H$为水泵铭牌上所标的值，即在运行过程中转速$n$发生变化时，比转速不变。比转速对于一台水泵来说为定值。

答案：B

41. 解　本部分知识点来源于教程第 15 章第 1 节叶片式水泵。由$\eta = \frac{N_u}{N} = \frac{\rho gQH}{N}$，可推导$N = \frac{\rho gQH}{\eta}$。

同一台水泵输送不同容量的同质液体时，扬程和效率不变，即当输送容量为 1.3 倍的同质液体时，$N = 1.3N_0$。

答案：C

42. 解　本部分知识点来源于教程第 15 章第 1 节叶片式水泵。由离心泵特性曲线可知，当管路出口流量减小时，η先增大后减小，N逐渐减小，H逐渐增大，故选项 A、B 错误，选项 D 正确。随着流量的减小，H_s逐渐增大，泵吸水性能曲线Q-H_s变陡，选项 C 错误。

答案：D

43. 解　本部分知识点来源于教程第 16 章第 1 节水分析化学过程的质量保证（水样的预处理）。本题考查几种常见过滤方法的过滤能力，正确顺序为滤膜 > 离心 > 滤纸 > 砂芯滤斗。

答案：C

44. 解　本部分知识点来源于教程第 16 章第 1 节水分析化学过程的质量保证。系统误差又叫可测误差，是由某些经常的原因引起的误差，使测定结果系统偏高或偏低。其大小、正负有一定规律；具有重复性和可测性。系统误差包括：①方法误差（由于某一分析方法本身不够完善或有缺陷而造成的）；②仪器和实际误差（由于仪器本身不够精确和试剂或蒸馏水不纯造成的）；③操作误差（由于操作人员一些生理上或习惯上的原因而造成的）。

不可测误差为随机误差（又叫偶然误差），是由于某些偶然原因引起的误差。其大小、正负无法测量，也不能加以校正。

可见教程 16.1.2 节“1）误差的来源”。

答案：D

45. 解　本部分知识点来源于教程第 16 章第 2 节酸碱滴定法。在水溶液中，OH^-会与HCO_3^-发生反应：$OH^- + HCO_3^- = H_2O + CO_3^{2-}$，故水中不可能同时存在$OH^-$和$HCO_3^-$碱度。

答案：B

46. 解　本部分知识点来源于教程第 16 章第 4 节沉淀滴定法。当$pH < 1$时，强酸性溶液中，EDTA 主要以H_6Y^{2+}型体存在，但并不是只以这种型体存在，还有H_5Y^+。当$pH = 2.75 \sim 6.24$ 时，EDTA 主要以H_2Y^{2-}型体存在；当$pH > 10.34$时，EDTA 主要以Y^{4-}型体存在；当$pH \geqslant 12$时，只有Y^{4-}型体存在。

答案：A

47. 解　本部分知识点来源于教程第 16 章第 4 节沉淀滴定法。比色法为吸收光谱法，离子选择电极法为电位滴定法，碘量法为氧化还原滴定法。

莫尔法以铬酸钾K_2CrO_4为指示剂的银量法，属于沉淀滴定法。

答案：B

48. 解　本部分知识点来源于教程第 16 章第 5 节氧化还原滴定法。根据能斯特方程，可知条件电极电位与标准电极电位、离子强度有关，受生成沉淀、络合及弱电解质影响。

答案：A

49. 解　本部分知识点来源于教程第 16 章第 5 节氧化还原滴定法。TOC 用仪器测定，与水样中理论上有机物含量几乎相等。

COD、BOD_5及高锰酸钾盐指数由于氧化还原反应不能够完全进行，所以比 TOC 低，根据这三种方法的原理及所使用的氧化还原滴定的试剂，可以得到氧化率的大小：$COD > BOD_5 >$ 高锰酸盐指数。

故综合来说，是$TOC > COD > BOD_5 >$ 高锰酸盐指数。

答案：A

50. 解　本部分知识点来源于教程第 16 章第 6 节吸收光谱法。利用比较溶液颜色深浅来测定溶液中某种组分含量的分析方法称为比色法。

利用分光光度计测定溶液吸光度进行定量分析的方法称为分光光度法。

朗伯-比尔定律是分光光度法和比色法的定量基础。

答案：B

51. 解　本部分知识点来源于教程第 16 章第 6 节吸收光谱法。紫外可见分光光度计由光源、分光系统、吸收池、检测器组成，选项 A 正确。

波长范围一般为 200～1000nm，选项 B 错误。

棱镜或衍射光栅是单色器的重要部件，检测器的功能是接收光信号转变为电信号，选项 C 和 D 正确。

答案：B

52. 解　本部分知识点来源于教程第 16 章第 7 节电化学分析法。在电位分析法中，原电池的装置中由一个指示电极和一个参比电极组成。其中，一个电极电位随溶液中被测离子的活度或浓度的变化而改变的电极，称为指示电极；另一个电极电位为已知的、恒定不变的电极，称为参比电极。当被参比的电极的电势高于参比电极时，参比电极作负极，当被参比的电极的电势低于参比电极时，则参比电极作正极。故参比电极既可作正极，也能作负极，视两个电极电势高低而定。

答案：C

53. 解　本部分知识点来源于教程第 17 章第 3 节地形图测绘。地貌即地标外貌各种起伏状态的总称，如山地、丘陵、平原、河谷、洼地、悬崖等。地物是指地面上人工构筑物或自然形成的物体，如海洋、河流、湖泊、道路、房屋等。河流、水准点、里程碑均为地物，悬崖为地貌。

答案：D

54. 解　本部分知识点来源于教程第 17 章第 1 节测量误差基本知识。在测量过程中由于观测者主观臆断所引起的误差被称为观测误差。根据其对测量结果影响的性质可分为系统误差、偶然误差和粗差，选项 B 正确。

在相同的观测条件下进行多次观测，如果观测结果包含的误差在大小及符号上表现出某种规律性，则这种误差称为系统误差。

在相同的观测条件下进行多次观测（或对同类数据进行同种处理），如果观测结果包含的误差在大小及符号上均没有表现出一致的倾向，即从表面看没有任何规律性，但大量的误差会呈现出统计上的规律性，则这种误差叫偶然误差。

数值超出了某种规定范围的误差则称为粗差。

答案：B

55. 解　本部分知识点来源于教程第 17 章第 2 节控制测量。导线全长闭合差$f=\sqrt{f_X^2+f_Y^2}$，由题可知$f_X=+0.08\text{m}$，$f_Y=-0.06\text{m}$，代入公式求得$f=0.1$。故导线全长相对闭合差为

$$k=\frac{f}{\sum D}=\frac{0.1}{475.35}=0.0002103\approx 1/4750$$

答案：C

56. 解　本部分知识点来源于教程第 17 章第 3 节地形图测绘。相邻等高线之间的水平距离称为等高线平距，常以D表示。因为同一张地形图内等高距是相同的，所以等高线平距D的大小直接与地面坡度有关。等高线平距越小，地面坡度就越大；等高线平距越大，则坡度越小。

答案：A

57. 解　本部分知识点来源于教程第 17 章第 5 节建筑工程测量。施工测量即在施工阶段进行的测量工作，其主要任务是将图纸上设计建筑物的平面位置和高程按设计与施工要求，以一定的精度标定到

实地，作为施工的依据，并在施工过程中进行一系列的测量工作。

答案： C

58. 解 本部分知识点来源于教程第18章第1节。注册公用设备工程师应履行的义务主要有：（一）遵守法律、法规和职业道德，维护社会公共利益。（二）保证给水排水设计的质量，并在其负责的设计图纸上签字。（三）保守在职业中知悉的单位和个人秘密。（四）不得同时受聘于两个及以上设计单位执行业务。（五）不得准许他人以本人名义执业。

答案： D

59. 解 本部分知识点来源于教程第18章第1节中华人民共和国民法典。《中华人民共和国民法典》第八百零五规定，因发包人变更计划、提供的资料不准确，或者未按照期限提供必需的勘察工作条件而造成的返工、停工或者修改设计，发包人应当按照勘察人、设计人实际消耗的工作量增付费用。

答案： D

60. 解 本部分知识点来源于教程第18章第1节建设工程质量检测管理办法。根据《建设工程质量检测管理办法》：

第二十九条　检测机构违反本办法规定，有下列行为之一的，由县级以上地方人民政府建设主管部门责令改正，可并处1万元以上3万元以下的罚款；构成犯罪的，依法追究刑事责任：（一）超出资质范围从事检测活动的；（二）涂改、倒卖、出租、出借、转让资质证书的；（三）使用不符合条件的检测人员的；（四）未按规定上报发现的违法违规行为和检测不合格事项的；（五）未按规定在检测报告上签字盖章的；（六）未按照国家有关工程建设强制性标准进行检测的；（七）档案资料管理混乱，造成检测数据无法追溯的；（八）转包检测业务的。

第三十条　检测机构伪造检测数据，出具虚假检测报告或者鉴定结论的，县级以上地方人民政府建设主管部门给予警告，并处3万元罚款；给他人造成损失的，依法承担赔偿责任；构成犯罪的，依法追究其刑事责任。

答案： A

2022年度全国勘察设计注册公用设备工程师（给水排水）执业资格考试基础补考（下）试题解析及参考答案

1. 解 本部分知识点来源于教程第12章第1节河川径流的特征值。径流形成过程是指流域内的水从降落，至水流汇集、流至出口断面，并且在流域蓄渗阶段，降雨全部消耗于植物截留、土壤下渗、地面填洼和流域蒸发。

答案：A

2. 解 本部分知识点来源于教程第12章第1节河川径流的特征值。径流系数α为同一时段内流域上的径流深度R与降水量P之比值，$\alpha=\frac{R}{P}$。

其中，径流深度R是指计算时段内的径流总量W折算成全流域面积上的平均水深，$R=\frac{W}{1000F}$。

径流总量W指一段时间（T）内通过河流过水断面的总水量，$W=QT$，即：

$$W=QT=15\times3600\times24\times365=4.7304\times10^{8}\mathrm{m}^{3}$$

则径流深度R为：

$$R=\frac{W}{1000F}=\frac{4.7304\times10^{8}}{1000\times1000}=473.04\mathrm{mm}$$

得径流系数$\alpha=\frac{R}{P}=\frac{473.04}{1050}=0.45$

答案：B

3. 解 本部分知识点来源于教程第12章第2节设计枯水流量和水位。洪水三要素包括洪峰流量（一次洪水的流量最大值）、洪水过程线（流量关于时间绘出的曲线图）和洪水总量（洪水过程线与横轴围成的面积）。

答案：D

4. 解 本部分知识点来源于教程第12章第1节河川径流的特征值。枯水期是指流域内地表水流枯竭，主要依靠地下水补给水源的时期。当月平均径流量占全年径流量的比例小于5%时，属枯水期。枯水期是一年中降水较少、河流水位较低的时期，其长度和强度受流域自然地理及气象条件影响，包括降水量、蒸发量、温度和湿度等多个因素。

枯水期通常发生在少雨或无雨的季节，这时地表水流枯竭，河流主要依靠地下水补给。这个时期的起止时间和历时取决于河流的补给情况，如果一个地区长时间没有降雨，那么枯水期可能会延长。在枯水期，一些中小型河流可能会因为得不到足够的地下水补给而出现干涸现象。

答案：A

5. 解 本部分知识点来源于教程第12章第3节洪峰流量。汇流历时是指雨水从流域的不同地方开始流动到流域出口断面所需的时间。净雨历时则是指扣除损失后实际产生径流的那部分降雨所经历的时间。

当流域汇流历时小于或等于净雨历时，意味着在整个净雨历时期间，流域内的雨水都能及时汇集到流域出口断面，形成的是全面汇流。

当流域汇流历时大于净雨历时时，洪峰流量由部分流域面积上的全部净雨所形成；当流域汇流历时等于净雨历时时，洪峰流量由全部流域面积上的全部净雨所组成；当流域汇流历时小于净雨历时时，洪峰流量由全部流域面积上的部分净雨所形成。

答案： A

6. 解 本部分知识点来源于教程第 12 章第 6 节地下水分布特征。孔隙水、裂隙水、岩溶水的划分依据主要是含水层介质的性质。

答案： C

7. 解 本部分知识点来源于教程第 12 章第 4 节地下水储存。含水层是指能够透过并给出相当数量水的岩层，含水层可以储存水，并且水可以在其中运移。

答案： C

8. 解 本部分知识点来源于教程第 12 章第 4 节地下水储存。承压地下水有稳定的隔水顶板存在，没有自由水面，水体承受静水压力从压力高的地方向压力低的地方流动。

答案： A

9. 解 本部分知识点来源于教程第 12 章第 5 节地下水运动。承压含水层在开采时，释放的水量主要来自于含水层的弹性释水。这是由于抽取地下水时，含水层中的水压力下降，导致含水层的多孔介质（如砂粒）发生弹性压缩，从而释放出储存在孔隙中的水。选项 A 通常与沉积作用有关。承压含水层在开采时是压力下降，而非膨胀，故选项 B 错误。选项 C 所表达的通常与非承压含水层或地表水体有关，故选项 C 错误。

答案： D

10. 解 本部分知识点来源于教程第 12 章第 5 节地下水运动。潜水完整井的出水量公式为

$$Q=\frac{1.36k(2h_0-S_{\mathrm{w}})S_{\mathrm{w}}}{\lg\left(\frac{R}{r_{\mathrm{w}}}\right)}=\frac{1.36\times8\times(2\times12-3)\times3}{\lg\frac{100}{0.263/2}}=238\mathrm{m}^3/\mathrm{d}$$

式中，S_{w}为井中水位降深；Q为抽水井流量；h_0为含水层厚度；k为渗透系数；r_{w}为井的半径；R为影响半径。

答案： B

11. 解 本部分知识点来源于教程第 12 章第 6 节地下水分布特征。基岩裂隙水通常储存在岩石的裂隙、孔隙中，由于裂隙分布的不均匀和连通性的差异，基岩裂隙水一般没有统一的地下水面。

基岩裂隙水的分布受裂隙发育程度、岩石的透水性等因素的影响，通常分布不均匀。

基岩裂隙水往往沿着特定的地质构造（如断层、裂隙带等）分布，形成条状或带状的分布特征。

裂隙的方向、连通性和透水性在不同方向上可能存在显著差异，导致水流方向和水头分布呈现出明显的各向异性特征，而非各向同性。

答案：D

12. 解　本部分知识点来源于教程第 12 章第 7 节地下水资源评价。地下水系统的水量平衡可以采用以下公式来表示：

$$\Delta S = R - (D + E + C)$$

式中，ΔS是储存量的变化（增加或减少的水量）；R是补给量（包括降水入渗、地表水补给等）；D是排泄量（如泉水流出、河流排泄等）；E是开采量（人类抽取的水量）；C是其他损耗量（如蒸发、植物吸收等）。

当$R > D + E + C$时，地下水的储存量会增加，即补给量超过了排泄量、开采量和其他损耗量的总和。

答案：A

13. 解　本部分知识点来源于教程第 13 章第 1 节细菌的形态和结构。革兰氏染色的结果取决于细菌细胞壁的结构。阳性菌由于其细胞壁较厚，肽聚糖网层次较多且交联致密，故遇乙醇脱色处理时，因失水反而使网孔缩小，再加上它不含类脂，故乙醇处理时，细胞壁上不会溶出缝隙，因此能把结晶紫与碘复合物牢牢留在壁内，使其呈现出蓝紫色；而阴性菌细胞壁薄，肽聚糖层薄且交联松散，外壁层类脂含量高，在遇乙醇后，细胞壁上会溶出较大的空洞或缝隙，薄而松散的肽聚糖网不能阻挡结晶紫与碘复合物的溶出，因此通过乙醇脱色后仍呈无色，再经红色染料（如蕃红）复染，就使阴性菌呈红色。

答案：D

14. 解　本部分知识点来源于教程第 13 章第 1 节细菌的形态和结构。繁殖数目N为：

$$N = A \times 2^n$$

其中，A表示原有细菌数，n表示分裂次数。

答案：A

15. 解　本部分知识点来源于教程第 13 章第 2 节细菌生理特征。EMP 途径即糖酵解途径，该过程中细胞将葡萄糖分解为丙酮酸，同时有 ATP 生成的一系列反应。

答案：D

16. 解　本部分知识点来源于教程第 13 章第 1 节细菌的形态和结构。生物遗传变异的物质基础是核酸，核酸包括 DNA 和 RNA。除部分病毒的遗传物质是 RNA 外，其余的病毒以及全部具有典型细胞结构的生物的遗传物质都是 DNA。

答案： A

17. 解 本部分知识点来源于教程第 13 章第 1 节细菌的形态和结构。大多数细菌等电点的 pH 值为 3～4，而水中细菌细胞表面电荷的性质受 pH 值控制，即水的 pH 值低于细菌等电点时，细菌细胞表面带正电荷，反之则带负电荷。所以一般细菌带负电荷。

答案： C

18. 解 本部分知识点来源于教程第 13 章第 3 节其他微生物。污水处理中常见的原生动物有三类，包括肉足类、鞭毛类和纤毛类。

答案： B

19. 解 本部分知识点来源于教程第 13 章第 4 节水的卫生细菌学。水中细菌来源于空气、土壤、污水、垃圾、死去的植物和动物等，其分布与水源的类型、环境条件以及人类活动的影响等因素有关。通常情况下，地表水由于受到土壤冲刷、大气沉降、生活污水和工业废水排放等影响，可能含有较多的细菌。而地下水由于渗滤作用和缺少有机质，所含细菌远少于地面水。

答案： D

20. 解 本部分知识点来源于教程第 13 章第 4 节水的卫生细菌学。《生活饮用水卫生标准》（GB 5749—2022）规定，集中式给水出厂水的游离性余氯含量不低于 0.3mg/L，管网末梢水不得低于 0.05mg/L。

答案： B

21. 解 本部分知识点来源于教程第 13 章第 5 节废水生物处理。产甲烷细菌为专性严格厌氧菌，对氧非常敏感，遇氧后会立即受到抑制，不能生长、繁殖，有的还会死亡，只能在无氧的环境。

产甲烷细菌的生长非常缓慢。在人工培养条件下，需要经过十几天甚至几十天才能长出菌落。菌落也相当小，特别是甲烷八叠球菌菌落更小，不仔细观察很容易遗漏。

产甲烷细菌对温度的剧烈变化比较敏感，对 pH 值的变化也非常敏感，需要生活在中性偏碱和适宜温度的环境条件下。不同种类的产甲烷菌要求的温度不同，有的要求中温（如 30～40℃）条件，有的则要求高温（如 50～65℃）条件；最适宜的 pH 值范围为 6.8～7.2。

答案： B

22. 解 本部分知识点来源于教程第 13 章第 1 节细菌的形态和结构。新生胶团颜色较浅，甚至无色透明，但有旺盛的生命力，氧化分解有机物的能力强；老化了的菌胶团，由于吸附了许多杂质，颜色较深，看不到细菌单体，而像一团烂泥似的，生命力较差。选项 D“颜色呈黑色”的说法不准确。

答案： D

23. 解 本部分知识点来源于教程第14章第1节水静力学。绝对压强 = 当地大气压强 − 真空度 = $100000 - 65000 = 35000\text{Pa}$。

答案： C

24. 解 本部分知识点来源于教程第14章第2节水动力学理论。伯努利方程的物理意义包括元流各过流断面上单位重量流体所具有的机械能沿流程保持不变，也表示了元流在不同过流断面上单位重量流体所具有的位能、压能、动能之间可以相互转化的关系。

答案： A

25. 解 本部分知识点来源于教程第14章第3节水流阻力和水头损失。对于圆管紊流粗糙区，沿程阻力系数λ只与k_s/d有关，与雷诺数无关。

答案： B

26. 解 本部分知识点来源于教程第14章第2节水动力学理论。长管道的流量与管路的特征和作用水头有关，本题两根长管道管路特征相同，作用水头为两个水箱的液位差，显然两根长管道的液位差相同，故两管流量相同。

答案： C

27. 解 本部分知识点来源于教程第14章第5节明渠均匀流。当过流断面面积A、粗糙系数n及渠道底坡i一定时，使流量Q达到最大值的断面称为水力最优断面。由下式可知，湿周χ最小时，渠道断面最优。

$$Q = \frac{1}{n}AR^{2/3}i^{1/2} = \frac{i^{1/2}}{n}\frac{A^{5/3}}{\chi^{2/3}}$$

答案： C

28. 解 本部分知识点来源于教程第14章第5节明渠均匀流。如果底坡i增加，则过水断面面积减小，所以水深也减小。

答案： B

29. 解 本部分知识点来源于教程第14章第4节孔口、管嘴出流和有压管路。并联管之前，$H = S(2l)Q_0^2$，并管前流量$Q_0 = \sqrt{\frac{H}{2lS}} = \sqrt{\frac{1}{2}}\sqrt{\frac{H}{lS}}$

并管后各管阻抗相同，$S_1l_1 = S_2l_2 = S_3l_3 = Sl$

并联管部分，可以看为简单管，则等效阻抗为

$$\left(S_\text{p}l_\text{p}\right)_{2-3} = \frac{S_2l_2 \cdot S_3l_3}{\left(\sqrt{S_2l_2} + \sqrt{S_3l_3}\right)^2} = \frac{(Sl)^2}{\left(2\sqrt{Sl}\right)^2} = \frac{Sl}{4}$$

整个系统有

$$S_\text{p}l_\text{p} = S_1l_1 + \left(S_\text{p}l_\text{p}\right)_{2-3} = \left(1 + \frac{1}{4}\right)Sl = \frac{5Sl}{4}$$

并管后流量为

$$Q=\sqrt{\frac{5H}{4lS}}=\sqrt{\frac{5}{4}}\cdot\sqrt{\frac{H}{lS}}$$

并管前后流量之比为$Q/Q_0=\sqrt{\frac{5}{4}}/\sqrt{\frac{1}{2}}=1.26$

答案： D

30. 解 本部分知识点来源于教程第 14 章第 2 节水动力学理论。阀门所在断面的伯努利方程为

$$\frac{\rho_{\text{Hg}}-\rho}{\rho}\Delta h=\xi\frac{v^2}{2g}$$

其中，$v=\frac{Q}{\frac{\pi}{4}d^2}=\frac{3.34\times10^{-3}}{\frac{\pi}{4}\times0.05^2}=1.7\text{m/s}$，代入上式：

$$\frac{13600-1000}{1000}\times0.15=\xi\frac{1.7^2}{2\times9.8}$$

可得：$\xi=12.82$

答案： A

31. 解 本部分知识点来源于教程第 15 章第 1 节叶片式水泵。按照泵的相似原理，将各种叶片泵分成若干相似泵群，在每一个相似泵群中，拟用一台标准模型泵作代表，用它的几个主要性能参数(Q,H,n)来反映该群相似泵的共同特性和叶轮构造。模型泵的确定是，在最高效率下，当有效功率$N_{\text{u}}=735.5\text{W}(1\text{HP})$，扬程$H_{\text{m}}=1\text{m}$，流量$Q_{\text{m}}=\frac{N_{\text{u}}}{\rho gH_{\text{m}}}=0.075\text{m}^3/\text{s}$时，该模型泵的转数就叫作与它相似的实际泵的比转数$n_{\text{s}}$，故相似水泵相等的特征参数为比转速。

答案： C

32. 解 本部分知识点来源于教程第 15 章第 1 节叶片式水泵。离心泵调速运行理论依据的是比例律，即当离心泵的转速和叶轮直径发生变化时，流量、扬程和功率也会相应变化，但其比值保持不变。也即改变离心泵的转速，其流量、扬程和功率都会发生相应的变化，但三者之间的相对关系，即它们的比值保持不变。这一原理为离心泵的调速运行提供了理论基础，通过改变转速来调节泵的工作状态，可以满足特定的流量和扬程要求。

答案： A

33. 解 本部分知识点来源于教程第 15 章第 2 节给水泵站。吸水管要求的管路较长，用以确保启动泵时有足够的真空值吸水，管路较长时，减小流速可以减小水头损失；压水管管路不长，所以允许的水头损失较大，但压水管零件较多，流速取较大时，水头损失增加较少，可减小压水管和配件的直径。

答案： C

34. 解 本部分知识点来源于教程第 15 章第 1 节叶片式水泵。气蚀余量是指在水泵进口断面，单位质量的液体所具有的超过饱和蒸气压力的富余能量相应的水头，用H_{sv}表示。

答案： B

35. 解　本部分知识点来源于教程第 15 章第 2 节给水泵站。电力负荷一般分为三级。一级负荷是指突然停电将造成人身伤亡危险，或重大设备损坏且长期难以修复，因而给国民经济带来重大损失的电力负荷，大中城市的水厂及钢铁厂、炼油厂等重要工业企业的净水厂均应按一级电力负荷考虑；二级负荷是指突然停电产生大量废品、大量原材料报废或将发生主要设备损坏事故，但采用适当措施后能够避免的电力负荷，例如有一个以上水厂的多水源联网供水的系统或备用蓄电池的泵站，或有大容量高地水池的城市水厂；三级负荷指所有不属一级及二级负荷的电力负荷。

答案：A

36. 解　本部分知识点来源于教程第 15 章第 2 节给水泵站。给水泵站选择水泵的依据主要是所需要的流量、扬程及其变化规律。这些参数决定了水泵的性能要求和选型标准，以确保泵站能够满足供水系统的需求。

答案：C

37. 解　本部分知识点来源于教程第 15 章第 1 节叶片式水泵。离心泵因其结构简单、操作维护方便、运行稳定、效率高、噪声低以及能够提供连续流动等特点，广泛应用给排水工程中。

答案：D

38. 解　本部分知识点来源于教程第 15 章第 1 节叶片式水泵。离心泵的基本性能参数包括：①流量Q；②扬程H；③轴功率N；④效率η（效率η是水泵有效功率N_u与轴功率N的比值，通常情况下，$\eta=\frac{N_u}{N}=\frac{\rho gQH}{N}$）；⑤转速$n$；⑥允许吸上真空高度$H_s$。

答案：D

39. 解　本部分知识点来源于教程第 15 章第 1 节叶片式水泵。水泵特性曲线与管路特性曲线的交点代表的是水泵与管路系统在实际运行中的工作状态，即水泵实际工况点。这个交点反映了在特定管路条件下水泵的流量和扬程，是水泵在实际使用中的真实工作状态。

答案：C

40. 解　本部分知识点来源于教程第 15 章第 1 节叶片式水泵。当压水池的水位下降时，水泵需要克服更大的静扬程来提升水到所需高度，管道系统特性曲线会相应上移，与水泵的性能曲线相交的新交点，即新的工况点，将出现在原工况点的左上方，表示实际出水量会减少，扬程会增加。

答案：A

41. 解　本部分知识点来源于教程第 15 章第 1 节叶片式水泵。提高水泵扬程的技术措施包括增加水泵转速和加大叶轮外径。

水泵的理论扬程方程式：

$$H_T=\frac{u_2C_{2u}}{g}$$

式中，H_T为理论扬程（m）；u_2为叶轮出口的牵连速度（液体因叶轮旋转具有的圆周运动的速度）；C_{2u}为叶轮出口、进口绝对速度的切向分速度。

水流出的速度取决于叶轮旋转时产生的离心力和切线上的切向分速度。叶轮直径越大，离心力和线速度就越大。因此增加叶轮直径可以提高泵的理论扬程。

另外，根据叶轮相似定律：

$$\frac{H_1}{H_2}=\left(\frac{n_1}{n_2}\right)^2$$

可知泵理论扬程与转速正相关。

答案：B

42. 解　本部分知识点来源于教程第 15 章第 1 节叶片式水泵。水泵的实测特征曲线中，自变量通常是流量，它表示水泵在单位时间内所输送的流体体积或质量。

答案：D

43. 解　本部分知识点来源于教程第 16 章第 1 节水分析化学过程的质量保证。水的预处理目的主要是为了去除水中的杂质、调整水的性质或使其更适合后续的处理步骤。滴定是一种定量分析方法，主要用于确定溶液中某种物质的浓度，通常用于化学分析，而不用于水的预处理。

答案：A

44. 解　本部分知识点来源于教程第 16 章第 1 节水分析化学过程的质量保证。分析测量结果必须用有效数字来表示。用有效数字表示的测量结果，除最后一位数字是不确定（或可疑）的以外，其余各位数字必须是确定无疑的，即有效数字是可靠数字和可疑数字的总称。加减运算时，族中结果的绝对误差比其中任一个数的绝对误差大，因此运算时应以各个数值中绝对误差最大的数为准，确定其他数值在运算中保留的位数和决定计算结果的有效位数。故对于本题，$213.64+4.4+0.32=218.36$，故结果为218.4。

答案：A

45. 解　本部分知识点来源于教程第 16 章第 3 节络合滴定法。由于H^+的存在，使络合剂参加主体反应能力降低的现象称为酸效应，酸效应系数$\alpha_{Y(H)}$随溶液酸度增加而增大（酸度越大，pH 值越小，$\alpha_{Y(H)}$越大）。故 pH 值越大，酸效应系数越小。

答案：C

46. 解　本部分知识点来源于教程第 16 章第 2 节酸碱滴定法。计量点前后，加入微小剂量滴定剂所引起的 pH 值急剧变化，称为滴定突跃，通常来说，滴定剂浓度越高，突跃范围越大；酸/碱的解离常数越大，突跃范围越大。

选项 A，两种滴定过程在实验操作和滴定曲线上可能表现出一些细微的差异，主要取决于滴定剂的浓度、被滴定物质的浓度、温度、搅拌速度等因素。

选项C，指示剂的变色范围应处于或部分处于滴定突跃范围内。

选项D，强酸滴定弱碱或强碱滴定弱酸能否进行，看弱电解质电离出的氢离子或氢氧根离子的浓度大小，酸碱溶液中的氢离子或氢氧根离子浓度大于10^{-7}mol/L时，才可发生酸碱中和滴定。

答案： B

47. 解 本部分知识点来源于教程第16章第3节络合滴定法。络合滴定必须满足的条件：①络合反应必须按化学计量关系定量完成；②金属指示剂在化学计量点附近发生颜色突变；③络合物要具有足够的稳定性；④具有合适的滴定曲线；⑤存在其他干扰离子时应不影响络合反应。“选择的金属离子不能出现水解和沉淀”不是必须满足的条件。

答案： D

48. 解 本部分知识点来源于教程第16章第4节沉淀滴定法。莫尔法适合在中性或弱碱性溶液中滴定，即控制$pH = 6.5 \sim 10.5$，Ag^+与Cl^-的反应能够正常进行，同时K_2CrO_4指示剂能有效地显示出滴定终点。强酸或强碱环境均不适合进行莫尔法滴定。当pH值偏低，呈酸性时，平衡向右移动，$[CrO_4{}^{2-}]$减少，导致终点拖后而引起滴定误差较大（正误差）；当pH值增大，呈碱性时，Ag^+将生成Ag_2O沉淀。

答案： A

49. 解 本部分知识点来源于教程第16章第5节氧化还原滴定法。氧化还原滴定法是基于氧化剂和还原剂之间电子转移的一类滴定分析方法。常见的氧化还原滴定法包括重铬酸钾法、高锰酸钾法和碘量法。

莫尔法是以铬酸钾K_2CrO_4为指示剂的银量法，不涉及氧化还原反应。

答案： B

50. 解 本部分知识点来源于教程第16章第5节氧化还原滴定法。重铬酸钾法的主要特点包括：

①$K_2Cr_2O_7$固体试剂易纯制并且很稳定，在120℃干燥2～4h，可直接配制标准溶液，而不需标定。

②$K_2Cr_2O_7$标准溶液非常稳定，只要保存在密闭容器中，浓度可长期保持不变。

③滴定反应速度较快，通常可在常温下滴定，一般不需要加入催化剂。

④需外加指示剂，不能根据自身颜色的变化来确定滴定终点。常用二苯胺磺酸钠或试亚铁灵（邻菲罗啉-亚铁）作指示剂。

答案： C

51. 解 本部分知识点来源于教程第16章第6节吸收光谱法。利用光电比色计测定溶液吸光度并进行定量分析的方法，称为光电比色法。光电比色计的组成为光源、滤光片、比色皿、光电池、检流计。

答案： A

52. 解 本部分知识点来源于教程第 16 章第 7 节电化学分析法。将金属及其微溶盐浸入含有该微溶盐的阴离子溶液中，达到沉淀溶解平衡后，即组成金属—金属微溶盐电极。甘汞电极属于金属—金属微溶盐电极。

将具有氧化还原反应的金属，浸入该金属离子的溶液中，达到平衡后，即组成金属—金属离子电极。

均相氧化还原电极可由惰性电极构成，又叫惰性金属电极。插入溶液中，其本身不参与反应，只作为氧化态、还原态物质电子交换场所。

膜电极又称离子选择电极，是以固态或液态膜为传感器的电极。

答案： B

53. 解 本部分知识点来源于教程第 17 章第 2 节控制测量。悬挂钢尺法和全站仪天顶测距法是高层建筑楼层高程传递的常用方法，选 D。

全站仪天顶测距法：在高层建筑各层楼板间预留的垂准孔或电梯井间使用全站仪进行测量，通过测量垂直距离和已知的仪器常数，确定各楼层铁板的顶面标高。

悬挂钢尺法：通过在墙体上悬挂钢尺，利用水准仪读取数据，将高程传递到高层建筑的不同楼层。

答案： D

54. 解 本部分知识点来源于教程第 17 章第 1 节测量误差基本知识。在相同观测条件下，对某量进行了n次观测，如果误差出现的大小和符号均不一定，则称这种误差为偶然误差，又称为随机误差。这种误差是由各种不可预知的、随机的因素引起的，包括观测者的读数误差、环境条件的微小变化等。在水准测量中，对毫米位的估读误差是由于观测者的主观判断或视觉限制造成的，是一种随机产生的误差，往往这种误差在每次测量中可能会有所不同，它可能在一次测量中出现，在另一次测量中不出现或者出现不同的误差值。

答案： A

55. 解 本部分知识点来源于教程第 17 章第 3 节地形图测绘。高程比例尺是用来表示地形图上垂直高度与实际高度之间的比例关系，而平距比例尺则表示地形图上水平距离与实际水平距离之间的比例关系。

在绘制纵断面图时，为了能够清晰地表示地形的起伏情况，高程比例尺通常会设置得比平距比例尺大 5～10 倍，以确保高程的变化能够得到准确的反映，同时又不会使图形过于拥挤或难以解读。

答案： C

56. 解 本部分知识点来源于教程第 17 章第 3 节地形图测绘。比例尺是指地形图上任意一线段的长度与地面上相应线段的实际水平长度之比。比例尺越大，表示地图上的长度与实际地面长度的比例越小，即地图上的表示更详细，实际地面上的距离在地图上被放大了。所以分母越小，比例尺越大。

答案：D

57. 解 本部分知识点来源于教程第 17 章第 2 节控制测量。角度闭合的调整：若$f_{\beta} \geqslant f_{\beta容}$，说明角度测量误差超限，要重测；若$f_{\beta} < f_{\beta容}$，则只需对各角度进行调整。等精度观测，反符号平均分配给各角，然后再计算各边方位角。

答案：B

58. 解 本部分知识点来源于教程第 18 章第 1 节。注册公用设备工程师应履行下列义务：

（一）遵守法律、法规和职业道德，维护社会公众利益；

（二）保证执业工作的质量，并在其负责的技术文件上签字盖章；

（三）保守在执业中知悉的商业技术秘密；

（四）不得同时受聘于两个及以上单位执业；

（五）不得准许他人以本人名义执业。

答案：D

59. 解 本部分知识点来源于教程第 18 章第 1 节。发包人在不妨碍承包人正常作业的情况下，可以随时对作业进度、质量进行检查。这一选项既保护了发包人的权益，又照顾到了承包人的利益。

答案：D

60. 解 本部分知识点来源于教程第 18 章第 1 节建设工程质量管理条例。《建设工程质量管理条例》第六十三条，违反本条例规定，有下列行为之一的，责令改正，处 10 万元以上 30 万元以下的罚款：

（一）勘察单位未按照工程建设强制性标准进行勘察的；

（二）设计单位未根据勘察成果文件进行工程设计的；

（三）设计单位指定建筑材料、建筑构配件的生产厂、供应商的；

（四）设计单位未按照工程建设强制性标准进行设计的。

有前款所列行为，造成工程质量事故的，责令停业整顿，降低资质等级；情节严重的，吊销资质证书；造成损失的，依法承担赔偿责任。

答案：A

2023年度全国勘察设计注册公用设备工程师（给水排水）执业资格考试基础考试（下）试题解析及参考答案

1. 解 本部分知识点来源于教程第12章第1节水文学概念。可再生资源是指能够通过自然力以某一增长率保持或增加蕴藏量的自然资源。地球上的水可以通过水循环得以补充和更新，故水资源属于可再生资源。水资源包括河川径流、地下水、积雪和冰川、湖泊水、沼泽水、海水等，其中陆地上的淡水资源是主要的水资源形式。这些资源在合理调控资源使用率的情况下，可以实现资源的持续利用。此外，水资源的循环性和有限性表明，虽然水资源可以通过自然过程得到补充和更新，但其补给量是有限的，需要合理利用以确保可持续供水。

答案：B

2. 解 本部分知识点来源于教程第12章第1节水文学概念。河流中的泥沙按其运动状态，可以分为推移质、悬移质和河床质。推移质是指受水流的拖曳力作用而在河床上滚动、滑动或跳跃前进的泥沙颗粒，属于比较粗的部分颗粒；悬移质则指受水流紊动和浮力作用能够悬浮在水中随水流前进的泥沙，属于比较细的部分颗粒；而河床质泥沙是指组成河床活动层处相对静止的泥沙。这三种类型的泥沙在河流中没有严格的界限，并且会随着水流条件的变化而相互转化。

溶解质通常指溶于水中的物质，如盐分或其他矿物质，这些物质在溶液中以分子或离子的形式存在，与泥沙的物理运动状态不同。因此河流中的泥沙不包括溶解质。

答案：B

3. 解 本部分知识点来源于教程第12章第2节洪、枯径流。在水文学中，设计保证率通常指工程能够承受的最大水文事件的频率。重现期是指等于及大于（或等于及小于）一定量级的水文要素值出现一次的平均间隔年数。

对于洪峰流量：$T=1/P$；对于枯水流量：$T=1/(1-P)$

对于本题，代入数据计算可得：$T=1/(1-P)=1/(1-90\%)=10$年

答案：B

4. 解 本部分知识点来源于教程第12章第2节洪、枯径流。当河流发生较大洪水时，会形成洪灾。为防止和减小洪涝灾害，需要修建各种水利工程以控制洪水。所以采用一些方法确定洪水的特征值（洪峰流量、不同时段的洪水总量），并根据这些特征值拟定一次洪水过程线和洪水的地区组成、分期设计洪水等，称为设计洪水。设计洪水的确定是为了确保工程在规定的设计使用年限内能够安全运行，并且满足工程的功能要求。设计洪水的确定通常基于统计分析，考虑了洪水的频率和可能的影响，而不是仅仅基于历史记录或任一特定频率的洪水。设计断面的最大洪水和历史最大洪水可以作为设计洪水确定

的参考，但它们本身并不等同于设计洪水。故选项B、C、D错误，A正确。

答案：A

5. 解　本部分知识点来源于教程第12章第2节洪、枯径流。暴雨中心是指降雨强度最大的地方。洪峰流量是指在某一时刻，通过某一断面的最大流量。当暴雨中心在上游时，离流域出口远，导致洪峰出现的时间晚，并且由于地形变化，错峰出流，会形成较小的洪峰流量。

答案：B

6. 解　本部分知识点来源于教程第12章第4节地下水储存。褶曲的基本形态有背斜褶曲和向斜褶曲两种。背斜褶曲是指褶曲的岩层向上凸起，而向斜褶曲则是指褶曲的岩层向下凹陷。

答案：A

7. 解　本部分知识点来源于教程第12章第4节地下水储存。岩石的水理性质包括容水性、给水性、持水性、透水性。

容水性：指岩石孔隙中能够容纳水分的能力，与孔隙的大小、分布和连通性有关。

持水性：指在分子力和表面张力作用下，岩石空隙中能够保持一定水量的能力。

透水性：指水通过岩石孔隙的能力，通常与岩石的孔隙率和孔隙连通性有关。

渗水性通常与土壤或岩土材料的渗透性相关，描述的是水分在材料内部移动的难易程度。而岩石的水理性质更侧重于描述岩石与水相互作用时的吸水、保水和透水能力。

答案：C

8. 解　本部分知识点来源于教程第12章第4节地下水储存。承压水是充满于两个隔水层之间的含水层中承受着水压力的重力水。承压水的特征为：不具有自由水面，承受一定的水头压力；分布区和补给区不一致；动态变化稳定，受气候、水文因素影响小；不易受地面污染，一旦污染不易自净；富水性好的承压水层是理想的供水水源。

答案：C

9. 解　本部分知识点来源于教程第12章第5节地下水运动的相关知识。泰斯公式是一种用于计算地下水非稳定井流关系式的数学模型，描述在抽水过程中地下水的非稳定流动状态，即水位随时间的变化和降落漏斗的扩张过程。这个公式基于一些假设条件，包括含水层是等厚、均质、各向同性且无限延伸的，以及井径无穷小的完整井。

答案：B

10. 解　本部分知识点来源于教程第12章第4节地下水储存。冲积物是河流流水的地质作用将两岸基岩及其上部覆盖的坡积、洪积物质剥蚀后搬运、沉积在河流坡降平缓地带形成的沉积物。

答案：C

11. 解 本部分知识点来源于教程第 12 章第 7 节地下水资源评价。日越流补给量计算公式为：

$$Q_{越} = F\Delta H\frac{K'}{m'}$$

式中，F为越流补给面积；ΔH为弱透水层上下水头差；K'为弱透水层垂直渗透系数；m'为弱透水层厚度。

代入数据，计算得：

$$Q_{越} = 2 \times 10^6 \times (40 - 30) \times 0.015/10 = 3 \times 10^4 \text{m}^3$$

答案： A

12. 解 本部分知识点来源于教程第 12 章第 7 节地下水资源评价。在某些地区，如裂隙发育的基岩地区和岩溶地区等，水文地质条件复杂，补给源一时不易查明，如果要急于确定允许开采量，则只能采用开采试验法（或称开采抽水法）。

水量均衡法是区域性地下水资源评价的最基本方法。该方法相对简单和切实可行，但评价结果比较粗略，主要适用于地下水埋藏较浅、地下水的补给和消耗条件比较单一地区，如山前冲洪积平原和岩溶地区等。

试验推断法亦称曲线外推法。在地下水资源丰富地区，由于稳定抽水量和稳定水位下降之间存在着一定的函数关系，所以可根据长期稳定抽水资料推断允许开采量。

补偿疏干法是一种在特定水文地质条件下，利用地下水动态储存量的季节性变化来评估和增加可开采水资源量的方法，适用于含水层分布范围不大但厚度较大、有较大蓄水空间的地区，这些地区往往在雨季有集中补给，而旱季则缺乏补给源。

答案： C

13. 解 本部分知识点来源于教程第 13 章第 1 节细菌的形态和结构。螺旋菌是一类革兰氏阴性菌，身体细而长，长度在 5～50μm 之间，具有光滑的细胞壁及 1～5 根鞭毛，鞭毛末端常呈球状并套入鞘内。它们呈螺旋状移动，能够生长在微氧环境中，氧化酶和过氧化氢酶呈阳性。

答案： A

14. 解 本部分知识点来源于教程第 13 章第 1 节细菌的形态和结构。革兰氏染色是一种常用的细菌鉴别方法，通过这种方法，可以将细菌分为革兰氏阳性菌和革兰氏阴性菌。

细菌细胞经过初染和媒染后，在细胞壁内形成了不溶于水的结晶紫与碘的复合物，阳性菌由于其细胞壁较厚，肽聚糖网层次较多且交联致密，故遇乙醇脱色处理时，因失水反而使网孔缩小，再加上它不含类脂，故乙醇处理时，细胞壁上不会溶出缝隙，因此能把结晶紫与碘复合物牢牢留在壁内，使其呈现出蓝紫色。而阴性菌细胞壁薄，肽聚糖层薄且交联松散，外壁层类脂含量高，在遇乙醇后，细胞壁上会溶出较大的空洞或缝隙，薄而松散的肽聚糖网不能阻挡结晶紫与碘复合物的溶出，因此通过乙醇脱色后仍呈无色，再经红色染料（如蕃红）复染，就使阴性菌呈红色。

答案： A

15. 解 本部分知识点来源于教程第 13 章第 2 节细菌生理特征。在有氧条件下，大多数微生物通过氧化酶系统进行呼吸作用，将氧气作为最终电子受体。然而，厌氧细菌没有氧化酶系统，不能直接使用氧气作为电子受体，而依赖脱氢酶系统来进行呼吸作用。在厌氧条件下，这些细菌通过代谢有机物质来释放电子。这些电子随后通过一系列复杂的酶反应和传递链，最终被转移到最终的电子受体（如硝酸盐、硫酸盐等）上，从而完成呼吸作用。

答案： A

16. 解 本部分知识点来源于教程第 13 章第 4 节水的卫生细菌学。平板菌落计数法是根据每个活的细菌能长出一个菌落的原理设计的，即将待测样品经过适当稀释后，在平板上培养，形成肉眼可见的菌落，然后通过统计菌落数来推算出样品中活菌数的一种检测污染活菌数的方法。为确保计数的准确性和可靠性，要选取菌落数在 30～300 之间的平板进行计数，菌落数太少可能导致误差较大，而菌落数太多则可能使菌落相互重叠，影响计数准确性。

平板菌落计数法仅计数活菌；主要依赖于菌落的形态和数量进行计数，而不是特殊荧光；主要适用于能在固体培养基上形成菌落的微生物。对于无法在平板上培养基形成典型的菌落，或者形成的菌落难以区分的微生物，不适合采用这种方法计数。

答案： B

17. 解 本部分知识点来源于教程第 13 章第 1 节细菌的形态和结构。细胞核是细胞中最重要的遗传信息储存和传递中心，包含了细胞的大部分 DNA。DNA 是一种双螺旋结构的分子，由四种不同的核苷酸组成，这些核苷酸的排列顺序决定了细胞的遗传特征。

答案： D

18. 解 本部分知识点来源于教程第 13 章第 3 节其他微生物。氧化塘是一个菌类、藻类和原生动物的共生系统。在氧化塘中，藻类通过光合作用吸收二氧化碳和水，释放出氧气，同时将有机物质转化为藻类自身的组织和细胞物质。这种过程不仅可以去除水中的氮、磷等营养物质，还可以产生氧气，改善水质。

答案： B

19. 解 本部分知识点来源于教程第 13 章第 4 节水的卫生细菌学。水中有机物含量多，细菌的种类和数量将大大增加。

工业区附近的河水往往受工业废水的影响而污染严重，所以细菌种类和数量相对较多。

而保护区的水体通常受到较为严格的保护和管理，污染较少；湖泊深水区相对较为封闭，受外界影响较小，虽然可能含有一定的细菌，但种类和数量通常不会太多；地下水通常处于较为封闭的环境中，与外界的交换较少，细菌的种类和数量也相对较少。

答案：A

20. 解 本部分知识点来源于教程第 13 章第 4 节水的卫生细菌学。二氧化氯的杀菌效果比氯要好，随着 pH 值的升高，这种优势更加明显。

二氧化氯只需要 0.25mg/L 的有效氯投加量和 15s 的接触时间，用量较少，而氯的投加至少需要 0.75mg/L。

二氧化氯不与含氨有机物等某些耗氯物质发生取代反应，消毒时可不致产生氯酚臭味和三卤甲烷等氯代烃类物质。

答案：B

21. 解 本部分知识点来源于教程第 13 章第 5 节废水生物处理。微生物通过产酸作用将有机磷分解为无机磷。部分微生物在代谢有机磷化合物时会产生酸性代谢产物，这些酸性代谢产物能够将有机磷分解为磷酸盐和有机酸，选项 A 正确。

在微生物作用下，土壤中的不溶性磷可转变为可溶性磷，这个过程称为磷化物溶解作用，选项 B 正确。

生物群内磷属于沉积型循环，只是单向流动，不形成循环，选项 C 错误。

聚磷菌体内可过量积累磷，选项 D 正确。

答案：C

22. 解 本部分知识点来源于教程第 13 章第 5 节废水生物处理。在处理含铬废水时，其基本原理是在酸性条件下向废水中通过加入还原剂（如 $FeSO_4$、$NaHSO_3$ 等），将 Cr^{6+} 还原成 Cr^{3+}，之后加入石灰或氢氧化钠，使其在碱性条件下生成氢氧化铬沉淀，铬离子被去除。因此，处理工艺不包括氧化。

答案：D

23. 解 本部分知识点来源于教程第 14 章第 1 节水静力学。作用在静止流体单位面积上的表面力（应力）永远沿着作用面的内法线方向，所以在静止流体中只存在压应力。

答案：C

24. 解 本部分知识点来源于教程第 14 章第 2 节水动力学理论。外界所需做功即系统初末势能之差：$W=\Delta E_{P水}+\Delta E_{P球}=-V_{球}\rho_{水}gr+V_{球}\rho_{水}g\cdot 2r$

由题干可知球体的密度与水的密度相同，均为ρ，故$W=Vg\rho r$

且$V=\frac{4}{3}\pi R^3$，故$W=\frac{4}{3}\pi R^4\rho g$

答案：B

25. 解 本部分知识点来源于教程第 14 章第 2 节水动力学理论。伯努利方程是指在理想条件下，同一流管的任何一个截面处，单位体积流体的动能、势能和压力势能之和是一个常量。伯努利方程包括位置水头、压强水头、速度水头和水头损失。

答案： A

26. 解 本部分知识点来源于教程第 14 章第 3 节水流阻力和水头损失。上临界雷诺数对应的是从层流向紊流转化时的临界雷诺数，表示当雷诺数超过这个值时，流体的流动状态将从层流转变为紊流（湍流）。而下临界雷诺数则对应从紊流（湍流）向层流转化时的临界雷诺数，表示当雷诺数低于这个值时，流体的流动状态将从紊流（湍流）转变为层流。

答案： A

27. 解 本部分知识点来源于教程第 14 章第 3 节水流阻力和水头损失。圆球的斯托克斯阻力公式的适用范围主要是低雷诺数（Re）区域，特别是在$Re<1$的斯托克斯区域。在这个区域内，颗粒运动处于层流状态，阻力系数与颗粒雷诺数成反比。

答案： A

28. 解 本部分知识点来源于教程第 14 章第 4 节孔口、管嘴出流和有压管路。按局部水头损失和流速水头之和在总水头损失中所占的比重，有压管道可分为长管和短管。长管是指管道中以沿程水头损失为主，局部水头损失和流速水头所占比重小于（5%～10%）的沿程水头损失，可予以忽略的管道。

答案： A

29. 解 本部分知识点来源于教程第 14 章第 5 节明渠均匀流。污水管道的最小设计流速通常与管道的使用和维护需求有关。流速过快可能导致管道冲刷，而流速过慢则可能增加沉积和堵塞的风险。因此，确定一个合适的最小设计流速非常重要。

污水管道在设计充满度下的最小设计流速一般为 0.6m/s，这个流速被认为能够保持污水在管道内的稳定流动，同时减少沉积物的积累。

而雨水管道和合流管道在满流时的最小设计流速为 0.75m/s，明渠为 0.4m/s。

答案： B

30. 解 本部分知识点来源于教程第 14 章第 7 节堰流。宽顶堰流是指堰顶宽度远大于堰上水头，水流在过堰时受堰顶约束较小，水流表面线近似为一条直线。水流流经较宽障碍物（如宽阔的小桥）的情形与这种流动形式较为相似，可以看作有侧收缩的宽顶堰流。

答案： A

31. 解 本部分知识点来源于教程第 15 章第 1 节叶片式水泵。由水泵构造可知，当水受到离心力作用被甩出叶轮外缘，经蜗形泵壳的流道进入压水管路中，水受离心作用甩出后形成真空，吸水池中的水在大气压作用下压入泵内，该过程达到输送水的目的。

答案：D

32. 解　本部分知识点来源于教程第 15 章第 1 节叶片式水泵。已知水的密度$\rho = 1000\text{kg/m}^3$，$g = 9.8\text{N/kg}$，泵供水量$Q = 4.32 \times 10^4\text{m}^3/\text{d} = 0.5\text{m}^3/\text{s}$，扬程$H = 20\text{m}$，可以求得水泵的有效功率为：

$$N_\text{u} = \rho g Q H = 1000 \times 9.8 \times 0.5 \times 20 = 98000\text{W} = 98\text{kW}$$

故泵的实际轴功率$N = N_\text{u}/\eta = 98/0.8 = 122.5\text{kW}$

答案：C

33. 解　本部分知识点来源于教程第 15 章第 1 节叶片式水泵。比转速$n_\text{s} = \frac{3.65n\sqrt{Q}}{H^{\frac{3}{4}}}$，其中$Q$为水泵效率最高时的单吸流量，$H$为水泵效率最高时的单级扬程，当比转数低时，流量小、扬程高。

答案：B

34. 解　本部分知识点来源于教程第 15 章第 1 节叶片式水泵。水泵叶轮切削是指对水泵叶轮进行切削加工，以改变其尺寸和形状，从而影响水泵的性能。在切削限度以内，叶轮切削前后的水泵效率变化不大，因此水泵叶轮切削抛物线又称为等效率曲线。具体来说，水泵叶轮切削抛物线描述了在一定范围内，通过切削叶轮可以调整水泵的流量和扬程，而水泵的效率基本保持不变。这种特性使得水泵在不同工况下仍能保持较高的效率，因此被称为等效率曲线。

答案：B

35. 解　本部分知识点来源于教程第 15 章第 1 节叶片式水泵。管道系统特性曲线如解图所示，是一条开口向上的抛物线。

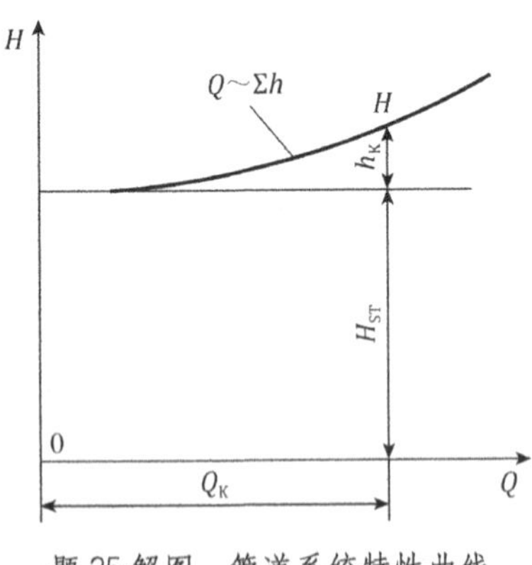

题 35 解图　管道系统特性曲线

答案：B

36. 解　本部分知识点来源于教程第 15 章第 2 节给水泵站。泵站串联可以使系统更加灵活，初始不需要投入大量资金购买大型泵，实际工作中再依据需要逐步增加泵的数量扩展系统。

答案：D

37. 解 本部分知识点来源于教程第 15 章第 1 节叶片式水泵。水泵进口处真空值$H_v = H_{ss} + \frac{v_1^2}{2g} + \sum h_s$，其中$H_{ss}$为吸水高度、$\sum h_s$为吸水管的总水头损失。

水泵的吸水高度是指水源水面到泵中心的垂直距离，吸水高度越高，所需产生的真空度就越大，以克服重力将水抽到更高的位置。

水泵进口处的压力条件会直接影响真空值的大小。进口处的压力较低，会导致产生较大的真空值。

吸水管中的总水头会影响水泵进口处的实际可用压力或真空度。水头损失越大，意味着水泵需要产生更大的真空度来补偿这些损失，从而确保水能够顺利地被吸入。

水泵扬程是指水泵能够扬水的高度或给予单位重量液体的能量，通常由吸水扬程和压水扬程组成，是水泵性能参数之一，与水泵进口处真空值的大小无关。

答案：D

38. 解 本部分知识点来源于教程第 15 章第 1 节叶片式水泵。气蚀余量H_{sv}是指在水泵进口断面，单位质量的液体所具有的超过饱和蒸汽压力的富余能量相应的水头，$H_{sv} = h_a - h_{va} - \sum h_s - H_{ss}$。

当海拔高度增加时，大气压会降低，将会影响泵进口的液体压力。因此，使用气蚀余量时需要修正海拔高度的影响。而温度对液体的物理性质会产生影响，这些物理性质直接关系到泵的气蚀特性，故使用气蚀余量时还需要修正温度的影响。

答案：A

39. 解 本部分知识点来源于教程第 15 章第 1 节叶片式水泵。气蚀是由于泵的进口压力过低，导致液体在泵内汽化并产生气泡，这些气泡随后在高压区域破灭，对泵造成损伤。因此，防止气蚀的关键是确保泵进口处的压力足够高。最大安装高度是离心泵在不发生气蚀的情况下可以安全安装的最大高度。为了保证不发生气蚀，离心泵的实际安装高度必须小于其最大安装高度，从而为泵的稳定运行提供一定的安全余量，并考虑可能存在的其他影响因素，如吸水管的阻力损失、水质条件变化等。

答案：B

40. 解 本部分知识点来源于教程第 15 章第 2 节给水泵站。依据《室外给水设计标准》（GB 50013—2018）第 6.6.1 条，泵房的主要通道宽度不应小于 1.2m。当一侧布置有操作柜时，其净宽不宜小于 2.0m。

答案：D

41. 解 本部分知识点来源于教程第 15 章第 2 节给水泵站。依据《室外给水设计标准》（GB 50013—2018）第 6.3.1 条，进水管管径等于或大于 250mm 时，一般采用 1.2～1.6m/s，见解表。

水泵进水管及出水管设计流速　　题41解表

管径（mm）	进水管流速（m/s）	出水管流速（m/s）
$D<250$	1.0~1.2	1.5~2.0
$250\leqslant D<1000$	1.2~1.6	2.0~2.5
$D\geqslant 1000$	1.5~2.0	2.0~3.0

答案：C

42. 解　本部分知识点来源于教程第15章第3节排水泵站。考虑到污水泵在使用过程中因效率下降和管道中因阻力增加而增加的能量损失，在确定泵的扬程时，可增大1~2m安全扬程。

答案：B

43. 解　本部分知识点来源于教程第16章第1节水分析化学过程的质量保证。水样的保存方法一般有冷藏或冷冻法、加入化学试剂保存法。1. 加入保存试剂：为了防止水样中的某些成分发生变化，可以加入特定的化学试剂来稳定水样。例如，加入酸或碱可以调节水样的pH值，防止某些离子沉淀或溶解。2. 控制pH值：通过调节水样的pH值，可以防止某些化学反应的发生，从而保持水样的稳定性。例如，加入酸或碱可以调节水样的pH值，防止某些离子沉淀或溶解。3. 冷冻冷藏：将水样置于低温环境中，可以减缓微生物的活动和化学反应的速度，从而延长水样的保存时间。冷冻保存适用于长期保存水样，而冷藏则适用于短期保存。

答案：D

44. 解　本部分知识点来源于教程第16章第1节水分析化学过程的质量保证。回收率表示分析方法的准确度。

$$\text{回收率}=\frac{\text{加标水样测定值}-\text{水样测定值}}{\text{加标量}}\times 100\%$$

回收率越接近100%，方法的准确度越高。

答案：B

45. 解　本部分知识点来源于教程第16章第2节酸碱滴定法。酸碱指示剂的理论变色范围：$\mathrm{pH}=\mathrm{p}K_\mathrm{a}\pm 1$，由$K_\mathrm{HIn}=1.0\times 10^{-6}$，可知理论变色范围为5~7。

答案：D

46. 解　本部分知识点来源于教程第16章第2节酸碱滴定法。计量点前后，加入微小剂量滴定剂所引起的pH值急剧变化，称为滴定突跃。通常来说，滴定剂浓度越大，突跃范围越大；酸/碱的解离常数越大，突跃范围越大。

强碱滴定同浓度的弱酸，当酸的浓度一定时，弱酸的解离常数（K_a）越大，说明该弱酸越容易解离出氢离子，因此其解离程度就越高，滴定过程中pH值的变化会更加显著，导致滴定突跃增大。

答案：A

47. 解 本部分知识点来源于教程第 16 章第 3 节络合滴定法。这一过程出现了指示剂封闭现象，即指示剂铬黑 T 与金属离子 Fe^{3+}生成了稳定的配合物，导致无法确定真实的滴定终点。

在实际操作中，如果遇到水样中存在干扰离子如 Fe^{3+}的情况，需要采取相应的预处理措施，例如通过添加掩蔽剂或预先分离干扰离子，以确保滴定结果的准确性。

答案：C

48. 解 本部分知识点来源于教程第 16 章第 3 节络合滴定法。采用 EDTA 滴定法测定水中硬度时，通常为$pH = 10$，因为在该 pH 值下，EDTA 能够有效与 Ca^{2+}和 Mg^{2+}形成稳定的配合物，指示剂也能够显示出清晰的颜色变化。

答案：C

49. 解 本部分知识点来源于教程第 16 章第 3 节络合滴定法。NaOH 通常用于调节 pH 值，虽然可以与一些金属离子形成沉淀，但不具备对 Cu^{2+}、Ni^{2+}、Co^{2+}的特异性掩蔽作用。

KCN 是一种强掩蔽剂，能与许多金属离子形成稳定的络合物。然而，KCN 有剧毒，不推荐使用。

NH_4F 主要对铝离子和铁离子等有较好的掩蔽效果，对 Cu^{2+}、Ni^{2+}、Co^{2+}的掩蔽效果不明显。

三乙醇胺是一种多功能的有机化合物，它可以与多种金属离子形成稳定的络合物。在 EDTA 滴定法中，三乙醇胺常常被用作掩蔽剂，因为它可以有效地掩蔽 Cu^{2+}、Ni^{2+}、Co^{2+}等干扰离子，从而提高测定的准确性和可靠性。

答案：D

50. 解 本部分知识点来源于教程第 16 章第 5 节氧化还原滴定法。在这个过程中草酸钠标准溶液与高锰酸钾溶液反应生成 Mn^{2+}，可作为反应的催化剂，化学反应速率加快。在滴定过程中，滴定速度的选择对结果的准确性非常重要。1. 在滴定开始时，由于反应物浓度较高，反应速度较慢因此需要缓慢滴定，以确保反应能够充分进行并避免过量滴定。2. 随着滴定的进行，反应物浓度逐渐降低，反应速度加快，可以适当加快滴定速度。3. 当接近终点时，反应物浓度再次降低，需要再次放慢滴定速度，以确保准确判断滴定终点。因此，滴定速度应为先慢后快再慢，

答案：C

51. 解 本部分知识点来源于教程第 16 章第 5 节氧化还原滴定法。使用重铬酸钾法测定 COD 时，加入 Ag_2SO_4 的作用是催化剂，加快反应速度。重铬酸钾法是一种常用的化学分析方法，用于测定水样中有机物的氧化程度。在这个过程中，重铬酸钾作为氧化剂，通过氧化有机物来测定水样中的化学需氧量。然而，某些有机物难以被重铬酸钾直接氧化，因此需要催化剂来加速反应。硫酸银在这种情况下起到了催化作用，能够有效地促进这些难氧化有机物的氧化反应，从而提高测定的准确性和效率。硫酸银

通过提供活性位点，使有机物更容易被重铬酸钾氧化，确保反应完全进行，从而得到更准确的COD值。

答案： A

52. 解　本部分知识点来源于教程第16章第6节吸收光谱法。根据朗伯-比尔定律，当一束平行的单色光通过均匀溶液时，溶液的吸光度A与溶液浓度（c）和液层厚度（b）的乘积成正比，即$A=\varepsilon bc$，其中ε为摩尔吸光系数。故$A_1=\varepsilon c$，$A_2=2\varepsilon c$，因此$2A_1=A_2$。

答案： C

53. 解　本部分知识点来源于教程第17章第1节测量误差基本知识。在相同的观测条件下，对某量进行了n次观测，如果误差出现的大小和符号均相同或按一定的规律变化，称这种误差为系统误差。系统误差一般具有累积性。系统误差产生的主要原因之一是仪器设备制造不完善。本题，水准仪i角误差是由于仪器设备制造不完善造成的，故属于系统误差。而其他选项均属于偶然误差。

答案： A

54. 解　本部分知识点来源于教程第17章第2节控制测量。$\alpha_{\mathrm{AB}}-\beta_{右}+180°=74°-276°+180°=-22°$

结果为负值，应加上360°，即$\alpha_{\mathrm{BC}}=-22°+360°=338°$

答案： D

55. 解　本部分知识点来源于教程第17章第3节地形图测绘。比例尺精度是指地形图上0.1mm所代表的地面水平距离。即

$$0.1\mathrm{mm}\times M=0.1\mathrm{m},\ M=1000$$

答案： B

56. 解　本部分知识点来源于教程第17章第3节地形图测绘。依据坡度的定义$i=\frac{\Delta h(高差)}{D(水平距离)}$，已知：

$$\Delta h=418.2-417.2=1\mathrm{m}$$

$$D=1\mathrm{cm}/1:1000=1000\mathrm{cm}=10\mathrm{m}$$

所以坡度$i=\frac{1\mathrm{m}}{10\mathrm{m}}=10\%$。

答案： B

57. 解　本部分知识点来源于教程第17章第5节建筑工程测量。建筑物变形观测旨在监测使用过程中的变形，确保其安全稳定。建筑物变形观测主要包括4项内容，即沉降观测（又称垂直位移）、位移观测（主要指水平位移）、倾斜观测和裂缝观测。1. 沉降观测：测量基础和上部结构沉降，防止不均匀沉降导致结构问题。2. 位移观测：监测整体或局部位移，防止位移过大损坏结构。3. 倾斜观测：测量建筑物倾斜，及时处理倾斜问题确保稳定。4. 裂缝观测：观察和记录表面裂缝，了解受力变形情况，防止裂缝影响安全。

答案：D

58. 解 本部分知识点来源于教程第18章第1节我国有关基本建设、建筑、城市规划、环保、房地产方面的法律规范。施工许可证由建设单位在建设行政主管部门办理。根据《中华人民共和国建筑法》第七条规定，在建筑工程开工前，建设单位应当按照国家有关规定向工程所在地县级以上人民政府建设行政主管部门申请领取施工许可证。

答案：A

59. 解 本部分知识点来源于教程第18章第1节我国有关基本建设、建筑、城市规划、环保、房地产方面的法律规范。根据《环境影响评价法》第二十四条，建设项目的环境影响评价文件的有效期限为自批准之日起五年，如若超过五年，其环境影响评价文件应当报原审批部门重新审核。这体现了政府对项目长期环保责任的监管。

答案：D

60. 解 本部分知识点来源于教程第18章第1节我国有关基本建设、建筑、城市规划、环保、房地产方面的法律规范。依据《注册公用设备工程师执业资格制度暂行规定》第二十八条，注册公用设备工程师应履行下列义务：

（一）遵守法律、法规和职业道德。维护社会公众利益；

（二）保证执业工作的质量。并在其负责的技术文件上签字盖章；

（三）保守在执业中知悉的商业技术秘密；

（四）不得同时受聘于两个及以上单位执业；

（五）不得准许他人以本人名义执业。

答案：C

2024年度全国勘察设计注册公用设备工程师（给水排水）执业资格考试基础考试（下）试题解析及参考答案

1. 解 本部分知识点来源于教程第12章第1节水文学概念。径流系数a为同一时段内流域上的径流深度R与降水量P之比值，其公式为：

$$a = \frac{R}{P}$$

根据公式，其中$R = 400\text{mm}$，$P = 1000\text{mm}$，计算得$a = 0.4$。

答案：A

2. 解 本部分知识点来源于教程第12章第1节水文学概念。年际变化：泥沙的来源受多种因素影响，例如降水强度在不同年份差异较大，暴雨年份降水会对地表产生强烈的侵蚀作用，将大量泥沙带入河流。而径流主要受降水和流域下垫面条件（如植被覆盖、土壤类型等）影响，在植被覆盖等下垫面条件相对稳定的情况下，其年际变化相对泥沙较小。年内变化：泥沙的年内变化也比径流的年内变化更为集中。以温带季风气候区的河流为例，夏季降水集中，河流流量增大，侵蚀和搬运能力增强。此时，河流会挟带大量泥沙，汛期输沙量占全年输沙量的比例较大。而径流虽然在汛期也会出现高峰，但在非汛期依然有一定的基流，其变化相对泥沙来说较为平缓。综上所述，河流泥沙的年际年内变化大于径流的年际年内变化。

答案：A

3. 解 本部分知识点来源于教程第12章第2节洪、枯径流。对设计流域历史的大洪水调查考证的目的包括评估风险、确保安全、准确预警、提高系列的代表性、补充实测资料的不足、确定洪峰流量和重现期。对历史洪水调查考证有助于提高洪水系列的代表性，使得设计洪水计算更加准确。

答案：D

4. 解 本部分知识点来源于教程第12章第2节洪、枯径流。洪峰流量的选样，应满足频率分析关于独立随机取样的要求，每年只选取最大的一个瞬时洪峰流量作为频率计算的样本，且它们之间相互独立，不具有相关关系；不能把年内不同季节、不同类型的最大洪峰流量混在一起作为一个洪水系列来计算，更不能把溃坝所形成的洪水加入系列中。总之，洪峰流量和不同时段的洪量系列，都应由每年的最大值组成。

答案：A

5. 解 本部分知识点来源于教程第12章第2节洪、枯径流。在径流资料计算之前，须进行资料的可靠性、一致性和代表性分析审查。一致性分析：运用数理统计的思想方法进行分析计算时，要保证数据具有一致性，即在同样的气候条件、同样的下垫面条件和同一测流断面上获得数据。

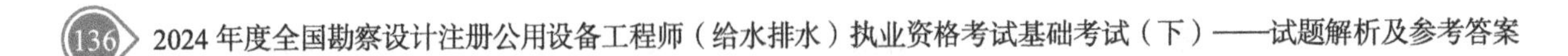

答案：B

6. 解 本部分知识点来源于教程第12章第4节地下水储存。将岩石空隙作为地下水储存场所和运动通道研究时，可分为三类：松散岩石中的孔隙、坚硬岩石中的裂隙和可溶岩石中的溶隙（溶穴）。

答案：B

7. 解 本部分知识点来源于教程第12章第4节地下水储存。根据地下埋藏条件的不同，地下水可分为上层滞水、潜水和自流水三大类，按照埋藏条件可分为包气带水、潜水和承压水，按照埋藏介质可分为孔隙水、裂隙水和岩溶水。在包气带中储存的水被称为包气带水，在饱水带中的水分为潜水和承压水。

答案：A

8. 解 本部分知识点来源于教程第12章第4节地下水储存。潜水是指埋藏在地面以下第一个稳定隔水层之上具有自由水面的含水层中的重力水。其特征为：①上部没有隔水层，与大气相通，具有自由水面，积极参与水循环，可接受大气降水或地表水入渗补给，潜水的分布区与补给区基本一致；②潜水直接通过包气带与地表水、降水等发生水力联系，动态变化明显，受气候影响较大；③潜水面形状易受地形影响；④潜水位置较浅，大气降水与地表水入渗补给潜水的途径较短，易受污染。

答案：D

9. 解 渗流与实际水流的相同之处：①渗流的性质，如密度、黏滞性等和真实水流相同；②渗流运动时，在任意岩石体积内所受到的阻力等于真实水流所受到的阻力；③渗流通过任一断面的流量及任一点的压力或水头均和实际水流相同点处水头、压力相等。区别：①渗流充满了既包括含水层空隙的空间，也包括岩石颗粒所占据的空间，实际水流只存在于空隙中；②渗流流速与实际水流不同；③两种水流的运动轨迹、方向不同，渗流的方向代表了实际水流的总体流向。

答案：D

10. 解 参考达西公式$Q = Av$，$v = KI$，其中A为过水断面面积；v为渗流流速；K为渗透系数；I为水力梯度（$I = \frac{\Delta h}{\Delta l}$，其中$\Delta h$为水位差；$\Delta l$为两个断面之间的距离）。

因此，$Q = Av = AKI = 50 \times 10 \times (35 - 33)/100 = 10$

答案：D

11. 解 黄土高原成因目前学界主要认可的已故中国科学院院士刘东生提出的"新风成说"，也即季风把中亚地区地表物质物理风化（风力侵蚀）产生的大量颗粒物搬运（风力搬运）到黄土高原，最终堆积（风力沉积）形成黄土高原，并由于东南季风带来的降雨对黄土进行侵蚀（水力侵蚀），导致今日黄土高原千沟万壑的景象。所以严格的说，黄土高原的成因涉及风化、搬运和风力沉积等多种作用，风力沉积是其形成的主要原因。

对于选项A，风力侵蚀形成风蚀柱、风蚀蘑菇、雅丹地貌等，风力侵蚀是黄土高原颗粒物的主要成因。对于选项C，流水侵蚀是黄土地貌形成的主要原因。

答案： B

12. 解　本部分知识点来源于教程第12章第7节地下水资源评价。开采量实际上由三部分组成，增加的补给量（$\Delta Q_{补}$）、减少的天然排泄量（$\Delta Q_{排}$）、可动用的储存量（$\mu F\frac{\Delta h}{\Delta t}$），公式如下：

$$Q_{开}=\Delta Q_{补}+\Delta Q_{排}+\mu F\frac{\Delta h}{\Delta t}$$

代入本题数据，即：

$$Q_{开}=(1.2\times10^6-1.0\times10^6)+1.5\times10^6+0.1\times1\times10^7\times5=6.7\times10^6\text{m}^3$$

答案： A

13. 解　本部分知识点来源于教程第13章第2节细菌生理特征。无机盐的主要作用是为微生物提供碳源、氮源以外的各种重要元素。组成细菌细胞的化学物质，包括水、有机物（碳水化合物、蛋白质、脂肪、核酸等）和无机盐，选项A是细胞的组成部分。对于某些自养型细菌，如化能自养型细菌，可以利用氧化无机物的化学能作为能源，并利用CO_2等来合成有机物质，供细胞所用。无机盐参与酶的组成和激活。异养型细菌分为化能异养型和光能异养型，化能异养型细菌以氧化有机物获得能源，光能异养型利用光能合成细胞物质，两者能源中都没有无机盐，选项D符合题意。

答案： D

14. 解　本部分知识点来源于教程第13章第1节细菌的形态与结构。不同形态、生理类型的细菌，在其菌落形态构造等特征上也有许多明显的反映，无鞭毛、不能运动的球菌形成的菌落通常隆起且小，边缘圆整。

长有鞭毛、运动能力强的细菌一般形成大而平坦、边缘多缺刻（甚至成树根状）、不规则形的菌落，放线菌形成的菌落常干燥、多褶、多有色素，小、薄、毛毯状的菌落通常是真菌的菌落特征。

答案： A

15. 解　本部分知识点来源于教程第13章第2节细菌生理特征。化能自养型细菌利用氧化无机物的化学能作为能源，并利用CO_2等来合成有机物质，供细胞所用，如硝化细菌、硫细菌、铁细菌等。

答案： B

16. 解　本部分知识点来源于教程第13章第2节细菌生理特征。酶在最适pH值范围内表现出很好的活性，此时酶促反应速度最快，效率最高；大于或小于最适pH值，都会降低酶活性。

在等电点时，酶分子所带的正电荷与负电荷相等，净电荷为零，此时酶分子的溶解度最小，容易发生沉淀，可能导致酶的活性中心结构发生改变，使酶与底物的结合能力下降，从而影响酶的活力。当溶液pH值比酶的等电点偏酸时，酶分子带正电荷，会与底物分子中带负电荷的基团相互吸引，使酶与底物的亲和力增加，有利于酶促反应的进行，酶活力可能升高。但如果酸性过强，则可能引起酶蛋白的变性，使酶的空间结构遭到破坏，导致酶活性中心的构象发生改变，酶活力下降。当溶液 pH 值比酶的等电点偏碱时，酶分子带负电荷，与底物分子中带正电荷的基团相互作用，也可能影响酶与底物的结合，使酶活力发生变化。同样，如果碱性过强，也会导致酶蛋白变性失活，酶活力降低。

综上所述，pH 值与等电点的关系不同，对酶活力的影响也不同，三种情况都有可能，因此选项 D 正确。

答案： D

17. 解　本部分知识点来源于教程第 13 章第 3 节其他微生物。铁细菌能将二价铁盐氧化成三价铁化合物，并能利用此氧化过程中产生的能量来满足自身需要。铁细菌属于化能自养型，生长需要氧气。它们长期产生氢氧化铁，可积累成褐铁矿，堵塞并降低水流量，在铁制水管中的生长繁殖会缩短水管的使用寿命。在水中会存在反应：

$$4FeCO_3 + O_2 + 6H_2O \longrightarrow 4Fe(OH)_3 + 4CO_2 + 167.5kJ$$

答案： B

18. 解　本部分知识点来源于教程第 13 章第 3 节其他微生物。污水处理运行初期以鞭毛虫和肉足虫为主，中期以动物性鞭毛虫和游泳型纤毛虫为主，后期以固着型纤毛虫为主。运行初期鞭毛虫代表水质差；绿眼虫生活在有机质较多的污水中；草履虫生活在中污带；寡污带的代表生物有钟虫等，水质较好。

答案： C

19. 解　本部分知识点来源于教程第 13 章第 3 节其他微生物。硫酸铜中含有铜离子，对水生生物有毒，如果在高温季节使用硫酸铜，容易发生鱼中毒事件。

答案： A

20. 解　本部分知识点来源于教程第 13 章第 4 节水的卫生细菌学。水中检验病毒最常用的方法是蚀斑检验法，即将一定体积的水样接种到含单层敏感细胞的培养基上，培养一段时间后，若水样中有病毒，则敏感细胞会被感染，形成一个空斑（叫蚀斑），最后统计蚀斑的总数。每个病毒蚀斑，称为 1 个蚀斑形成单位（PFU）。每升水中无 1 个病毒蚀斑，饮用才安全。

答案： D

21. 解　本部分知识点来源于教程第 13 章第 5 节废水生物处理。有机物在厌氧条件下，通过一系列复杂的微生物代谢过程被分解。首先，复杂的有机物被水解为简单的有机物，如糖类、氨基酸、脂肪酸等。然后，这些简单有机物在产酸菌的作用下进一步分解为有机酸、醇类、CO_2 和 H_2 等。最后，在产甲烷菌的作用下，CO_2 和 H_2 或乙酸等物质被转化为 CH_4。

在有机物厌氧分解的最后阶段，产甲烷菌将前面阶段产生的CO_2和H_2或乙酸等转化为甲烷。由于这是一个主要的反应方向，且CH_4在水中的溶解度相对较低，会不断逸出，因此在厌氧反应产生的气体中，CH_4通常占比较大，一般可达50%～80%，故选项D正确。虽然在有机物厌氧分解的前期和中期也会产生一定量的CO_2，但部分CO_2会在后续被产甲烷菌利用转化为CH_4，所以其在最终气体产物中的含量通常低于CH_4，故选项A错误。H_2是有机物厌氧分解过程中的中间产物之一，它在产生后会有一部分被产甲烷菌利用来合成CH_4，还有一部分可能会因为其在水中的溶解度相对较大以及其他一些因素而在体系中积累较少，其在气体产物中的含量通常比CH_4低，故选项B错误。在有机物厌氧分解过程中，CO的产生量相对较少，通常不是主要的气体产物，故选项C错误。

答案：D

22. 解 在含硫酸根废水的生物处理过程中，微生物需要利用废水中的有机物质作为碳源和能源进行生长代谢。同时，硫酸根离子在厌氧条件下可被一些微生物还原为硫化氢。如果废水中的COD与SO_4^{2-}比值过低，意味着有机碳源相对不足，微生物在还原硫酸根离子时就会缺乏足够的电子供体，导致硫酸根还原不完全，可能产生大量的硫化氢气体。H_2S是一种具有强烈毒性和腐蚀性的气体，不仅会对环境造成严重污染，还会抑制微生物的活性，影响生物处理系统的正常运行，甚至导致微生物中毒死亡，使处理效果大幅降低。而当COD与SO_4^{2-}比值>1时，有机碳源相对充足，微生物在利用有机碳源进行代谢的同时，能够将硫酸根离子完全还原，减少H_2S的产生，从而保证生物处理系统的稳定运行和处理效果。

答案：A

23. 解 本部分知识点来源于教程第14章第1节水静力学。当容器铅直匀速下降时，容器内的液体相对于容器是静止的，因此液体内部某点的压强与容器静止时相同。这是因为液体内部的压强只与液体的密度、重力加速度和深度有关，而与容器的运动状态无关。所以，密闭容器内液体深度为h处的压强是：

$$p = p_0 + \rho g h$$

答案：B

24. 解 本部分知识点来源于教程第14章第3节水流阻力和水头损失。沿程水头损失计算公式为：

$$h_f = \lambda \frac{l}{d}\frac{v^2}{2g}$$

式中，h_f为沿程水头损失（m）；l为管道长度（m）；λ为沿程阻力系数；d为管道直径（m）；v为断面平均流速（m/s）。

本题中，首先通过流量求出断面平均流速，再代入公式计算沿程水头损失。

$v = 0.157/[\pi \times (0.4/2)^2] = 1.25\text{m/s}$；$h_f = 0.02 \times 0.4 \times 1.25^2/(0.4 \times 2 \times 9.8 \times 1000) = 1.59\text{m}$

其中 1000 为重力加速度g的单位换算。

答案： B

25. 解 浮力羽流是指由于流体密度差异产生的浮力作用而形成的一种流动现象，通常是在热流体或含有某种成分的流体从一个源排放到周围环境中时发生。与射流相比，浮力羽流的出口流速和动量都相对较小。射流通常是在压力作用下从一个喷嘴或孔口高速喷出的流体，具有较大的出口流速和动量，其流动主要受惯性力和黏性力的支配，能够在周围环境中保持一定的形状和方向并向前推进一段距离。而浮力羽流的形成主要是由于浮力的驱动，出口处的流速相对较缓，动量也较小，其运动更多地受到浮力和周围环境流体的影响，在上升或下沉过程中会不断与周围流体混合、扩散，形状和路径相对较不稳定。

答案： D

26. 解 本部分知识点来源于教程第 14 章第 4 节孔口、管嘴出流和有压管路。确定经济流速是一个复杂的过程，它需要考虑多种因素，包括管道的造价、管理费用以及这些费用随时间的变化。设计时，平均经济流速通常根据管道的直径来确定。对于直径在 100～400mm 之间的室外给水管道，平均经济流速一般在 0.6～1.0m/s 之间；对于直径大于 400mm 的管道，平均经济流速一般在 1.0～1.5m/s 之间。

答案： A

27. 解 本部分知识点来源于教程第 14 章第 4 节孔口、管嘴出流和有压管路。根据自由水头计算公式：

$$H_z = 4n + 4$$

式中，H_z为自由水头（m）；n为建筑物层数。

代入数据，得：$H_z = 4 \times 4 + 4 = 20\text{m}$

答案： C

28. 解 允许流速是一个范围值，即为确保渠道能长期稳定地通水，设计流速控制在既不冲刷渠底，又不致水中悬浮的泥沙沉降淤积的不冲不淤的范围。

根据《室外排水设计标准》（GB 50014—2021）第 5.2.6 条，当水流深度为 0.4～1.0m 时，混凝土渠道的最大设计流速宜为 4.0m/s。

答案： D

29. 解 本部分知识点来源于教程第 14 章第 6 节明渠非均匀流。临界水深可由下式确定：

$$\frac{\alpha Q^2}{g} = \frac{A_{\text{cr}}^3}{B_{\text{cr}}}$$

式中，A_{cr}、B_{cr}为临界水深时的过流断面面积和水面宽度；Q为过流断面流量。根据公式可知临界水深与断面和流量有关，与渠底坡度无关。

答案： D

30. 解 本部分知识点来源于教程第 14 章第 7 节堰流。消力池是促使在泄水建筑物如堰、坝等下游产生底流式水跃的消能设施，消力池的形式通常有下降式、消力坎式和综合式等三种，消力池水力计算的基本问题是计算池深和池长。

答案： A

31. 解 本部分知识点来源于教程第 15 章第 1 节叶片式水泵。离心泵是靠叶轮的旋转来抽水的，离心泵基本方程式的适用条件：①适用于一切叶片泵；②适用于各种液体。

答案： B

32. 解 本部分知识点来源于教程第 15 章第 1 节叶片式水泵。水泵的基本性能包括参数流量、扬程、轴功率、效率、转速、允许吸上真空高度及汽蚀余量，共 6 个。

答案： C

33. 解 本部分知识点来源于教程第 15 章第 1 节叶片式水泵。通过对比不同比转速水泵扬程、轴功率曲线（见解图），可知，当水泵的比转速增大时，扬程曲线会变得陡峭，功率曲线由下降变为上升。

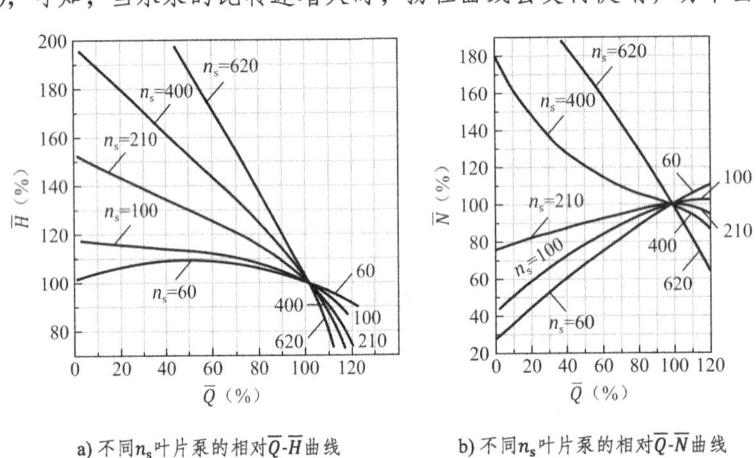

a) 不同n_s叶片泵的相对$\bar{Q}$-$\bar{H}$曲线　　b) 不同n_s叶片泵的相对$\bar{Q}$-$\bar{N}$曲线

题 33 解图

答案： A

34. 解 如果叶轮的切削量控制在一定限度内，则切削前后泵相应的效率可视为不变。此切削限量与泵的比转数有关，见解表。

叶轮切割限量　　题 34 解表

比转数n_s	60	120	200	300	350	350 以上
最大允许切割量（%）	20	15	11	9	7	0
效率下降值	每切削 10%，效率下降 1%		每切割 4%，效率下降 1%			

答案： C

35. 解 关小闸阀时，会在管道中增加局部阻力，导致管道特性曲线变陡。离心泵的特性曲线是由泵本身的设计和工作原理决定的，它描述了在恒定转速下扬程H、轴功率N及效率η与流量Q之间的关系。

当通过调节出水闸阀的开启度来改变流量时，实际上是在改变管路特性曲线，而不是泵的特性曲线。因此，关小闸阀并不会导致水泵特性曲线变陡，故选项B、C错误；离心泵的效率曲线（η-Q曲线）描述的是泵的效率与流量之间的关系。当通过调节出水闸阀的开启度来改变流量时，实际上是在改变管路特性曲线，而不是泵本身的效率曲线。因此，关小闸阀并不会导致水泵效率曲线变陡，选项D错误。

答案：A

36. 解 本部分知识点来源于教程第15章第1节叶片式水泵。机组的转速较原额定转速调高时，泵叶轮与电机转子的离心应力将会增加，如果材质的抗裂性能较差或铸造时均匀性较差，则有可能出现机械性的损裂，严重时可能出现叶轮飞裂现象。因此，泵的调速一般不轻易调高，只能降速。

答案：D

37. 解 工程常识，一个标准大气压工况温度为20℃。

答案：C

38. 解 本部分知识点来源于教程第15章第1节叶片式水泵。当离心泵的流量增加时，进口管道阻力损失增加，气蚀余量通常会减少。这是因为气蚀余量是指泵进口处的压力与液体饱和蒸汽压力之差，它与泵的吸入条件有关。

答案：B

39. 解 当离心泵的实际流量增加时，允许吸上真空高度会减小。这是因为随着流量的增加，泵的吸入端压力降低，增加了汽蚀的可能性。因此，泵的允许吸上真空度随着流量的增大而减小。简而言之，流量增加导致泵吸入端的压力降低，从而减少了泵能够维持的真空度，使得允许吸上真空高度降低。

答案：B

40. 解 为了保证水泵机组基础的稳定性，基础的最小高度一般应不小于50～70cm，基础一般用混凝土浇筑，混凝土基础应高出室内地坪10～20cm。

答案：C

41. 解 本部分知识点来源于教程第15章第2节给水泵站。压水管路的设计流速根据管径D的大小，建议采用以下数值：$D<250$mm时，为1.5～2.0m/s；250mm$\leqslant D<1000$mm时，为2.0～2.5m/s；$D>1000$mm时，为2.0～3.0m/s。

答案：B

42. 解 止回阀通常装于水泵与压闸阀之间，因为止回阀经常损坏，所以当需要检修，更换止回阀时，可用闸阀将它与压水管路隔开，以免水倒入泵站内。

答案：B

43. 解 本部分知识点来源于教程第 16 章第 1 节水分析化学过程的质量保证。水样浑浊也会影响分析结果，用适当孔径的滤器可以有效地除去藻类和细菌，滤后的样品稳定性更好。阻留悬浮物颗粒的能力大小顺序为：

滤膜 > 离心 > 滤纸 > 砂芯漏斗

答案： C

44. 解 本部分知识点来源于教程第 16 章第 1 节水分析化学过程的质量保证。精密度指各次测定结果互相接近的程度。相对标准偏差又称为变异系数，常用相对标准偏差表示分析结果的精密度，即多次重复测定结果之间的离散程度。

答案： C

45. 解 本部分知识点来源于教程第 16 章第 2 节酸碱滴定法。酸（HB）给出一个质子（H^+）而形成碱（B^-），碱（B^-）接受一个质子（H^+）便成为酸（HB）；此时，碱（B^-）称为酸（HB）的共轭碱，酸（HB）称为碱（B^-）的共轭酸。这种因质子得失而互相转变的一对酸碱称为共轭酸碱对。根据酸碱质子理论，酸给出质子变成其共轭碱，而碱得到质子变成其相应的共轭酸，即共轭碱比共轭酸少一个 H^+。

答案： C

46. 解 在水样中，碱度是指水中能够接受 H^+离子与强酸进行中和反应的物质含量。碱度主要由碳酸盐（CO_3^{2-}）、碳酸氢盐（HCO_3^-）和氢氧化物（OH^-）等组成。使用 HCl 标准溶液滴定水样的碱度，首先加入酚酞指示剂滴定到终点，消耗 HCl 为 15.00mL，HCl 用量为PmL；再用甲基橙为指示剂，继续用 HCl 滴至溶液由黄色变为橙红色，HCl 用量为MmL。比较M与P的大小，来判断碱度的种类，共有四种情况：①当$P > M$，$M = 0$ 时，有 OH^-碱度；②当$P > M$，$M \neq 0$ 时，有 OH^-和 CO_3^{2-}碱度；③当$P < M$时，有 CO_3^{2-}和 HCO_3^-碱度；④当$P = M$时，只有 CO_3^{2-}碱度。本题符合情况①，因此选项 D 正确。

答案： D

47. 解 本部分知识点来源于教程第 16 章第 3 节络合滴定法。在用 EDTA 滴定法测定水中 Ca^{2+}、Mg^{2+}时，若要消除水中共存离子 Al^{3+}的干扰，最简便的方法是加入三乙醇胺作为掩蔽剂。三乙醇胺能与 Fe^{3+}、Al^{3+}等离子形成稳定的络合物，而且不与 Ca^{2+}、Mg^{2+}作用，这样就可以消除 Al^{3+}的干扰。

答案： B

48. 解 本部分知识点来源于教程第 16 章第 3 节络合滴定法。在 EDTA 络合滴定中，酸效应系数越小，表示络合物的稳定性越高。酸效应系数是描述配体（如 EDTA）与氢离子反应程度的参数，它反映了在酸性条件下配体参与主反应的能力。当酸效应系数较小时，意味着配体与氢离子形成的配合物较少，因此配体与金属离子形成络合物的能力更强，络合物的稳定性也就更高。

答案： B

49. 解 本部分知识点来源于教程第 16 章第 4 节沉淀滴定法。以铬酸钾 K_2CrO_4 为指示剂的银量法，称为莫尔法。其原理是在中性或弱碱性溶液中，以铬酸钾为指示剂，用硝酸银标准溶液滴定至生成砖红色沉淀（即 Ag_2CrO_4）为终点。

pH = 3，溶液为酸性环境。在酸性环境中，铬酸根离子（CrO_4^{2-}）容易与氢离子（H^+）结合生成铬酸（H_2CrO_4），这会降低铬酸根离子的浓度，从而影响其与银离子（Ag^+）生成砖红色沉淀的反应。

由于铬酸根离子浓度降低，在滴定过程中，需要更多的硝酸银标准溶液才能与氯离子完全反应并生成足够的 Ag_2CrO_4 沉淀来指示终点。因此，实际消耗的硝酸银标准溶液体积会偏大，所以计算出的氯离子含量也会偏高。

答案： A

50. 解 本部分知识点来源于教程第 16 章第 5 节氧化还原滴定法。在采用重铬酸钾法测定水中 Fe^{2+} 时，使用试亚铁灵作为指示剂，滴定终点时颜色会变为红褐色。

答案： A

51. 解 本部分知识点来源于教程第 16 章第 5 节氧化还原滴定法。工业废水稀释倍数的选择主要根据水样的化学需氧量（CODcr）值来确定。在测定 BOD_5 时，需要保证 5 日耗氧量大于 2mg/L，剩余溶解氧大于 1mg/L，这两个条件是确定稀释倍数的原则。工业废水的稀释倍数由 CODcr 值分别乘以系数 0.075、0.15、0.25 获得。

答案： C

52. 解 本部分知识点来源于教程第 16 章第 6 节吸收光谱法。根据比尔-朗伯定律，溶液的吸光度（A）与溶液的浓度（c）和比色皿的厚度（l）成正比，I_0为入射光强度，I_t为透过光强度，即：

$$A = \lg\frac{1}{T} = -\lg T$$

$$T = \frac{I_t}{I_0}$$

$$A = \varepsilon bc$$

当溶液浓度增大一倍时，新的浓度为 $2c$，其他条件不变，因此新的吸光度A'为：

$$A' = \varepsilon \cdot 2c \cdot b = 2 \cdot \varepsilon \cdot c \cdot b = 2A$$

新的透光率T'与新的吸光度A'的关系为：

$$A' = -\lg T' = 2A = -2\lg T = -\lg T^2$$

可得：$T' = T^2$

53. 解 本部分知识点来源于教程第 17 章第 1 节测量误差基本知识。偶然误差：在相同的观测条件下，对某量进行了n次观测，误差出现的大小和符号均不一定。系统误差：在相同的观测条件下，对某量进行了n次观测，误差出现的大小和符号均相同或按一定规律变化。观测中钢尺的尺长不准造成测距误差具有规律性，是属于系统误差。

答案：B

54. 解 本部分来源于教程第 17 章第 2 节控制测量。由标准方向的北端起，顺时针方向量到某直线的夹角，称为该直线的方位角。所谓象限角，是指从坐标纵轴的指北端或指南端起始，至直线的锐角。若标准方向为真子午线方向，则称真方位角。若标准方向为磁子午线方向，则称磁方位角。

答案：C

55. 解 山脊等高线向低处凸出，即等高线的弯曲方向与水流方向相反。这是因为山脊是山体的高处，是分水线所在位置，水流从山脊向两侧分流，所以等高线会凸向低处。原理：山脊是沿着一个方向延伸的高地，其地势高于两侧，在等高线地形图上表现为一组凸向低处的曲线。

山谷等高线向高处凸出，即等高线的弯曲方向与水流方向相同。山谷是集水线所在位置，水流汇聚在山谷中，沿着山谷向下流动，所以等高线会凸向高处。原理：山谷是两山间低凹而狭窄处，地势低于两侧，在等高线地形图上表现为一组凸向高处的曲线。

答案：A

56. 解 本部分知识点来源于教程第 17 章第 3 节地形图测绘。地面上高程相等的相邻点所连成的闭合曲线称为等高线。相邻等高线之间的高差称为等高距。地面坡度i与等高线平距d成反比。地面坡度较缓，其等高线平距较大，等高线显得稀疏；地面坡度较陡，其等高线平距较小，等高线十分密集。因此，在同一幅地形图上，等高线与坡度的关系是等高线越密集、坡度越大。

答案：C

57. 解 本部分知识点来源于教程第 17 章第 5 节建筑工程测量。测设数据计算如下：

$$\Delta x_{\mathrm{AM}} = x_{\mathrm{M}} - x_{\mathrm{A}} = 15.00 - 10.00 = 5.00\mathrm{m}$$

$$\Delta y_{\mathrm{AM}} = y_{\mathrm{M}} - y_{\mathrm{A}} = 25.00 - 20.00 = 5.00\mathrm{m}$$

$$R_{\mathrm{AM}} = \arctan\frac{\Delta y_{\mathrm{AM}}}{\Delta x_{\mathrm{AM}}} = \arctan\frac{5.00}{5.00} = 45°00'$$

$$\Delta x_{\mathrm{AM}} > 0，\Delta y_{\mathrm{AM}} > 0$$

$$\alpha_{\mathrm{AM}} = R_{\mathrm{AM}} = 45°00'$$

因为$\alpha_{\mathrm{AM}} < \alpha_{\mathrm{AB}}$，故知$M$点位于$AB$方向为起点的左侧逆时针方向，测设角度为：

$$\beta = \alpha_{\mathrm{AB}} - \alpha_{\mathrm{AM}} = 69°10' - 45°00' = 24°10'$$

答案：A

58. 解 《中华人民共和国招标投标法》第二十七条规定，投标人应当按照招标文件的要求编制投标文件。投标文件应当对招标文件提出的实质性要求和条件作出响应。招标项目属于建设施工的，投标文件的内容应当包括拟派出的项目负责人与主要技术人员的简历、业绩和拟用于完成招标项目的机械设备等。

答案：D

59. 解 水体污染包括工业污染、农业污染、生活污染、有毒物质污染等。

答案：A

60. 解 本部分知识点来源于教程第18章。《注册公用设备工程师执业资格制度暂行规定》第二十八条规定，注册公用设备工程师应履行下列义务：（一）遵守法律、法规和职业道德，维护社会公众利益；（二）保证执业工作的质量，并在其负责的技术文件上签字盖章；（三）保守在执业中知悉的商业技术秘密；（四）不得同时受聘于两个及以上单位执业；（五）不得准许他人以本人名义执业。

答案：D